AF274607

Manual de prácticas de soldadura y homologación de soldadores

Carlos Alonso Marcos

cano pina

1.ª edición - 2025

© 2025, Editorial Cano Pina

www.canopina.com

ediciones@canopina.com

© El autor

ISBN: 978-84-18430-88-6

DL MU 624-2025

Impreso en España

Utilización de imágenes y vectores de Freepik y Pixabay

Mi más sincero agradecimiento a todos los que habéis aportado algo a este libro: una palabra, una crítica, un gesto o una motivación. Es un privilegio presenciar tanta belleza.

A Darío, gracias por tu valentía y autenticidad, por enseñarme que para ver solo hay que abrir los ojos.

A Mayte, compañera de vida, gracias por cada día, cada gesto y cada sacrificio. En tus defectos encuentro el encanto de lo real; en tus virtudes la inspiración para ser mejor. Hemos caminado juntos por caminos que pocos se atreven a recorrer. Nos hemos visto en nuestros mejores y peores momentos, y en todos ellos, no hemos dejado de elegirnos.

Un amor que no depende de la juventud o la novedad es la certeza de que hemos encontrado en el otro un hogar.

A Lola, Momo, Zoe, Wanda, Cora, Nova, Runa y Hayat.

Índice

Índice de prácticas

Soldadura MIG con acero inoxidable

Soldadura MIG en aluminio 5086

Soldadura con alambre tubular

Capítulo 4. Soldadura oxigás

Soldadura oxiacetilénica

Prólogo

Juan C. Suárez-Bermejo. Catedrático de Soldadura y NDT. Departamento de Ciencia de Materiales. Universidad Politécnica de Madrid (UPM)

La soldadura, como arte y ciencia de unir materiales, ha sido una fuerza impulsora en la evolución de nuestra civilización. Desde las rudimentarias forjas de la antigüedad hasta los complejos procesos industriales de hoy, la capacidad de unir metales y otros tipos de materiales ha permitido la creación de estructuras, máquinas y herramientas que han transformado nuestro mundo. Este libro, "Manual de prácticas de soldadura", nace con la vocación de ser una guía exhaustiva y práctica, ante todo, para aquellos que desean adentrarse en este fascinante campo, o para quienes buscan perfeccionar sus habilidades.

La soldadura es mucho más que la simple unión de aleaciones metálicas. Requiere una profunda comprensión de los materiales, de los procesos físicos y químicos involucrados y de las técnicas específicas para ejecutar cada tipo de soldadura. Un buen soldador debe ser un artesano, un científico y un técnico, capaz de combinar conocimiento teórico con destreza manual. Este libro está diseñado para proporcionar esa combinación de saberes, aunando tanto los fundamentos como la práctica necesaria, para lograr dominar los procesos de soldadura más comunes: electrodo revestido, TIG, MIG/MAG y oxigás.

El libro comienza con la soldadura manual con electrodos revestidos, un proceso versátil y ampliamente utilizado. Aquí, se exploran desde los fundamentos básicos hasta las técnicas avanzadas, incluyendo la selección de electrodos, los tipos de corriente y polaridad y el diseño de las uniones. Se presta especial atención a las buenas prácticas en el taller, un aspecto crucial para garantizar la seguridad y la calidad de los trabajos. Las prácticas con electrodo revestido para acero al carbono se presentan de manera progresiva, desde la realización de los primeros cordones hasta las pruebas de homologación, cubriendo una amplia gama de posiciones y tipos de unión. También se incluye un apartado sobre la soldadura de acero inoxidable con electrodo revestido, junto con un análisis de los defectos más comunes que pueden darse en este proceso.

A continuación, se adentra el texto en la soldadura TIG, apreciada por su precisión y calidad. En este capítulo se aborda la historia del TIG, los componentes de la pistola/ antorcha, la selección de electrodos y gases de protección, junto con los parámetros operativos de la soldadura. Las prácticas de TIG para acero al carbono, acero inoxidable austenítico, aleaciones de aluminio y fundición de hierro se presentan de manera detallada, con especial énfasis en las pruebas de homologación. Se dedica un espacio importante a las particularidades del aluminio y su soldadura, incluyendo el uso de corriente alterna, incidiendo en el papel que juega la conductividad térmica, la importancia de la limpieza y el empleo de gases nobles, además del control de la temperatura en la ZAT. También se exploran los efectos de la variación de la frecuencia de los pulsos y el balance de onda, haciendo consideraciones sobre la elección del material de aporte más adecuado para cada situación práctica.

El tercer proceso que se explora es la soldadura MIG/MAG, un método eficiente y versátil para la unión de metales. Este capítulo cubre los fundamentos del proceso, los componentes del equipo, los modos de transferencia de metal al baño de fusión, los gases de protección, los hilos de aportación y los parámetros operativos de la soldadura. Se presta atención a la ergonomía y la seguridad en la ejecución, así como a los factores ambientales que pueden afectar el resultado final. Las prácticas de MAG para acero al carbono, acero inoxidable y aluminio se presentan de manera progresiva, incluyendo la soldadura con alambres tubulares en sus diferentes tipos.

Finalmente, el manual aborda la soldadura oxigás, un proceso de largo recorrido histórico pero que aún tiene aplicaciones importantes en diversos campos. Este capítulo cubre los fundamentos de la soldadura oxigás, los gases utilizados, los equipos necesarios, y la regulación de la llama del soplete. Las prácticas de soldadura oxigás con acero al carbono se presentan de manera detallada, cubriendo diferentes posiciones y tipos de unión.

A lo largo de este manual, se enfatiza la importancia de las buenas prácticas en el taller, la seguridad, y el control de calidad. Se incluyen numerosos ejemplos, tablas y figuras que facilitan la comprensión de los conceptos y la ejecución de las prácticas. Cada capítulo concluye con un análisis de los defectos comunes en el proceso de soldadura correspondiente y con recomendaciones certeras de cómo evitarlos.

Este manual es el resultado de años de experiencia y dedicación a la soldadura por parte de su autor. Pero, ante todo, de su enorme entusiasmo y de su amor por la docencia, que le ha llevado a valorar como esencial la adecuada formación que han de recibir los soldadores, cuando se pretende ante todo soldar con solvencia y calidad. Espero que sea una herramienta valiosa para todos aquellos que desean aprender de manera sistemática y mejorar sus habilidades en este apasionante campo. La soldadura es un oficio que requiere práctica y dedicación, pero con la guía adecuada y la dedicación necesaria, cualquiera puede llegar a dominarlo. Te invitamos a sumergirte en este manual, a practicar con diligencia y a descubrir el potencial creativo y técnico que la soldadura ofrece.

En definitiva, un obra que esta destinada no solo a ser leída con esmero, si no a ser trabajada y utilizada a "pie de obra", exprimiendo la abundante información que contiene y sacando partido de los valiosos consejos con que el autor nos regala a todos los que somos aprendices de la soldadura.

Prólogo

En 2010, tres acontecimientos cambiaron mi percepción de la vida para siempre: nació mi hijo Darío, padecí un melanoma y publiqué este libro. La historia que originó este manual me reafirma en la convicción de que nada pasa por casualidad. Creo que he presenciado suficientes señales y guiños del Destino para estar seguro de ello.

Desde mis inicios como docente, los estudiantes me habían preguntado si conocía algún libro dedicado a la aplicación práctica de la soldadura que pudieran utilizar como apoyo en su aprendizaje. Yo mismo había dedicado mucho tiempo y energía a la búsqueda de un manual que describiera las técnicas y conocimientos necesarios para lograr el nivel de habilidad suficiente para realizar uniones en diversos tipos de unión con cada uno de los procesos de soldadura manual, con la garantía de calidad necesaria para cumplir con su misión. Sin embargo, el deseado libro no aparecía.

En los primeros días de curso, tengo la costumbre de iniciar la clase con una demostración teórico-práctica de algún ejercicio para que todos los alumnos puedan observar la ejecución, escuchar la explicación y, llegado el caso, realizarla conmigo. Esta dinámica, aunque completa porque atiende a todos los perfiles de aprendizaje (hay quienes aprenden más escuchando, otros viendo y otros manipulando), pronto se vuelve muy difícil de realizar. Dado que el perfil del alumno de Certificados de Profesionalidad es muy diverso en cuanto a edad, experiencia y habilidad, el ritmo al que progresan suele ser muy diferente, lo que provoca que pronto cada uno esté practicando un ejercicio acorde a su nivel, pero diferente del que practican el resto de los compañeros. Por tanto, la demostración de inicio de sesión pasa de ser una a varias, hasta el punto de que solo la tarea de realizar las demostraciones y atender las dudas de los ejercicios que en ese momento se estén practicando en el aula taller llega a consumir todo el tiempo de la sesión.

Recuerdo que la gestión del tiempo me obsesionaba. Aunque dedicaba horas a realizar las demostraciones, sentía que aquello no era suficiente pues no podía atender de forma personalizada al estudiante cuando, si hay algo importante en la formación de soldadores, es atender al alumno en el momento en que lo precise. Movido por la desesperación, un día decidí hacer algo diferente al inicio de un curso: entregué a cada alumno una hoja donde aparecía dibujado por mí el ejercicio, el número de cordones y el orden en que había que ejecutar las soldaduras. Esta hoja (un formato similar a una ficha de un libro de recetas) incluía también los detalles necesarios como las dimensiones de las piezas a unir, el tipo de electrodo a emplear, el amperaje, la polaridad, etc., así como una breve descripción de las técnicas necesarias para realizar el ejercicio. Ese día lo pasé fuera de las cabinas, observando cómo los estudiantes interpretaban mis indicaciones y con todo el tiempo del mundo para atender las dudas y preguntas de cualquiera que lo necesitara. Al final del día, alguien me preguntó: "¿Y la ficha del siguiente ejercicio?".

Durante mucho tiempo, al comprobar que el nuevo sistema funcionaba, dediqué unos minutos al día a preparar la ficha de ejercicios de la siguiente sesión formativa. Debo decir que la ficha salía de mis propias notas y apuntes, pues, desde el principio de mi vida profesional, tomé la costumbre de escribir a diario lo aprendido en un cuaderno, poniendo especial interés y detalle en apuntar todo aquello (trucos, técnicas, parámetros, etc.) que me hubiera permitido superar un examen de homologación de soldador. Esto es algo que recomiendo a mis alumnos; siempre les digo que el mejor y más personalizado libro de prácticas de soldadura es el que escriban ellos en base a su experiencia después de comprobar en primera persona que lo anotado funciona.

La cuestión es que, años después, había preparado suficientes fichas para atender los Certificados de Profesionalidad en soldadura y los cursos de especialidad que actualmente están disponibles en las programaciones del SEPE. Por otro lado, seguí llenando de notas mi cuaderno, tanto con mi experiencia personal con los exámenes de homologación como con todo lo aprendido entrenando a soldadores para que estos obtuvieran sus propias certificaciones. Si hoy tienes este libro en la mano, se debe a que un día Mayte, mi mujer, me dijo: "Y todas esas fichas tuyas, ¿no te las publicarían?".

Quiero aclarar que no tengo ninguna intención de afirmar que todo lo que aquí se describe es invención o propiedad mía. Todo lo contrario, he tenido la suerte de conocer a muchos profesionales que han compartido conmigo su saber y este libro quiere rendirles un homenaje. Tal y como ellos me enseñaron, el conocimiento no es de nadie; una vez tenemos acceso a él, solo somos sus mensajeros y es nuestro deber compartirlo para ayudar a los que ahora se inician.

El propósito de este libro no es simplemente enseñarte a soldar. Su verdadera esencia es acompañarte en tu camino, sea cual sea tu nivel o experiencia. Pero permíteme confesarte algo: todo lo que estas páginas contienen será inútil si falta la parte más importante de esta ecuación: tú. Este manual no tiene alma sin tu esfuerzo, tu dedicación y tu capacidad de volver a intentarlo una y otra vez. Como el fuego que da forma al metal, será tu voluntad la que moldee tu aprendizaje. Recuerda que el conocimiento que adquieras no será solo un medio para alcanzar tus objetivos; será también una transformación interior que te hará crecer como profesional y como ser humano. Este libro es tu compañero, pero el verdadero maestro está en ti.

Por último, quiero expresar mi más sincero agradecimiento a todas las personas que han confiado en esta publicación desde 2010. Esta nueva versión actualizada contiene todo lo aprendido desde entonces. Como te decía, y por todo lo vivido desde la primera edición, ya no soy la misma persona que escribió aquel libro y, desde la mayor humildad, si estás experimentando esa sed insaciable que nos posee a todos los soldadores deseo que puedas encontrar en estas páginas lo que mis estudiantes y yo buscamos durante tanto tiempo.

El autor
Carlos Alonso Marcos

"Con el verdadero maestro, el discípulo aprende a aprender, no a recordar y obedecer. La compañía del noble no moldea, sino que libera"

Nisargadatta

Introducción a las citas

En el mundo de la soldadura, no solo construimos estructuras, sino que también tejemos historias. Cada arco, cada unión, y cada esfuerzo refleja valores fundamentales: respeto, trabajo en equipo, sabiduría y crecimiento personal.

Estas citas no son solo palabras; son faros que guían nuestro oficio y nuestra vida. Cada capítulo comienza con una de ellas, como un recordatorio de que la soldadura no es solo técnica, sino también un arte lleno de humanidad y propósito.

Nota

En las siguientes páginas encontrarás una variedad de prácticas. Algunas de ellas incluyen ejercicios diseñados específicamente para el proceso de homologación, los cuales están señalizados con este sello:

Capítulo 1

Soldadura con electrodos revestidos

Respeto. "El arte del kintsugi"

Cuenta una antigua tradición japonesa que cuando una vasija se rompe, se repara con oro, destacando las grietas en lugar de ocultarlas. Así, el objeto no solo recupera su utilidad, sino que se transforma en algo único y hermoso. Esta práctica nos enseña que las cicatrices no son motivo de vergüenza, sino marcas de superación y aprendizaje.

Respeta las cicatrices de tu camino; son las que te hacen fuerte y digno.

Introducción a la soldadura con electrodos revestidos

Si me prestas tu atención en la lectura de esta introducción a la soldadura con electrodos revestidos, prometo centrarme solo en lo fundamental. Tener claros algunos sencillos conceptos nos facilitará el trabajo de prácticas y nos proporcionará recursos cuando el ejercicio se complique.

¿Empezamos?

1. Fundamentos de la soldadura al arco con electrodos revestidos

El principio en el que se basa la soldadura al arco con electrodos revestidos es el establecimiento de una corriente eléctrica al poner en contacto la pinza portaelectrodos, conectada a un generador de corriente (equipo de soldadura) con el metal base, también conectado al mismo a través de la masa. La corriente, debido al efecto Joule, hace que se caliente la zona de contacto entre ambos, principalmente el extremo del electrodo. El selector de intensidad del grupo de soldadura controla la corriente que pasa por el circuito cerrado.

Rascando el electrodo como una cerilla sobre el metal se establece la chispa que llamamos arco eléctrico. La temperatura que se genera en la zona puede rondar los 6.000 ºC (temperatura que supera el punto de fusión de los metales) y hace que tanto el extremo del electrodo como la junta a soldar (la llamaremos unión) cambien de estado sólido a líquido. A medida que el electrodo se va consumiendo, el soldador hace avanzar el baño de fusión a lo largo de la unión a soldar, por lo que la parte del baño que deja de estar bajo el arco se va solidificando, formando lo que llamamos cordón de soldadura.

Durante el tiempo de soldeo, el electrodo se va fundiendo en forma de pequeñas gotas que se van aportando al baño de fusión. Consumido este hasta que no queda de él más que unos cinco centímetros, se reemplaza por otro y se continúa el cordón hasta finalizar de soldar la unión. Una parte del gas que se desprende del revestimiento (CO_2) protege el baño de fusión del contacto con el oxígeno y el nitrógeno del aire. En el interior del revestimiento está el alma o núcleo, una varilla que suele ser de la misma composición que el metal base y puede variar en longitud y diámetro. Con el revestimiento pasa igual, existen distintos tipos con diferentes aplicaciones como veremos.

El arco es la fuente de calor que utilizan muchos de los procesos de soldeo, ya que proporciona altas concentraciones de calor y radiación. De esta última, el soldador debe protegerse en todo momento con los equipos de protección individual (EPIs) porque son nocivos para piel y ojos. Podemos decir que es una descarga de corriente normalmente alta que se transmite desde el electrodo a la pieza a través de los gases que produce el revestimiento del electrodo. Sin embargo, los gases en condiciones normales son prácticamente aislantes. ¿Entonces, cómo puede un gas conducir la corriente? Al raspar el electrodo sobre la pieza, el calentamiento que se produce ioniza el gas, es decir, este cambia de fase (de gas a plasma) y este cambio hace que pase de ser aislante a conductor. Al separar el electrodo, el plasma ionizado permite el paso de la corriente estableciendo el arco. La presencia de materiales fácilmente ionizables como sodio y potasio en el revestimiento facilita esta reacción. La corriente la forman electrones constituyendo un flujo que sale del polo negativo del grupo de soldadura (cátodo) hacia el polo positivo del mismo (ánodo).

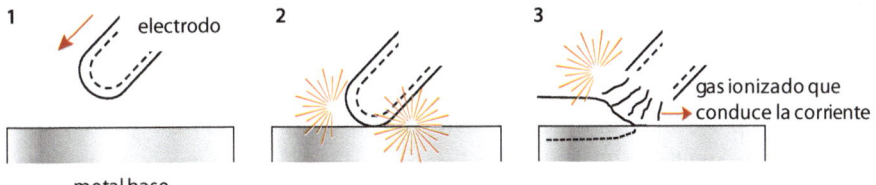

Fig. 1.1.

La fuente de alimentación de un grupo de soldadura moderno dispondrá de un transformador que convierte la corriente de la red (alta tensión y baja intensidad) en apta para la soldadura (baja tensión y alta intensidad) y de un rectificador que la convierte de alterna a continua.

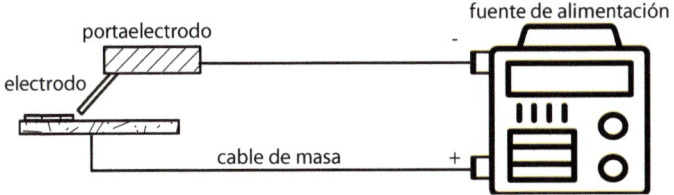

Fig. 1.2.

2. Origen histórico de la soldadura con electrodos revestidos

Debes saber que la soldadura es una ciencia joven. Los primeros electrodos revestidos fueron fabricados en 1912. Unos años antes ya se soldaba con electrodos desnudos que no tenían ningún revestimiento, producían soldaduras de baja calidad y no se utilizaban mucho. En esas fechas, tenía mejores prestaciones la soldadura oxiacetilénica que todavía hoy se utiliza, pero en pocos años los electrodos revestidos se fabricaron en serie bajando su precio y rápidamente se hicieron un hueco en la industria.

Actualmente no son muy distintos de aquellos: los fabricantes han mejorado mucho la composición del alma y revestimiento, pero básicamente es un objeto heredado del siglo pasado y las técnicas de utilización son semejantes. ¿Por qué se sigue usando? Aunque la investigación creó otros procesos de soldadura manual más modernos como el MIG MAG o el TIG, el electrodo revestido sigue teniendo muchas ventajas:

- Sirven tanto para soldadura en espacios abiertos (siempre que no llueva o haga viento fuerte) como en interiores.
- Los equipos necesarios no son caros y su tamaño se ha reducido tanto que son muy cómodos de utilizar comparados con los otros procesos manuales.
- Con la protección del revestimiento se puede prescindir de gases y otros sistemas auxiliares. El avance en las prestaciones del electrodo permite que se utilice en soldaduras del más alto nivel como el de recipientes y tuberías de alta presión.
- Es válido para una gran variedad de metales y aleaciones.

3. Elegir un electrodo

Como ya sabemos, un electrodo es una varilla metálica especialmente preparada para conducir la corriente y servir como material de aporte en la soldadura manual por arco.

Al realizar las prácticas, tendremos que utilizar electrodos de distinto tipo y diámetro. Trabajando, tendrás que elegirlos tú mismo/a, así que conviene que tengas claro lo siguiente:

La elección del tipo depende de la posición en que realicemos la soldadura y el tipo de trabajo y servicio mecánico a que vaya a ser sometida. Como veremos, se suelda en muchas posiciones, unas más fáciles que otras, pero en todas debemos conseguir la misma calidad. El tipo de trabajo que va a realizar esa soldadura nos lo deben especificar y así nosotros elegiremos el electrodo (por ejemplo, según tenga más o menos capacidad de carga).

En cuanto a la elección del diámetro, esta depende del espesor a soldar y la clase de soldadura a realizar. Se fabrican de 1,5; 2; 2,5; 3,25; 4; 5; 6 mm. Los más populares son los de 2,5, 3,25 y 4. De estos, los más pequeños se utilizan en cerrajería para soldar espesores pequeños y los mayores en cordones para trabajos de calderería media y pesada. En la siguiente tabla se relacionan espesores en acero con diámetros recomendados y amperaje.

Tabla.1.1.

Espesor chapas (mm)	Diámetro electrodo	Intensidad (amperios)
2 a 4	2,5 a 3,25	60 a 120
4 a 6	3,25 a 4,0	100 a 200

La longitud de los electrodos está normalizada: 300, 350, 450 y 600 mm. ¿Qué significa? Que el diámetro, longitud, etc. de los electrodos está establecido por las normas europeas (UNE) o norteamericanas (AWS).

4. Tipos de electrodos

Las dos partes que componen el electrodo son el alma (también conocido como núcleo, es la varilla metálica cilíndrica) y el revestimiento que envuelve el alma. La primera suele tener la misma composición que el metal base que vamos a soldar: Electrodo de acero al carbono para soldar acero al carbono, de inox para inox, etc.

El revestimiento tiene la función de:

- Estabilizar el arco eléctrico.
- Proteger el metal fundido.
- Reducir las impurezas dentro de la soldadura.
- Enfriar lentamente el cordón de soldadura (¡Nunca enfríes rápidamente un cordón!)
- A veces aportan a la pieza soldada elementos que se alean con ella para darle mayor resistencia, dureza, etc.

Según la composición del revestimiento se diferencian varios tipos de electrodos revestidos, de los que nombramos los más utilizados:

- **Básicos.** Contienen carbonato cálcico. Muy utilizados en soldaduras de responsabilidad para construcciones rígidas, aceros de baja aleación y aceros al carbono, válidos para todas las posiciones de soldeo. Estos electrodos deben estar almacenados en lugares secos y mantenerse así en estufas especialmente diseñadas para ello antes de ser usados. En caso de dudas sobre si el electrodo se ha conservado debidamente, el fabricante indica en la caja el tiempo y temperatura de secado antes de utilizarlos. Resulta que el revestimiento tiene facilidad para capturar parte de la humedad del ambiente, así que hay que eliminar el agua que contengan antes de utilizarlos o producirán soldaduras defectuosas. La escoria suele ser marrón oscura o negro brillante. Hay que usarlos con el arco muy corto (manteniendo la punta muy cerca de la pieza o se apagan). Al principio cuesta un poco acostumbrarse a ellos, pero son los que mayor calidad ofrecen. Son válidos para equipos de corriente continua y también alterna.

-   **Rutilos.** Contienen óxido de titanio (rutilo) y son muy utilizados para soldaduras que no requieran alta responsabilidad. Al igual que los básicos, son válidos para todas las posiciones de soldeo. Aunque tienen una carga de rotura menor que los básicos, su manejo y reencendido es más fácil. Aptos para su uso con corriente alterna o continua.

-   **Celulósicos.** Su revestimiento es, en parte, orgánico. Hace que aumente la cantidad de calor que se aporta a la soldadura. Se consumen mucho más rápido y se suelen emplear para soldar en vertical descendente (de arriba a abajo). Son muy útiles para conseguir la fusión de raíz en tuberías de grandes dimensiones.

En las prácticas con acero al carbono vamos a utilizar los dos principales: Rutilo y básico. Cada uno de estos electrodos lleva un código impreso en el revestimiento (según la norma norteamericana AWS que es más sencilla que la UNE). Eso nos permite saber cuál es una vez lo hemos sacado del paquete.

En resumen, cuando nos decidimos por usar un electrodo lo hacemos en función de la intensidad que vamos a utilizar, del tipo de soldadura y del espesor del metal que vamos a soldar. Al comprarlo, citaremos el nombre del revestimiento y el diámetro del alma, por ejemplo: rutilo de 2,5 o un básico de 3,25, o directamente por su código.Este código además nos da más información.

Por ejemplo, el E-6013 o el E-7018. El primero corresponde a un electrodo de rutilo y el segundo a un electrodo básico, los dos para acero al carbono. Veamos qué significan esos cinco dígitos:

- Primer dígito "E" significa electrodo revestido para arco manual.
- Los dos primeros dígitos "60" y "70" indican la carga de rotura a tracción en kg/mm^2 que resiste esa soldadura.
  - 60: 62.000 psi(libras por pulgada cuadrada) o 43,40 kg/mm^2.
  - 70: 72.000 psi o 50,40 kg/mm^2.
  - 80: 80.000 psi o 56 kg/mm^2.
  - 90: 90.000 psi o 63 kg/mm^2.
- El tercer dígito "1" indica la posición para la que son válidos. A saber, "1" todas las posiciones, "2" posición horizontal y "4" todas, pero especialmente vertical descendente.
- El último dígito, "3" u "8" indican el tipo de revestimiento y corriente a utilizar. Estos son todos y su significado:
  - 0: CC(+) celulósico con silicato sódico.
  - 1: CA-CC(+) celulósico con silicato potásico.
  - 2: CA-CC(-) rutilo con silicato sódico.
  - 3: CA-CC(+ o -) rutilo con silicato potásico.
  - 4: CA-CC(+ o -) rutilo con polvo de hierro (gran rendimiento).
  - 5: CC(-) básico bajo en hidrógeno con silicato sódico.
  - 6: CA-CC(+) básico bajo en hidrógeno con silicato potásico.
  - 7: CA-CC(-) ácido con polvo de hierro y óxido de hierro (gran rendimiento).
  - 8: CA-CC(+) básico con silicato potásico y polvo de hierro bajo en hidrógeno (gran rendimiento).

Por tanto, podemos decir:

- **E-6013:** electrodo de rutilo, válido para cualquier posición con equipos de corriente alterna o corriente continua (tanto conectado al polo positivo como al polo negativo) cuya carga de rotura ronda los 43 kg/mm^2.
- **E-7018:** electrodo básico, válido para cualquier posición con corriente alterna o corriente continua (conectar preferentemente al positivo, aunque se puede emplear al negativo) cuya carga de rotura es aproximadamente 50 kg/mm^2.

Para electrodos de acero inoxidable también viene impreso el código de la AWS (American Welding Society) por su sencillez. Por ejemplo, el E-309L 18.

En este caso, los tres dígitos que están a continuación de la letra E indican la designación AISI del metal, el penúltimo la posición de soldadura para la que es válido como ya vimos: "1" Válido para todas las posiciones, "2" posición horizontal y "3" todas las posiciones incluida la vertical descendente. El último dígito indica el tipo de revestimiento, común al de los electrodos de acero al carbono.

A continuación de los tres primeros dígitos puede ir una letra: "L" (bajo contenido en carbono inferior a 0,03 %), "H" (contiene carbono entre 0,04 y 0,08 %) o puede ir sin letra (contiene carbono en un porcentaje mayor de 0,08 %)

Por tanto:

E-309L 18: electrodo básico de bajo contenido en carbono, válido para usar en cualquier posición menos en vertical descendente con CA o CC (recomendado conectarlo al polo positivo aunque se puede usar al negativo) cuya carga de rotura es 49 kg/mm^2.

5. Tipos de corriente y polaridad

La corriente que produce el arco no siempre es igual. Distinguimos entre equipos de corriente continua y equipos de corriente alterna.

- **Corriente continua (CC).** Estos son los equipos de soldadura que vamos a utilizar durante todas las prácticas, salvo en el soldeo TIG del aluminio, donde necesitaremos un grupo de soldadura de corriente alterna. Simplemente decir, sin entrar en detalles, que en ellos podemos conectar el electrodo al polo positivo o negativo, lo que recomiende el fabricante para el tipo de electrodo que usemos y se nombra así:
  - Polaridad directa: electrodo al - y masa al +
  - Polaridad inversa: electrodo al + y masa al –

  En equipos que suministran CC, la corriente eléctrica siempre viaja del polo negativo hacia el positivo. Esto tiene una consecuencia muy importante: Lo que esté conectado al polo positivo se calienta más. El reparto de calor, expresado en tantos por ciento, es que un 70 % se concentra en el positivo y solo un 30 % en el negativo. Además, el arco es más estable que en equipos que suministran corriente alterna.

- **Corriente alterna (CA).** Los equipos más modernos de soldadura suelen disponer de un selector de corriente para trabajar con CC o CA, los "normalitos", a no ser que sean antiguos (transformadores) suministran CC. Aunque en las prácticas de electrodo y MIG MAG vamos a utilizar CC (el arco es más estable y podemos manipular con la polaridad el reparto de calor) en las prácticas de TIG y aluminio es necesario utilizar CA, algo que analizaremos más adelante.

6. Diseño de la unión

Cuando soldamos, la penetración (profundidad que alcanza la fusión) es limitada. Hay veces que no es posible conseguir la fusión de todo el espesor, salvo si este es reducido.

Podemos decir que si el espesor de las piezas es mayor de 3-4 mm debemos biselar los bordes de las mismas para que permita al calor producido por el arco alcanzar la cara opuesta a la de soldeo, fundiendo sus aristas y formando lo que llamamos cordón de raíz. La forma de esos biseles es lo que se denomina diseño de la unión. Dependiendo de cuál sea el espesor de la pieza, que sea posible soldarla solo por una cara (por ejemplo, un tubo pequeño) o por las dos, y del tipo de proceso de soldadura que usemos, se utiliza un diseño concreto de unión.

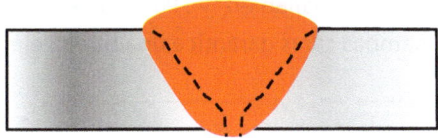

Fig. 1.3.

Por resumirlo de una forma sencilla:

1. **Bordes rectos.** Si las piezas tienen no más de 3-4 mm de espesor se pueden soldar a tope (una junto a otra con o sin separación entre ellas y siempre que estén al mismo nivel una de otra).

Fig. 1.4.

2. **Chaflán en "V".** Los bordes de las piezas a unir se biselan cuando tienen espesores mayores de 3-4 mm, como veremos en las prácticas, con más o menos ángulo dependiendo del espesor, el tipo de metal y el proceso de soldadura que se utilice. Esta preparación de los bordes se utiliza en piezas no muy gruesas que solo permiten el acceso a la soldadura por uno de sus dos lados. Se suele dejar plana la arista unos milímetros (se le llama talón) así como dejar una separación entre ellas (entrehierro).

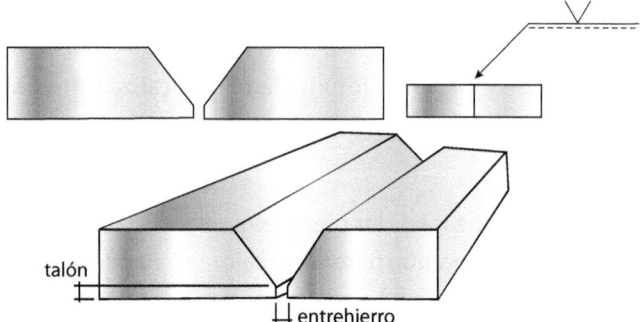

talón

entrehierro

Fig. 1.5.

3. **Chaflán en "X".** En piezas de más de 10 -12 mm, es recomendable usar biseles simétricos, ya que las tensiones y deformaciones que produce la soldadura se reducen mucho frente al chaflán en "V". Para ello es necesario que el acceso a las soldaduras por ambas caras garantice una buena ejecución.

Fig. 1.6.

4. **Chaflán en "U".** Para grandes espesores soldables por una sola cara se recomiendan los biseles en "J" que forma una unión en "U". Para esta preparación es necesario mecanizar el borde.

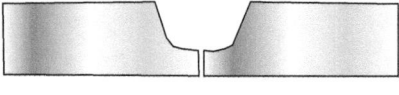

Fig. 1.7.

Estos diseños se aplican para los siguientes tipos de uniones:

1. Unión a tope　　　　　　　**2. Unión en ángulo**

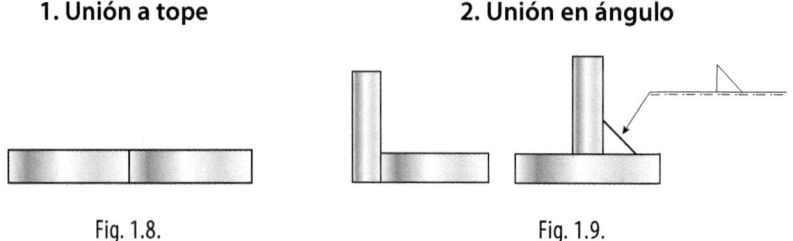

Fig. 1.8.　　　　　　　　　　　　Fig. 1.9.

3. Unión a solape

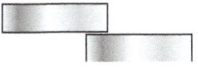

Fig. 1.10.

Fig. 1.11. Soldadura PF en acero al carbono con electrodo básico 7016 embridada con "puentes"

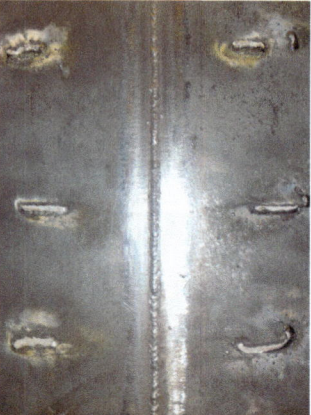

Fig. 1.12. Soldadura de tubería de acero al carbono con electrodo en posición 5G

7. Herramientas tecnológicas

La fuerza del arco y la dinámica o inductancia son parámetros clave en máquinas de soldadura, especialmente en procesos como la soldadura con electrodo revestido (SMAW). Vamos a ver la diferencia:

Fuerza del arco (*Arc Force*)

– **Qué es:** controla la intensidad de la corriente cuando el electrodo se acerca al material base.

– **Efecto**

• **Aumentarla.** Más corriente al arrancar el electrodo, evitando que se pegue y ayudando a la penetración. El arco es más agresivo y enfocado.

- **Disminuirla.** El arco es más suave y menos penetrante, pero puede aumentar el riesgo de que el electrodo se pegue si hay contacto accidental.

Dinámica o inductancia

- **Qué es:** controla la velocidad con la que la corriente aumenta y disminuye durante el ciclo del arco.
- **Efecto**
  - **Aumentarla.** El arco es más suave y el baño de soldadura se vuelve más fluido, ideal para soldar en cortocircuito, evitando salpicaduras y mejorando el aspecto del cordón.
  - **Disminuirla.** El arco es más brusco, con más salpicaduras y un baño más controlado, lo que puede ser útil para penetración profunda.

Qué pasa si los ajustas juntos

- **Alta fuerza del arco + alta inductancia.** Mayor control en soldaduras difíciles, con más penetración y un baño más fluido. Ideal para posiciones complicadas o para conseguir buena fusión en materiales de espesor medio.
- **Baja fuerza del arco + baja inductancia.** El arco se vuelve más frío y seco. Puede facilitar un cordón más estrecho y superficial, útil en materiales delgados o cordones de acabado, pero con riesgo de pegado del electrodo y salpicaduras si no se controla bien la técnica.

Todo esto es teórico, pero a lo largo del capítulo dedicado al electrodo, iremos viendo ejemplos de cómo aplicar estas herramientas en casos concretos.

8. Aplicaciones del proceso

Como no quiero faltar a la promesa que hice al principio del capítulo de teoría, voy a ir acabando. En el soldeo manual por arco con electrodos revestidos se pueden soldar no solo acero al carbono, sino también:

- Aceros aleados.
- Aceros inoxidables.
- Fundiciones de hierro.
- Algunos otros metales como aleaciones de bronce.
- En otros casos, como en las aleaciones de aluminio, la calidad que deja el electrodo no es la mejor y es preferible utilizar MIG o TIG.

Actualmente no es posible soldar metales de bajo punto de fusión como el plomo o estaño con electrodo revestido. Tampoco es posible soldar metales de alta sensibilidad al oxígeno como el titanio ya que los gases que desprende el revestimiento son insuficientes para su protección.

9. Recomendaciones

Los electrodos más aptos para los aceros con impurezas o alto contenido en carbono son los básicos, seguidos de los rutilos. Lo más sensibles a estas son los celulósicos.

Para espesores muy finos funciona bien el rutilo porque permite parar y reencender fácilmente, controlando así la fusión. En preparaciones de bordes con aberturas y separaciones algo más grandes de lo planeado se necesitan electrodos cuyo baño se enfríe rápidamente y tenga una gran tenacidad, como es el caso de los básicos y rutilos.

Fig. 1.13. Construcción del A-43. Imagen cedida por ALUTECH MARINE

Cada gran soldador empezó con dudas y errores. Lo importante no es cuántas veces te equivocas, sino lo que aprendes de cada intento. Este manual no solo busca guiarte técnicamente, sino también recordarte que cada cordón de soldadura es una oportunidad para superarte a ti mismo y demostrar de qué estás hecho. Sé paciente contigo mismo; la maestría se forja con tiempo y perseverancia, igual que una buena soldadura.

- **La escoria protege la soldadura:** el revestimiento del electrodo se convierte en escoria, que protege la soldadura mientras aún está caliente. No la retires antes de que se enfríe, ya que puede comprometer el resultado.

- **Usa siempre protección ocular al retirar la escoria:** al quitar la escoria con la piqueta, siempre ponte las gafas de protección. Las partículas pueden saltar y lastimarte.

- **Aprovecha el tiempo mientras esperas:** mientras la escoria se enfría, aprovecha el tiempo para hacer algo útil, como eliminar las proyecciones (esas pequeñas "bolitas" de metal que se forman alrededor de la soldadura). Esto mejorará notablemente el aspecto final de tu trabajo.

- **Usa herramientas, no tus manos, para manipular las piezas calientes:** las piezas que has soldado estarán muy calientes. Usa una tenaza para manipularlas. Aunque lleves guantes, recuerda que el calor puede ser intenso y podrías quemarte.

- **Consulta con tu instructor ante cualquier duda:** si no estás seguro de cómo hacer algo, especialmente al usar herramientas como radiales, sierras o esmeriles, pide ayuda. Son herramientas que requieren respeto, pero no miedo. Úsalas siempre con precaución.

- **Nunca mires al arco sin la protección adecuada:** jamás mires directamente al arco sin la pantalla de soldadura. El brillo puede dañar tus ojos gravemente.

- **Nunca trabajes sin guantes o en manga corta. Utiliza siempre las protecciones recomendadas:** delantal, manguitos, polainas y mascarilla, etc.

- **Usa el electrodo hasta el final:** un electrodo se considera gastado cuando tiene menos de 5 cm. Úsalo completamente antes de desecharlo.

- **Arranca el arco correctamente:** para encender el electrodo, piensa en cómo enciendes una cerilla. Ráscalo con un movimiento rápido y preciso hasta que veas la luz del arco, y luego llévalo al punto de inicio de la soldadura.

- **Practica los empalmes de cordones:** en cada ejercicio, practica cómo unir cordones. Esta es una habilidad fundamental que te ayudará a mejorar tus soldaduras.

- **Sé ordenado y cuidadoso con el material:** cuida el equipo y el material, y colabora en la limpieza del puesto de trabajo al terminar la clase.

- **Lee bien las instrucciones antes de empezar:** revisa las indicaciones de cada práctica detenidamente antes de comenzar. Una vez que entiendas lo que tienes que hacer, observa bien la pieza y sigue tu intuición.

- **Confía en ti mismo:** si otros pueden hacerlo, tú también puedes. La soldadura es cuestión de entender la técnica y practicar hasta perfeccionarla.

- **La actitud lo es todo:** para tener éxito en la práctica, debes creer que puedes lograrlo. Si no confías en ti, será mucho más difícil.

- **Trabaja en equipo:** realiza las prácticas con un compañero. Dos cabezas piensan mejor que una, y es más fácil detectar los errores de otro que los propios.

- **Deja que tu mano aprenda los movimientos:** mientras sueldas, tendrás que controlar la distancia, el ángulo y la velocidad de avance del electrodo. Mantén la luz del arco lo más baja posible para ver claramente el cordón que se va formando. Si mantienes la distancia adecuada, te será más fácil avanzar con una velocidad constante.

10. Prácticas con electrodo revestido para acero al carbono

Práctica 1	*Soldadura eléctrica con electrodos revestidos para acero al carbono*
Primeros cordones + recargue en posición horizontal PA (1G)	
Material base	Chapa de acero al carbono 100 x 100 x 3 mm
Electrodos a utilizar	Electrodo Ø 2,5 x 350 mm de tipo rutilo 6013. Polaridad directa.
N.º de cordones	Cuatro cordones depositados con movimiento recto. Dos cordones de recargue con movimiento en forma de media luna
Corriente de soldeo	60 - 65 A para cordones con movimiento recto. 70 - 75 A para cordones de recargue.

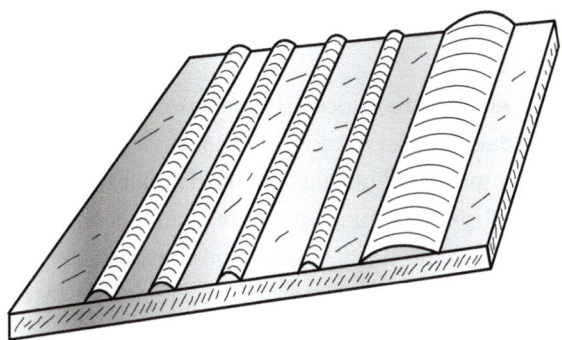

Fig. 1.14.

Bienvenido/a a tu estreno, vamos a empezar con dos sencillos ejercicios.

En esta práctica n.º 1, ejecutaremos unos cordones rectos que luego van a servir como guías de otros que llamaremos en adelante "de recargue" o "de peinado".

En la siguiente práctica (n.º 2) aprenderemos a empalmar cordones.

Hablemos claro desde el principio: aunque sencillas, estas prácticas son la base de todos los ejercicios que vamos a encontrar a continuación. Por lo tanto, **DEBEMOS DOMINARLAS ANTES DE PASAR AL EJERCICIO N.º 3**.

Preparación del material

Antes de empezar, es muy recomendable dejar marcadas unas líneas rectas en el material base (la chapa) con una punta de trazar, remarcándolas luego con una radial pequeña y disco de corte o con un granete para conseguir unas referencias bien visibles. Durante la ejecución de los cordones, estas líneas serán nuestra única referencia para no torcernos.

Ejecución de los cordones rectos

Una vez hecho esto, podemos empezar: arrancaremos sobre una de las líneas graneteadas rascando la punta del electrodo sobre la chapa como una cerilla hasta que se encienda el arco y podamos ver algo a través del cristal oscuro de la pantalla. En ese momento, avanzaremos el electrodo revestido sobre ella.

Debemos esforzarnos en cumplir tres condiciones:

- Llevar inclinado ligeramente el electrodo unos 70º - 80º en el sentido del avance.

- Mantener una distancia constante entre la punta del electrodo y el metal base (2-3 mm).

- Avanzar con el electrodo a velocidad constante, respetando en todo momento lo anterior, es decir, conservando la inclinación a la vez que procuramos que la punta se mantenga a la distancia indicada mientras se hace cada vez más corto al consumirse. Deja que el baño de fusión (el charco de metal fundido bajo el electrodo) gane un diámetro algo mayor al del electrodo antes de avanzar. Como referencia, el diámetro del baño debe estar entre 1,5 y 2 veces el diámetro del electrodo.

Realiza primero todos los cordones rectos, luego elimina la escoria con una piqueta y termina con un buen cepillado que limpie bien la superficie de la chapa (recuerda usar el equipo de protección individual).

Recargue o peinado

A continuación, vamos a recargar los huecos que quedan entre los cordones rectos. Cuando decimos que vamos a "recargar" o "peinar" nos referimos a realizar cordones mucho más anchos de lo que el diámetro del electrodo permite, dando a este un movimiento lateral en forma de "U" o "Z". Se trata de ir avanzando entre los dos cordones rectos "rellenando" el espacio entre ellos con el metal licuado que viene de la fusión de la varilla del electrodo y la superficie de la chapa por el calor del arco eléctrico.

Importante

Mientras realizas el movimiento en forma de U o Z, para un instante al llegar a cada uno de los lados delimitados por los cordones rectos que definen el espacio a recargar y permanece ahí quieto dos segundos. Después, reinicia el movimiento, vuelve a parar al llegar al lado contrario otros dos segundos y repite la misma operación hasta que el electrodo se consuma por completo. Es importante mantener el electrodo un tiempo constante en cada lado para asegurar una soldadura uniforme.

Solapa los movimientos laterales entre sí, de esta forma cubrirás el hueco entre cordones por completo sin que queden espacios vacíos.

Técnicas y trucos adicionales

1. **Practicar en seco.** Realiza los movimientos sin encender el arco para acostumbrarte a la postura y movimientos.

2. **Monitorea el baño de fusión**. Observar atentamente el baño de fusión puede ayudar a ajustar la velocidad y la inclinación del electrodo.

3. **Control de respiración.** Mantener una respiración constante desde el diafragma puede ayudar a mantener un movimiento más fluido y constante.

4. **Toma tus propias notas.** Es muy importante tomar notas adicionales por costumbre, especialmente sobre lo que te dio problemas y cómo lo resolviste.

Aunque tengas experiencia, realiza las prácticas asegurándote de ajustarte a las indicaciones. A menudo es más difícil corregir malas costumbres aprendidas que empezar de cero.

¡Mucho ánimo!

Práctica 2	*Soldadura eléctrica con electrodos revestidos para acero al carbono*

Primeros cordones. Aprender a realizar empalmes

Material base	Chapa de acero al carbono 100 x 100 x 3 mm
Electrodos a utilizar	Electrodo Ø 2,5 x 350 mm de tipo rutilo 6013. Polaridad directa.
N.º de cordones	Ocho cordones, todos con movimiento recto.
Corriente de soldeo	De 55 a 70 A

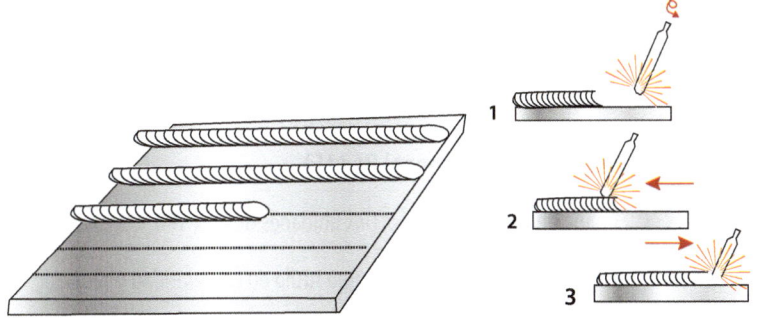

Fig. 1.15.

Esta sencilla operación es fundamental, pues es indispensable que cada vez que se termina un electrodo, el soldador sea capaz de empalmar un cordón con otro sin que apenas se aprecie el lugar de unión. La práctica consiste en realizar cordones en línea recta mientras practicamos la técnica siguiente para aprender a empalmar soldaduras.

Instrucciones

1. Al final del cordón queda una pequeña "rampa" que servirá para realizar un empalme perfecto.

2. Coloca un electrodo nuevo en la pinza y arranca un par de centímetros por delante de dicha rampa (ver Fig. 1.15)

3. Una vez que salte el arco eléctrico, retrocede lentamente hacia la rampa y sube por ella (todo el tiempo con el arco activo) hasta la zona más alta de esta.

4. Justo ahí, detén el electrodo para comenzar el avance en sentido contrario y ya a velocidad constante, con una inclinación de unos 70º-80º y con una distancia de la punta del electrodo a la pieza de 2-3 mm (ver dibujo n.º 2 y n.º 3).

Evaluación del empalme

- Si todo ha salido bien, la zona donde antes estaba la rampa se habrá fundido por un nuevo cordón y visualmente apenas se apreciará dónde termina uno y empieza otro.

- Si el empalme queda abultado, es porque has llevado el electrodo más allá del punto más alto de la rampa, esto es, sobre el cordón.

- Si en el empalme se aprecia una zona hundida entre cordones, es porque el electrodo no ha llegado a alcanzar el punto más alto de la rampa.

- El movimiento de aproximación del electrodo debe ser lento para acertar y detenerlo justo en el lugar correcto.

Práctica 3	Soldadura eléctrica con electrodos revestidos para acero al carbono
Ángulo acunado en posición horizontal PA (1F)	
Material base	Chapa de acero al carbono. Dos unidades de 40 x 100 x 3 mm punteadas a 90º
Electrodos a utilizar	Electrodo Ø 2,5 x 350 mm de tipo rutilo 6013. Polaridad directa.
N.º de cordones	Seis cordones, todos ejecutados con movimiento recto.
Corriente de soldeo	70-80 A

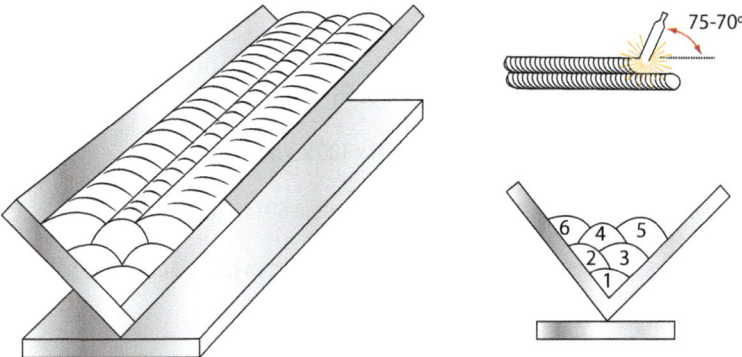

Fig. 1.16.

Esta es la primera práctica real de unión entre dos piezas. Se trata de llenar el hueco de esta "V" con cordones rectos en el orden que se ve en el dibujo. Entre una pasada y la siguiente siempre eliminaremos la escoria, las proyecciones (recuerda, esas "bolitas" que afean tanto una soldadura bien hecha) y cepillaremos el/los cordón/es.

La recomendación no ha variado: Distancia de la punta del electrodo a la chapa de 2-3 mm, mantener el electrodo a 70°-80° en el sentido del avance (¡nunca inclinarlo lateralmente!) y hacerlo avanzar a velocidad constante.

Técnicas y consejos

- Tienes dos manos, ¡utilízalas! Sostén la pinza porta electrodos con la fuerza justa para mantenerla, pero lleva el brazo lo más relajado posible. Si está rígido, pelearás contra ti mismo y no desplazarás el electrodo con precisión.

- En este ejercicio, debes retener el avance del electrodo llevándolo algo más despacio que en las prácticas anteriores. Como referencia, la anchura del cordón debe ser aproximadamente el doble de la cabeza del electrodo.

- ¡No te tuerzas! Busca la referencia para ir recto.

Orden de los cordones

- Sobre el primer cordón van el número dos y tres (el dos como si quisieras cubrir el número uno y el tres que se cubra la mitad del número dos).

- Sobre esos dos van el cuatro, cinco y seis (para el cuatro apunta a la línea que queda entre dos y tres. Cinco y seis van cada uno a un lado del número cuatro).

Práctica 4	Soldadura eléctrica con electrodos revestidos para acero al carbono

Primeros cordones en posición cornisa PC (2G)

Material base	Chapa de acero al carbono 100 x 100 x 3 mm
Electrodos a utilizar	Electrodo Ø 2,5 x 350 mm de tipo rutilo 6013. Polaridad directa.
N.º de cordones	De quince a veinte cordones con movimiento recto, empezando por la parte baja de la chapa.
Corriente de soldeo	De 55 a 65 A. Ajusta la intensidad a un nivel que te permita soldar cómodamente.

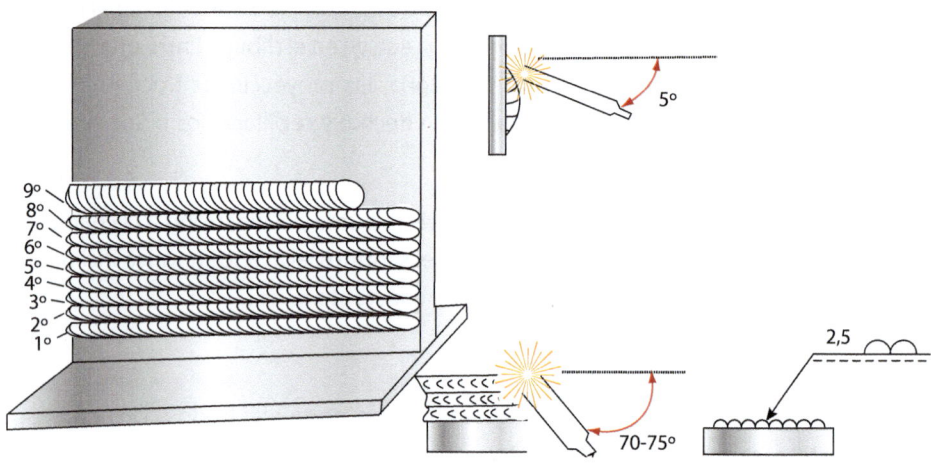

Fig. 1.17.

Un recrecido es un tipo de soldadura de reparación que se usa para devolver espesor a una pieza que se ha desgastado con el uso. Antes de empezar a soldar en posición cornisa, donde la gravedad no juega a nuestro favor, es recomendable realizar algunos ejercicios en posición horizontal para familiarizarte con la técnica.

Paso a paso

1. **Posicionamiento inicial**

   – Coloca la chapa en la posición adecuada, asegurándote de que esté bien fija para evitar movimientos durante la soldadura.

2. **Iniciando el primer cordón**

 - Comienza en la parte baja de la chapa.
 - Usa una inclinación de 70°-80° con respecto a la unión.
 - Mantén la distancia de la punta del electrodo al metal base entre 2 y 3 mm, tal como lo hiciste en la práctica anterior.
 - Asegúrate de ajustar la intensidad para que te sientas cómodo y el aspecto del cordón sea similar al que lograste en posición horizontal.

3. **Movimiento del electrodo**

 - Realiza un movimiento recto y constante, evitando cualquier inclinación que no sea en el sentido del avance.
 - Controla que la punta del electrodo no se separe del baño de fusión; esto es clave para evitar que el cordón se descuelgue o forme "barrigas".

4. **Solapado de los cordones**

 - Para el segundo cordón y los siguientes, apunta a la línea donde termina el cordón anterior.
 - Asegúrate de que cada nuevo cordón cubra aproximadamente la mitad del cordón anterior.
 - Solapa todos los cordones de manera que no quede ningún espacio entre ellos.

5. **Revisión**

 - Después de completar todos los cordones, revisa el trabajo para asegurarte de que no haya espacios entre ellos y que todos los cordones estén bien nivelados.

Consejos

 - **Paciencia y control:** la posición cornisa puede ser desafiante porque la gravedad tiende a descolgar el material fundido. Por eso, es vital mantener la punta del electrodo cerca del baño de fusión y controlar cada movimiento.
 - **Práctica:** como con cualquier técnica, la práctica constante te ayudará a perfeccionar tu habilidad en esta posición. No te desanimes si los primeros intentos no son perfectos; sigue practicando y consultando con tu profesor o compañeros experimentados.

Soldar en posición cornisa pone a prueba tanto tu técnica como tu paciencia. Al principio, es natural sentir frustración porque la gravedad no juega a tu favor. Pero recuerda que cada reto superado te hace más fuerte. Si algo no sale como esperabas, detente, analiza y vuelve a intentarlo. Cada cordón es una lección, y cada práctica te acerca más a dominar esta posición. La soldadura no solo es un arte técnico, sino también un ejercicio de concentración y perseverancia. Mantén la calma, confía en tu esfuerzo y sigue adelante.

Práctica 5	Soldadura eléctrica con electrodos revestidos para acero al carbono

Ángulo acunado en posición cornisa PC (2G)

Material base	Chapa de acero al carbono. Dos unidades de 40 x 100 x 3 mm punteadas a 90º
Electrodos a utilizar	Electrodo Ø 2,5 x 350 mm de tipo rutilo 6013. Polaridad directa.
N.º de cordones	Seis cordones, todos con movimiento recto.
Corriente de soldeo	Unos 70-80 A

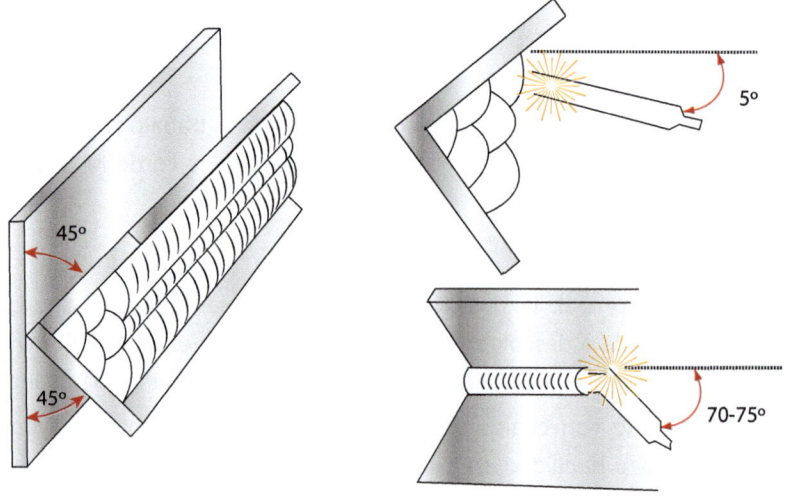

Fig. 1.18.

La dificultad de este ejercicio es que te puedes despistar y, cuando quieres darte cuenta, has acumulado más material en la pletina de abajo que en la de arriba. Se trata de conseguir el mismo acabado que en el ejercicio n.º 3 teniendo en cuenta lo aprendido en el n.º 4.

Recuerda

Extrema la precaución para que no se separe la punta del electrodo de la chapa en exceso (evita que se "descuelgue" el material y reduce las proyecciones). Mantén todas las otras indicaciones (70º-80º en el sentido del avance, 2-3 mm de distancia de la punta del electrodo a la chapa y avance recto a velocidad constante dejando que la anchura del baño llegue a ser el doble que la cabeza del electrodo).

Orden de los cordones

1. Para ejecutar el cordón de raíz, apunta a la unión.

2. Los siguientes cordones deben seguir el orden del dibujo.

   - Para el segundo, apunta al primero y suelda encima como si quisieras cubrir el n.º 1.
   - Para ejecutar el tercero, apunta a la línea superior del primero (se "comerá" también la mitad del segundo).
   - Para el cuarto, apunta a la línea inferior del segundo.
   - El quinto, apuntando a la línea entre segundo y tercero.
   - El sexto, a la línea superior del tercero (aguanta el avance, déjale que rellene bien el hueco).

Práctica 6	Soldadura eléctrica con electrodos revestidos para acero al carbono
Aprender a realizar puntos de soldadura	
Material base	Chapa de acero al carbono 100 x 100 x 3 mm
Electrodos a utilizar	Electrodo Ø 2,5 x 350 mm de tipo rutilo 6013. Polaridad directa.
N.º de puntos	25 en total. Dejando un espacio de 10 mm desde el lado de la chapa, granetea cinco puntos dejando una distancia entre cada uno de 20 mm.
Corriente de soldeo	Unos 75-85 A

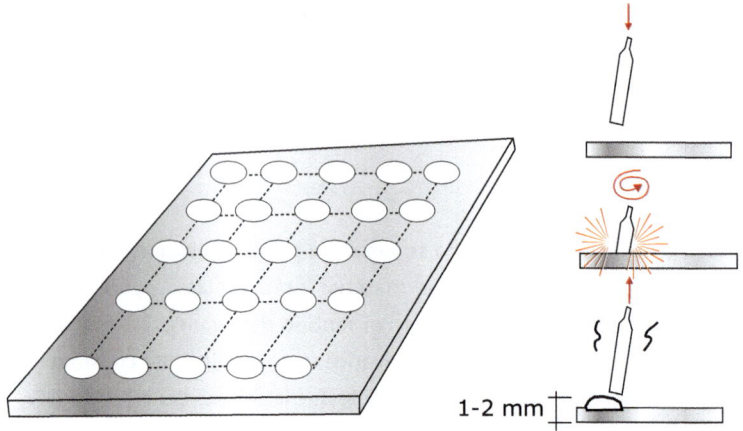

Fig. 1.19.

Los llamados "puntos" se emplean en montaje para sujetar temporalmente una estructura que luego se soldará completamente. La tarea de unir mediante puntos suficientemente fuertes es algo muy importante que conlleva una gran responsabilidad.

Método

1. Marca con el granete el metal base a la distancia indicada en la cabecera de este ejercicio. Esta será tu referencia para realizar el punto.

2. Rasca el electrodo contra la chapa con un movimiento rápido y preciso (recuerda, como si encendieras una cerilla) y llévalo sobre la marca graneteada.

3. Con el electrodo casi vertical y manteniendo siempre una distancia de 2-3 mm desde la punta del electrodo al metal base, dibuja una espiral circular de aproximadamente 1 cm de diámetro, empezando de fuera hacia adentro y termina en el centro.

4. Aguanta un momento en el centro, dejando que el electrodo aporte suficiente material antes de cortar el arco.

Si todo ha ido bien, sobre la chapa quedará una "lenteja" de acero brillante y plana, sin grietas ni inclusiones de escoria, de unos 2-3 mm de altura.

Antes de seguir, vamos a detenernos un momento para entender un concepto muy importante para un soldador profesional.

¿Qué es la homologación de soldadores?

La homologación de soldadores es un proceso mediante el cual un soldador es evaluado y certificado para realizar trabajos de soldadura según estándares específicos de calidad y seguridad. Este proceso garantiza que el soldador posee las habilidades y conocimientos necesarios para llevar a cabo soldaduras de alta calidad en diversas posiciones y con distintos tipos de materiales. La certificación es crucial para acceder a oportunidades laborales en industrias que requieren un alto nivel de precisión y fiabilidad en las soldaduras, como la construcción, la fabricación de maquinaria, y la industria petroquímica, entre otras.

- **Duración de la homologación.** La homologación de soldadores suele tener una duración limitada. Generalmente, la validez de una certificación de soldador es de dos/tres años. Pasado este tiempo, el soldador debe renovar su homologación, lo cual suele implicar la realización de nuevas pruebas prácticas para demostrar que aún mantiene las habilidades y conocimientos requeridos.

- **Coste de la homologación.** La homologación de soldadores no es gratuita. Los costes pueden variar considerablemente dependiendo del país, la institución que ofrezca la certificación, y el tipo de soldadura y materiales que se utilicen en las pruebas. Algunos empleadores pueden cubrir el coste de la homologación para sus trabajadores, especialmente en industrias donde la certificación es esencial para el desempeño del trabajo.

- **Requisitos académicos.** No se requiere tener estudios finalizados para obtener una homologación de soldador. Sin embargo, se espera que los candidatos tengan conocimientos y habilidades prácticas en soldadura. Muchas veces, estos conocimientos se adquieren a través de cursos técnicos, programas de formación profesional o experiencia laboral. Algunas instituciones que ofrecen la homologación pueden requerir que los candidatos completen cursos de preparación antes de presentarse a las pruebas de certificación.

- **Motivación y apoyo.** Sé que enfrentarse a una prueba de homologación puede ser intimidante y que pueden surgir dudas e inseguridades. Pero recuerda, este es un paso crucial en tu desarrollo profesional y una gran oportunidad para demostrar tus habilidades. No estás solo en este proceso; cada soldador certificado ha pasado por lo mismo. Confía en tu entrenamiento y en la práctica que has realizado. Cada cordón que sueldes, cada práctica que completes, te está llevando más cerca de tu objetivo. Recuerda, la clave está en la constancia y en la precisión. Estoy aquí para apoyarte en cada paso del camino. Si yo, poco o mucho, he podido hacer algo en esta profesión tan fascinante cuando nunca he sido ni el más listo ni el más hábil de ningún lugar por donde haya pasado, cualquiera que se lo proponga puede lograrlo.

A partir de aquí, las prácticas con el sello "Ejercicio de homologación" indica que esta analiza alguno de los exámenes de certificación de soldadores más habitual. Por tanto, en tal caso los parámetros y recomendaciones se ofrecen no solo para aprender a soldar, también con el fin de ayudar a obtener esa homologación en concreto.

Práctica 7	Soldadura eléctrica con electrodos revestidos para acero al carbono

Ángulo en horizontal PB (2F)

Material base	Chapa acero al carbono. Dos unidades de 150 x 40 x 8 mm punteadas a 90º
Electrodos a utilizar	Electrodo Ø 3,25 x 350 mm tipo rutilo 6013. Polaridad directa. A continuación, repetir el ejercicio con electrodo Ø 3,25 x 350 mm tipo Básico 7016. Polaridad inversa (pinza al + y masa al -).
N.º de cordones	Tres cordones, todos con movimiento recto.
Corriente de soldeo	105-120 A

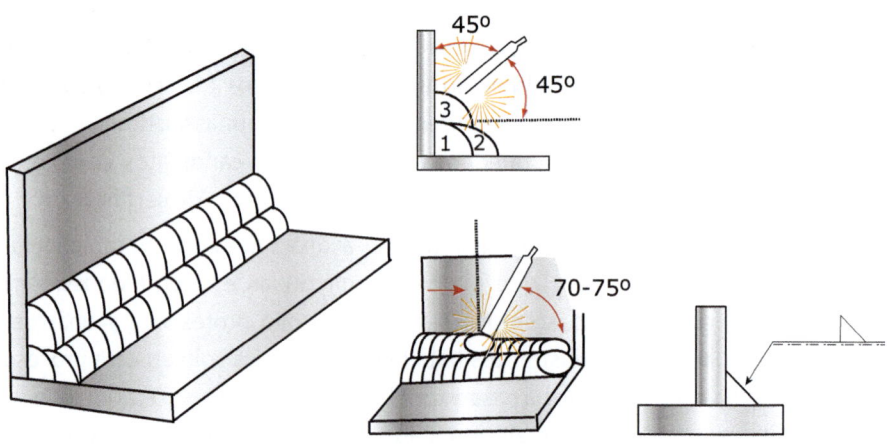

Fig. 1.20.

Descripción del ejercicio

Ahora que ya hemos practicado un poco con la soldadura en ángulo, vamos a ver cómo se realizaría un auténtico examen de homologación de soldador.

El ejercicio consiste en realizar tres cordones (en el orden indicado en la Fig. 1.20). En los tres es muy importante aplicar todo lo aprendido hasta ahora. Recordemos:

- Mínima inclinación del electrodo en el sentido del avance (70º-80º).
- Distancia de arco corta (entre 2 y 3 mm desde el extremo del electrodo a la unión).
- Avance recto manteniendo una velocidad que dé tiempo suficiente a que el ancho de cordón llegue a ser el doble del diámetro del electrodo.

Si no respetamos esto durante TODA la ejecución de principio a fin, el cordón quedará redondeado y no plano, o quedará una depresión entre el cordón n.º 2 y 3 (llamada entalla), cuando la zona en la que ambos se solapan debería ser lisa y plana.

Técnica

1. Una vez ejecutado el cordón n.º 1, déjalo bien limpio de escoria y proyecciones.

2. Realiza el 2.º cordón de igual modo, pero apuntando al primer cordón como si este no existiera, pues debemos cubrirlo, no depositarlo a continuación.

3. Para el tercer cordón, apunta a la línea superior del primer cordón, de forma que se solape con el n.º 2 y el n.º 3 cubra y oculte la mitad superior de este.

Ajuste de parámetros del equipo de soldadura

Para lograr una penetración óptima y evitar defectos:

- **Fuerza del arco:** ajusta la fuerza del arco al máximo permitido por la máquina al realizar el primer cordón (raíz). Esto asegurará una mayor penetración y evitará que el electrodo se pegue. Una fuerza del arco alta también ayudará a estabilizar el arco cuando se acerque el electrodo al material base.

- **Inductancia/dinámica:** mantén un ajuste medio-alto para evitar un arco muy agresivo. Esto permitirá un baño más fluido y facilitará una mejor fusión de los cordones sucesivos. Disminuye ligeramente la inductancia al realizar los últimos cordones para controlar mejor el baño y evitar que el cordón final se desborde.

Consejos adicionales

- Ajusta la corriente dentro del rango recomendado según la práctica para encontrar el equilibrio entre penetración y control del baño.

- Revisa visualmente el cordón tras cada pasada para asegurarte de que no haya entallas ni falta de fusión.

Con estos ajustes, estarás en mejores condiciones de lograr una penetración adecuada y una transición suave entre los cordones, cumpliendo con los requisitos de homologación de soldador.

> Enfrentar tu primer ejercicio de homologación puede generar nervios y expectativas. Pero recuerda, este es solo un paso más en tu camino. Has practicado, aprendido y enfrentado desafíos hasta llegar aquí. La homologación no es solo un examen técnico, sino también una prueba de tu perseverancia y preparación. Concéntrate en cada movimiento, cada detalle, y deja que el esfuerzo que has puesto hasta ahora se refleje en tu trabajo. Este ejercicio marca el comienzo de tu camino hacia la excelencia como soldador. Confía en ti y en lo que has aprendido: ¡estás más preparado de lo que crees!

El Rol del Inspector de Construcciones Soldadas (ICS)

¿Qué es un Inspector de Construcciones Soldadas?

Un Inspector de Construcciones Soldadas (ICS) es un profesional certificado que se encarga de garantizar que las soldaduras realizadas en una construcción cumplan con los estándares de calidad y seguridad especificados. El ICS juega un papel fundamental en la homologación de soldadores, ya que es el encargado de evaluar y certificar que las soldaduras realizadas por los candidatos cumplen con los requisitos establecidos.

Intervención del ICS en la homologación de soldador

En el proceso de homologación de soldador, el ICS tiene la responsabilidad de supervisar y evaluar las pruebas prácticas. Esto incluye la revisión visual de las soldaduras, así como la realización de pruebas no destructivas (NDT) y destructivas para asegurar que las soldaduras cumplen con los estándares de calidad.

Inspección del ICS en la soldadura de un ángulo con electrodos revestidos

En el caso específico de la soldadura de un ángulo, tanto en posición horizontal como cualquier otra con electrodos revestidos, el ICS sigue un protocolo detallado basado en la norma ISO 5817. Este protocolo incluye los siguientes pasos:

1. **Inspección visual:** el ICS comienza con una inspección visual de la soldadura para identificar defectos superficiales como grietas, porosidad, socavado y exceso de refuerzo. La soldadura debe ser uniforme, con un perfil plano y sin discontinuidades.

2. **Medición de dimensiones:** se mide la longitud, el ancho y la altura del cordón de soldadura para asegurarse de que cumplen con las especificaciones del procedimiento de soldadura.

3. **Evaluación según la norma ISO 5817:** la soldadura es evaluada en base a criterios específicos de la norma ISO 5817, que clasifica los defectos de soldadura en tres niveles de calidad: B (calidad alta), C (calidad media) y D (calidad baja). Para la homologación, generalmente se requiere alcanzar al menos el nivel C.

Protocolo de evaluación visual

– **Defectos superficiales:** no se permiten grietas ni inclusiones de escoria visibles. La porosidad debe ser mínima y dispersa.

Puedes ampliar información consultando el capítulo de defectología (página 82).

Protocolo de ensayo destructivo

A continuación, el ICS debe revisar que la penetración del cordón haya alcanzado aproximadamente 1 mm. Por penetración se entiende la profundidad que debe alcanzar el cordón dentro de la pieza. Aparentemente puede parecer poco, pero no es fácil que una soldadura llegue a fundir esa medida de un espesor total de 8 mm estando las dos piezas completamente a tope entre sí.

Para ello se debe hacer una fractura del cupón de examen (se llama así a las piezas soldadas para la prueba), algo que nos servirá para asegurar la penetración que se exige en un examen o en un trabajo de responsabilidad en un ángulo soldado en cualquier posición.

Para romper el cupón: primero eliminaremos los puntos con el disco de repasar de la radial. Después, al cordón de raíz le vamos a dar un corte en el centro en toda su longitud. Este corte debe ser más ancho que profundo, procurando no llegar al vértice o zona donde se unían las dos pletinas antes de soldarlas.

Fig. 1.21.

Una vez hecho esto, metemos el cupón en una prensa o un tornillo de banco. En este último caso, hay que asegurarse de que esté bien sujeto para romperlo con seguridad, pues se trata de hacer fuerza en los extremos del ángulo intentando cerrarlo para que se parta la soldadura y el ICS pueda observar lo que ha pasado en el interior.

Fig. 1.22.

Una vez roto, el ICS observará el canto de la pieza superior. Veremos que al partirse el cordón ha arrancado parte del borde (es la zona de color gris claro). El inspector medirá esa zona que el cordón ha arrancado, ya que esa es la medida de la penetración. La soldadura ha fundido la unión hasta ahí y al romper el cordón se puede apreciar y medir.

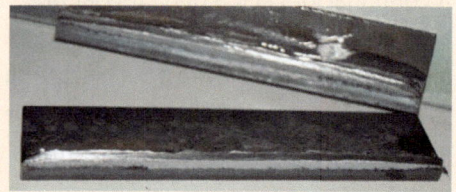

Fig. 1.23.

La medida, si es posible, debe hacerse con un calibre (pie de rey).

Fig. 1.24.

Si no se consigue la penetración, hay que volver a intentarlo cambiando los parámetros de amperaje hasta alcanzar 1 mm.

El cupón de prueba tiene unas medidas mínimas concretas, son:

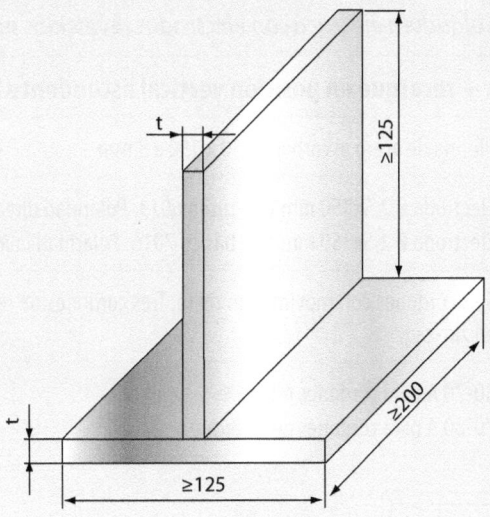

Fig. 1.25.

En un examen de homologación de soldadores se pide una parada con empalme en cada cordón. No deben coincidir nunca dos empalmes en el mismo sitio. Son zona de riesgo de defectos y si se acumulan todos pueden tener serias consecuencias. Además, debemos conseguir que los cordones tengan buen aspecto; el conjunto de los tres ha de tener la misma base y altura, los empalmes bien ejecutados, entalla poco marcada y una garganta máxima (en este caso para chapas de 8 mm) entre 4 y 6 mm.

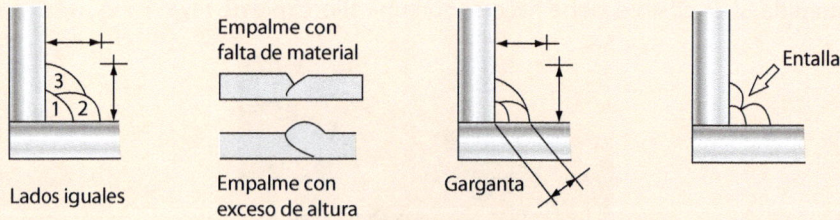

Fig. 1.26.

Si la soldadura cumple con todos estos requisitos, se considera "apta" o "aceptable". En caso contrario, se identifica como "no apta" o "no aceptable" y se aportará información detallada para que el soldador pueda mejorar en sus futuras pruebas.

Práctica 8	Soldadura eléctrica con electrodos revestidos para acero al carbono
Primeros cordones + recargue en posición vertical ascendente PF(3G)	
Material base	Pletina de acero al carbono 150 x 150 x 8 mm
Electrodos a utilizar	Electrodo Ø 2,5x350 mm tipo rutilo 6013. Polaridad directa. Electrodo Ø 2,5x350 mm tipo básico 7016. Polaridad inversa.
N.º de cordones	Seis cordones con movimiento recto. Tres cordones de recargue con movimiento en zig-zag.
Intensidad	60-70 A para cordones rectos. 70-80 A para cordones de recargue.

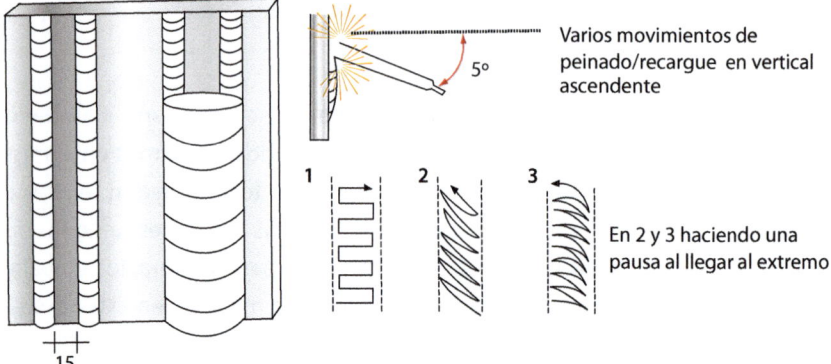

Fig. 1.27.

Te estrenas con la posición más emblemática de la soldadura, que pese a su dificultad, todo buen soldador debe dominar. Además, aprenderemos más sobre el uso de los electrodos básicos.

1. Cordones rectos

- Utiliza el electrodo rutilo 6013.
- Marca la pieza con la punta de trazar y remarcar con radial y disco de corte o granete.
- Coloca la pieza en vertical.
- Selecciona la intensidad indicada.
- El electrodo debe ir perpendicular a la pieza, apenas inclinado unos 5º.
- Mantén una distancia de 2-3 mm con respecto a la chapa.
- Realiza el movimiento en zig-zag o espiral mientras asciendes. Si mueves solo el codo con el brazo apoyado en tu cuerpo, verás que se controla mejor el movimiento. Acostúmbrate a buscar siempre que puedas la ayuda del cuerpo, usa el otro brazo y las piernas para apoyarte en lo que tengas a tu alrededor.
- Consulta al profesor las dudas que te puedan surgir.

2. Recargue

- Rellena el espacio entre los cordones con un movimiento en zig-zag o "U" ascendente.
- Solapa cada pasada con la anterior.
- Deja enfriar la escoria y despréndela con la piqueta para verificar la calidad del cordón. Recuerda usar los EPIS.

3. Cambio a electrodo básico 7016

- Ajusta la intensidad según lo indicado.
- Cambia los polos: electrodo al + y masa al -.
- Este electrodo requiere un arco más corto y es más difícil de arrancar.
- El acabado será mejor, con menos descuelgue. La explicación es que la escoria es más fina y disipa antes el calor, de modo que el material cambia de líquido a sólido antes y eso lo hace menos fluido.

Consejos adicionales

– Si necesitas parar durante la soldadura con electrodo básico, para reencender a la primera, rompe el revestimiento y deja que el núcleo sobresalga ligeramente.

– Conserva los electrodos en una estufa a 80-100 ºC nada más abrir la caja para evitar humedad, que causaría porosidad en las soldaduras porque el agua del revestimiento se evaporaría y formaría "bolsas" de vapor dentro de los cordones. Esto es debido a que el revestimiento del electrodo básico es, principalmente, carbonato cálcico que tiene tendencia a capturar la humedad del aire.

Práctica 9	Soldadura eléctrica con electrodos revestidos para acero al carbono
Ángulo en vertical ascendente PF (3F)	
Material base	Pletina de acero al carbono. Dos unidades de 40 x 150 x 8 mm punteadas a 90º
Electrodos a utilizar	Electrodo Ø 2,5x350 mm y electrodo Ø 3,25 mm de tipo básico 7016. Polaridad inversa (Pinza al + y masa al -).
N.º de cordones	Raíz (movimiento en espiral o zig-zag con electrodo Ø 2,5 mm). Peinado (movimiento lateral en "U" con electrodo Ø 3,25 mm).
Intensidad	70-80 A para la raíz y el peinado con electrodo de 2,5 mm. 80-95 A para raíz o peinado con electrodo de 3,25 mm.

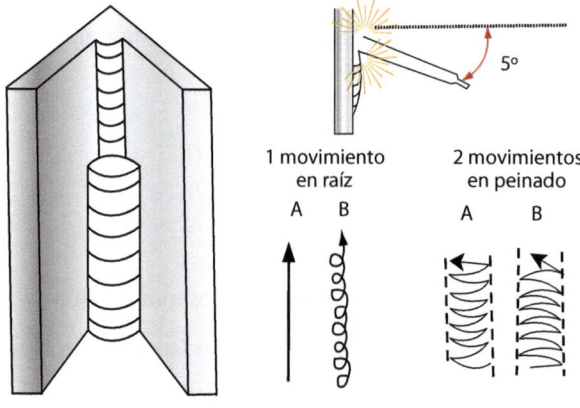

Fig. 1.28.

Instrucciones

Sitúate a un lado de la unión y asegúrate de que tu cabeza quede por encima del final de la costura para evitar quemaduras por proyecciones.

1. Cordón de raíz

- Utiliza el electrodo Ø 2,5 mm tipo básico 7016.
- Realiza un movimiento en zig-zag o espiral ascendente para "coser" las dos caras del ángulo.
- Mantén una anchura del cordón equivalente a dos veces el diámetro del electrodo.
- Emplea la muñeca para el movimiento, puedes apoyar el codo en el tronco para mayor control.
- Inclina el electrodo unos 5º sobre la horizontal (prácticamente perpendicular a la unión) y mantén la punta a 2-3 mm de la chapa, procurando que no se sumerja en el baño.
- Deja enfriar la escoria, quita las proyecciones y cepilla antes de proceder al siguiente cordón.

2. Cordón de peinado

- Utiliza electrodo Ø 2,5 o 3,25 mm tipo básico 7016.
- Realiza un movimiento lateral en "U" o zig-zag, deteniéndote dos segundos a cada lado del cordón de raíz.
- La mitad de la punta del electrodo debe quedar fuera del cordón de raíz y la otra mitad sobre este.

Ajuste de parámetros de la máquina

- **Fuerza del arco**
  Aumenta ligeramente la fuerza del arco para evitar que el electrodo se pegue durante el arranque y mejorar la penetración en la raíz. Un ajuste medio es ideal para controlar el baño sin descuelgues.

- **Inductancia/dinámica**
  Mantén una inductancia baja para limitar el tamaño del baño de fusión y evitar descuelgues por gravedad. Prueba a aumentar ligeramente la inductancia en la última pasada para suavizar el baño y mejorar la transición entre los cordones.

Consejos adicionales

- Asegúrate de limpiar bien cada cordón antes de la siguiente pasada.
- Controla visualmente el avance y ajusta la velocidad de movimiento según el comportamiento del baño.

Con estos ajustes, podrás minimizar los descuelgues y lograr una penetración adecuada, con cordones bien perfilados y transiciones suaves en posición vertical ascendente.

Práctica 10	*Soldadura eléctrica con electrodos revestidos para acero al carbono*
Ángulo bajo techo PD (4F)	
Material base	Pletina de acero al carbono. Dos unidades de 40 x 150 x 8 mm punteadas a 90º
Electrodos a utilizar	Electrodo Ø 3,25x350 mm tipo básico 7016. Polaridad inversa (Pinza al +, masa al -).
N.º de cordones	Tres cordones con movimiento recto o ligero zig-zag lateral.
Corriente de soldeo	110-120 A

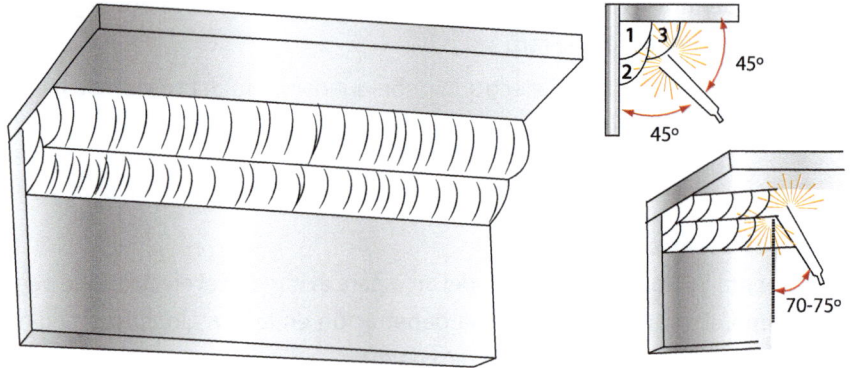

Fig. 1.29.

Instrucciones

Cuando los soldadores se examinan para homologarse en esta posición (o en vertical ascendente), normalmente es porque saben que, de conseguirlo, quedan también homologados para soldar ángulos en horizontal y, si usan electrodo básico, esto les certifica también para rutilo. Estas pruebas de homologación (PF y PD) son imprescindibles para soldar estructuras en construcciones metálicas.

1. Preparación

- Sitúate a un lado con la unión a la altura de los ojos para evitar quemaduras por proyecciones.

- Asegúrate de que los cantos de las pletinas coincidan perfectamente antes de puntear. Si ves que pasa algún resquicio de luz entre la unión, repasa los cantos con radial y disco de repasar hasta dejarlos lisos.

2. Cordón de raíz

- Utiliza el electrodo Ø 3,25 mm tipo básico 7016.

- Mantén el electrodo a 45º de la unión y con una inclinación de 70º-80º en el sentido del avance.

- Realiza un movimiento recto o con ligero zig-zag lateral.

- Mantén la distancia de 2-3 mm entre la punta del electrodo y la pieza.

3. Cordones de peinado

- Realiza el segundo cordón apuntando al cordón de raíz para cubrirlo por completo, evitando que este cordón quede solo sobre la pieza inferior.

- El tercer cordón debe apuntar a la parte superior del cordón de raíz.

- Mantén los mismos ángulos de trabajo y distancias.

Ajuste de parámetros de la máquina

- **Fuerza del arco**
  Prueba a aumentar ligeramente la fuerza del arco para evitar que el electrodo se pegue durante el arranque y mejorar la penetración en la raíz. Un ajuste medio es ideal para controlar el baño sin desbordes.

- **Inductancia/dinámica**
  Prueba a mantener una inductancia baja para limitar el tamaño del baño de fusión y evitar descuelgues por gravedad. Aumenta ligeramente la inductancia en la última pasada para suavizar el baño y mejorar la transición entre los cordones.

Estos ajustes son solo sugerencias. Prueba, personaliza y adapta los parámetros a tu estilo propio. Tú eres un detalle más del todo que dará forma a los cordones de soldadura.

Consejos adicionales

- Mantén una velocidad constante, no más rápida que en otros ejercicios. El ancho recomendado del cordón debería ser entre 1,5 y 2 veces el diámetro del electrodo.
- Utiliza los EPIS y sigue todas las medidas de seguridad.
- Realiza las soldaduras con confianza, creyendo en tu capacidad para obtener el mejor resultado.

¿Lo lograste? ¡Dedícame tu mejor sonrisa!

Práctica 11	Soldadura eléctrica con electrodos revestidos para acero al carbono
Soldadura a solape	
Material base	Chapa de acero al carbono. Dos unidades de 40 x 100 x 3 mm
Electrodos a utilizar	Electrodo Ø 2,5 x 350 mm tipo rutilo 6013. Polaridad directa. Electrodo Ø 2,5 x 350 mm tipo básico 7016. Polaridad inversa (Pinza al +, masa al -)
N.º de cordones	Un cordón con movimiento recto.
Intensidad	65-75 A

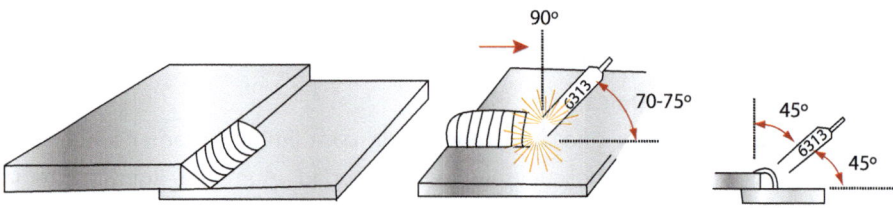

Fig. 1.30.

1. Preparación

- Puntea las chapas entre sí a solape con unos puntos fuertes.
- Asegúrate de que las chapas estén bien alineadas y firmemente sujetas.

2. Ejecución de la soldadura

- Utiliza el electrodo Ø 2,5 mm tipo rutilo 6013 por una cara y el básico 7016 por la contraria.
- Orienta el electrodo lateralmente con respecto a la unión con una inclinación de 45°.
- Mantén una inclinación de 70°-80° en el sentido del avance.
- Mantén la punta del electrodo a 2-3 mm de la unión.
- Adapta la velocidad de avance para que el baño de fusión sobrepase 1 mm el canto de la chapa superior.
- El cordón debe tener el mismo ancho de principio a fin y debe fundir totalmente el canto de la chapa superior.
- Si, una vez soldadas las piezas, en algún punto de la unión se puede ver la arista superior de la chapa, es señal de que se ha avanzado demasiado rápido.

Consejos adicionales

Mantén una velocidad constante y asegúrate de que el cordón cubra totalmente el "escalón" que forma la chapa superior superpuesta sobre la chapa inferior.

Práctica 12	*Soldadura eléctrica con electrodos revestidos para acero al carbono*
Pletinas achaflanadas en "V" posición horizontal PA (1G)	
Material base	Pletina de acero al carbono. Dos unidades de 150 x 40 x 8 mm
Electrodos a utilizar	Electrodo Ø 2,5 x 350 mm de tipo básico 7016 para el cordón de raíz, los cordones de relleno y el de peinado o cierre. Polaridad Inversa.
N.º de cordones	Cuatro cordones: 1.º (raíz): movimiento a elegir (zig-zag, delante – detrás o circular). 2.º y 3.º (relleno): dos cordones con movimiento recto. 4.º (cierre): movimiento lateral en "U" o "Z".
Corriente de soldeo	50-60 A para la raíz. 80-90 A relleno y cierre.

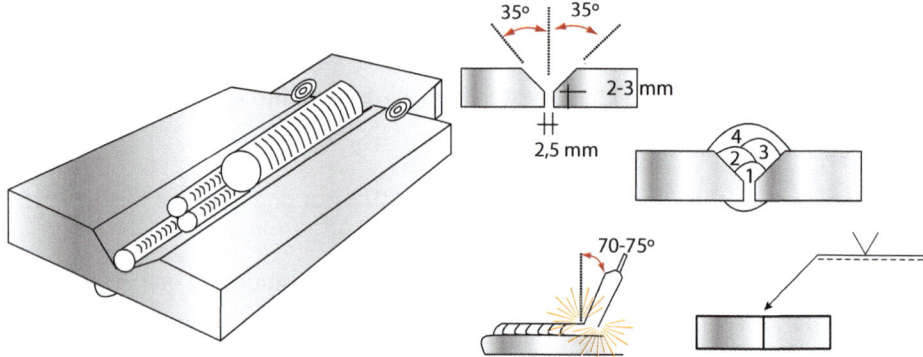

Fig. 1.31.

Estás ante la primera de las posiciones de homologación con preparación de bordes en "V" que vamos a practicar, tal y como se hace con espesores entre 4 y 12 mm cuando el soldador solo tiene acceso a una cara de la pieza, como en el caso del soldeo de pequeñas tuberías. En la imagen puedes ver el esquema de los cordones a realizar. Debes saber que el éxito de esta práctica depende al 50 % de tu habilidad y el otro 50 % corresponde a una buena preparación de la pieza.

1. Preparación

- Prepara los bordes de la pieza con un bisel de 35º debido al espesor de la pletina. Para soldar con electrodo, achaflana siempre todas las uniones a tope de espesor a partir de 4 mm para facilitar que la penetración sea total.

- Una vez biselado, lima el canto del chaflán de 2 a 3 mm (llamado "talón") para evitar que se abra un gran agujero en la costura.

- Sitúa ambas chapas dejando entre ellas unos 2,5 mm de separación (llamado "entrehierro") perfectamente alineadas. Utiliza dos placas auxiliares (dos trozos de acero pequeños, uno en cada extremo). Puntéalos a las chapas una vez estén preparadas para mantener esa posición durante todo el soldeo. Además, las placas auxiliares sirven para arrancar y terminar sobre ellas la soldadura, evitando los defectos al inicio y al final.

- Calza la pieza sobre las dos placas auxiliares de manera que la junta quede un poco separada de la mesa.

2. Cordón de raíz

- Utiliza el electrodo básico 7016 con polaridad inversa (electrodo al positivo).

- Arranca sobre la placa auxiliar y, una vez estabilizado el arco, llévalo despacio y muy cerca por uno de los biseles hasta el inicio de la junta a soldar.
- Coloca el electrodo con la inclinación de 75°-70° y mantén la distancia de 2-3 mm con respecto a la chapa.
- Controla el tamaño del "ojo de cerradura" mediante un movimiento del electrodo a elegir entre zig-zag, delante-detrás o circular. De este modo fundimos dicho entrehierro, pero alejamos el electrodo de este antes de que el ojo de cerradura se haga demasiado grande.
- Fuerza del arco: ajusta un nivel alto para asegurar la penetración y evitar que el electrodo se pegue.
- Inductancia: mínima, para lograr una fusión controlada y un baño estable.
- Para el empalme en el cordón de raíz, rebaja los últimos 20 mm del cordón con una radial para crear una rampa. Arranca el electrodo recién encendido y refunde el final de la rampa para lograr el empalme.

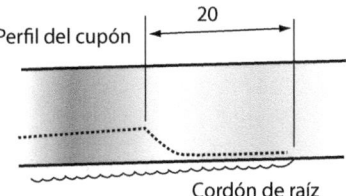

Fig. 1.32.

3. Cordones de relleno

- Ajusta la intensidad a 80-90 amperios.
- Realiza dos cordones, uno junto al otro, rellenando el hueco sobre el cordón de raíz.
- Practica los empalmes como en la práctica n.º 3.

4. Cordón de cierre

- Realiza el cordón de cierre con movimiento en "U" o zig-zag entre las líneas del chaflán.
- Mantén siempre el electrodo entre las líneas del chaflán y realiza la parada lateral para recargar bien de material.
- Fuerza del arco: mantén un ajuste medio para evitar salpicaduras y asegurar una buena fusión entre los cordones.

- Inductancia: aumenta ligeramente para suavizar el baño de fusión y obtener un acabado limpio y plano.

- Solapa ligeramente cada "U" o zig-zag con el anterior para que las aguas queden bien juntas.

- La altura total del cordón de cierre no debe superar los 2-3 mm.

Prueba adicional: polaridad directa en la raíz

Te propongo realizar el cordón de raíz usando polaridad directa (electrodo al polo negativo). Deberías de percibir los siguientes cambios:

- Penetración reducida: la polaridad directa genera menos penetración, lo que puede hacer más difícil alcanzar la raíz si el entrehierro es amplio.

- Menor salpicadura: el baño será más controlado, con menos salpicaduras, ideal para un acabado más limpio en zonas visibles.

- Arco más estable: el electrodo se calentará menos, permitiendo mayor control en la manipulación, pero exigiendo una técnica más precisa para evitar defectos.

Consejos adicionales

- Mantén una velocidad constante y adapta la técnica según sea necesario para evitar defectos.

- Utiliza los EPIS y sigue todas las medidas de seguridad.

Cada cordón que realizas es un paso en tu camino hacia el dominio de la soldadura. No temas cometer errores: cada imperfección es una lección oculta. Reconoce con humildad tu progreso y trabaja con paciencia para perfeccionar tu arte. Lo que hoy parece difícil, mañana será solo otro peldaño superado. ¡Sigue adelante con determinación y confianza!

Protocolo de inspección del ICS para soldaduras a tope biseladas con penetración completa

Cuando se realiza una soldadura a tope biselada con penetración completa, el papel del Inspector de Construcciones Soldadas (ICS) es crucial para garantizar que la soldadura cumpla con los estándares de calidad y seguridad. Aquí se describen los pasos que, generalmente, sigue el ICS durante la inspección:

1. Inspección visual

- El ICS examina la soldadura para detectar defectos superficiales visibles, como grietas, porosidad, socavados, falta de fusión o exceso de refuerzo.

- Se asegura de que el perfil del cordón sea uniforme y que la soldadura esté libre de discontinuidades.

- La inspección visual es el primer paso y puede identificar problemas evidentes que requieren corrección antes de proceder con otros ensayos.

2. Medición de dimensiones

- Se miden las dimensiones del cordón de soldadura, incluyendo el tamaño de la garganta, el refuerzo y la alineación de las piezas.

- Se verifica que estas dimensiones coincidan con las especificaciones del procedimiento de soldadura.

3. Ensayos no destructivos (NDT)

- **Radiografía (RX).** Permite visualizar el interior de la soldadura para identificar defectos internos como poros, inclusiones de escoria o grietas que no son visibles a simple vista.

- **Ultrasonidos (UT).** Utiliza ondas sonoras para detectar discontinuidades internas en la soldadura, como falta de fusión o inclusiones de escoria.

- **Líquidos penetrantes (PT).** Un líquido colorante se aplica sobre la superficie de la soldadura. Tras limpiarlo, un revelador muestra si hay grietas finas o poros que han absorbido el líquido.

- **Partículas magnéticas (MT).** Utiliza partículas magnéticas para detectar grietas en la superficie o justo debajo de ella en materiales ferromagnéticos.

4. Ensayos destructivos

- **Ensayo de tracción.** Evalúa la resistencia del material soldado al estiramiento hasta que se produce la fractura. Determina la resistencia del cordón y del material base.

- **Ensayo de flexión.** Mide la ductilidad y resistencia del material soldado. Se dobla la muestra soldada para observar si hay defectos como grietas o separaciones.

- **Ensayo de impacto Charpy.** Determina la tenacidad del material soldado a bajas temperaturas, midiendo la cantidad de energía absorbida por la muestra antes de fracturarse.
- **Macroataque o ensayo macrográfico.** Involucra cortar y pulir una sección transversal de la soldadura y atacarla químicamente para revelar su estructura interna, verificando la penetración y la calidad del cordón.

5. Evaluación de resultados

- Todos los ensayos deben cumplir con los criterios de aceptación establecidos en las normas aplicables (como ISO 5817 o AWS D1.1, dependiendo del contexto).
- **Si un ensayo es "no aceptable".** Se considera que la soldadura no cumple con los estándares. Dependiendo de la gravedad del defecto y los requisitos del proyecto, se pueden tomar diversas acciones:
  - **Reparación.** En algunos casos, se puede reparar la soldadura defectuosa y volver a realizar los ensayos.
  - **Rechazo.** Si los defectos no se pueden reparar o la soldadura no cumple los requisitos críticos, la pieza o la soldadura puede ser rechazada y necesitar rehacerse.

6. Documentación

El ICS documenta todas las observaciones y resultados de los ensayos, proporcionando un informe detallado que incluye las mediciones, resultados de los ensayos y las recomendaciones para cualquier acción correctiva necesaria.

Si quieres practicar este ejercicio en un cupón tamaño homologación, las medidas mínimas (en milímetros) según UNE EN ISO 9606-1 son estas:

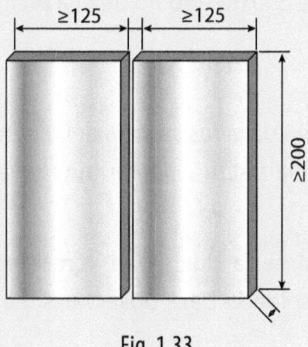

Fig. 1.33.

Práctica 13	Soldadura eléctrica con electrodos revestidos para acero al carbono

Pletinas achaflanadas en "V" posición cornisa PC (2G)

Material base	Pletina de acero al carbono. Dos unidades de 150 x 40 x 8 mm
Electrodos a utilizar	Electrodo Ø 2,5 x 350 mm de tipo básico 7016 para la raíz, relleno y peinado (polaridad inversa).
N.º de cordones	Seis, todos con movimiento recto.
Corriente de soldeo	Raíz: 50-60 A. Relleno y peinado: 80-90 A.

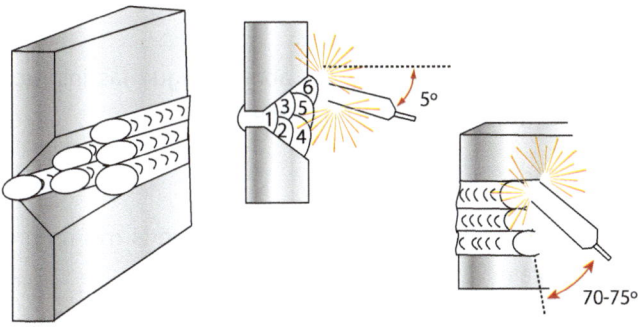

Fig. 1.34.

Instrucciones

Después de haber trabajado en la práctica anterior, esta vez nos enfocaremos solo en los aspectos que son diferentes en la posición cornisa (PC).

1. Preparación de la pletina

- El biselado de la pieza puede variar: 40º-45º para el borde superior y 25º para el borde inferior. Esta configuración puede ayudar a sostener mejor el material, aunque no es imprescindible.

- Asegúrate de que los cantos de las pletinas estén bien biselados y alineados antes de comenzar.

2. Cordón de raíz

- Al ejecutar el primer cordón, apunta ligeramente al bisel inferior. Recuerda que el calor tiende a ascender, lo que provoca que el bisel superior se funda más rápido si el electrodo apunta a ambos bordes por igual.

- Controla el "ojo de cerradura" con movimiento recto, lateral o circular, tal como se explicó en la práctica anterior.

- Mantén la inclinación del electrodo y la distancia adecuadas para asegurar una buena penetración.

- Fuerza del arco: ajusta a un nivel medio-alto para asegurar la penetración en la raíz y evitar que el electrodo se pegue.

- Inductancia: mantén un nivel bajo para estabilizar el baño de fusión y minimizar el riesgo de desbordes.

3. Cordones de relleno

- Realiza los cordones de relleno (2.º y 3.º) con movimiento recto, lateral o circular.

- Comienza siempre por el cordón de abajo y sigue las instrucciones de la imagen para asegurar un relleno uniforme.

4. Cordones de peinado

- Para los cordones de peinado (4.º, 5.º y 6.º), sigue el mismo procedimiento que en la práctica n.º 5.

- Realiza los tres cordones (también con movimiento recto, lateral o circular) comenzando por el de más abajo, seguido por el central y, finalmente, el superior.

- Practica los empalmes en este ejercicio para asegurar la continuidad del cordón sin defectos.

- Fuerza del arco: mantén un nivel medio para evitar salpicaduras y lograr una fusión limpia.

- Inductancia: aumenta ligeramente para suavizar el baño y mejorar el acabado final.

Consejos adicionales

- Mantén la concentración y sigue las recomendaciones de la práctica anterior.

- Asegúrate de que cada cordón esté bien alineado y con el grosor adecuado.

- Utiliza los EPIS y sigue todas las medidas de seguridad.

- Confía en tu habilidad y en lo que has aprendido hasta ahora.

Cada paso es una lección. Aprende a ajustar, controlar y mejorar con cada cordón que realices. Reconoce tus logros y sigue adelante con humildad y perseverancia. Lo que hoy parece un desafío, mañana será una nueva habilidad dominada. ¡Practica con determinación y confianza!

Práctica 14	Soldadura eléctrica con electrodos revestidos para acero al carbono

Pletinas achaflanadas en "V" posición vertical ascendente PF (3G)

Material base	Pletina de acero al carbono. Dos unidades de 150 x 40 x 8 mm
Electrodos a utilizar	Electrodo Ø 2,5 x 350 mm de tipo básico 7016 para la raíz (polaridad inversa). Electrodo Ø 2,5 o 3,25 x 350 mm básico 7016 (polaridad inversa) para relleno y peinado.
N.º de cordones	Cordón de raíz: movimiento recto (con básico), empujando ligeramente el baño con la punta del electrodo para asegurar la penetración. Cordón de relleno: movimiento lateral (básico de 2,5 mm). A veces es suficiente con un solo cordón de raíz y el peinado. Cordón de peinado: movimiento en "U" (con básico de 2,5 o 3,25 mm).
Corriente de soldeo	Raíz: 50-60 A. Relleno: 65-80 A. Peinado: 70-80 para 2,5 y 95-100 A para 3,25.

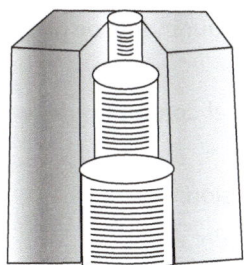
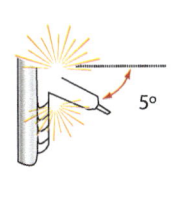

Movimiento en relleno y peinado

Fig. 1.35.

Instrucciones

Nos enfocaremos en los aspectos específicos de la soldadura en posición vertical ascendente, siguiendo el mismo procedimiento que en la práctica 11 para lo demás.

1. Cordón de raíz

- Lleva el electrodo inclinado sobre la horizontal, entre 5º-10º.

- A medida que asciendes, introduce el electrodo en la costura hasta que la luz del arco sea visible en la cara posterior. Justo en ese momento, retira el electrodo y repite la técnica a lo largo de toda la costura.
- En algunos casos, el movimiento ascendente puede ser suficiente para cerrar la raíz sin necesidad de un movimiento adicional.
- Si se abre un "ojo de cerradura" grande, utiliza un pequeño movimiento lateral para controlarlo.
- Fuerza del arco: ajusta un nivel medio-alto para asegurar la penetración y evitar que el electrodo se pegue.
- Inductancia: mínima, para estabilizar el baño de fusión sin riesgo de descuelgues.

2. Cordón de relleno

- Realiza un movimiento lateral, deteniéndote justo en los lados del cordón de raíz.
- Mantén la misma inclinación del electrodo sobre la horizontal.
- Fuerza del arco: nivel medio para evitar desbordes.
- Inductancia: ligeramente aumentada para mejorar la fluidez del baño.

3. Cordón de peinado

- Dale un movimiento lateral en forma de "U", asegurándote de no salirte de las líneas del chaflán.
- Controla la cantidad de material depositado; el cordón no debe superar la línea del bisel en más de 1 o 2 mm.
- Fuerza del arco: medio-alto para asegurar la fusión.
- Inductancia: aumentada para mejorar el acabado.

Consejos adicionales

- Practica los empalmes para asegurar una unión uniforme y resistente.
- Mantén la misma calidad y precisión que en la práctica 11, de modo que ambas soldaduras sean prácticamente indistinguibles.
- Recuerda utilizar los EPIS y seguir todas las medidas de seguridad.

¡Ánimo! Sigue practicando hasta lograr un cordón limpio y bien acabado.

Práctica 15	Soldadura eléctrica con electrodos revestidos para acero al carbono

Pletinas achaflanadas en "V" posición vertical ascendente a 45°

Material base	Pletina de acero al carbono. Dos unidades de 150 x 40 x 8 mm
Electrodos a utilizar	Electrodo Ø 2,5 x 350 mm de tipo básico 7016 para la raíz (polaridad inversa). Electrodo Ø 3,25 x 350 mm tipo básico 7016 (polaridad inversa) para relleno y peinado.
N.º de cordones	Cordón de raíz: movimiento recto empujando ligeramente el baño con la punta del electrodo para asegurar la penetración. Cordón de relleno: movimiento lateral (con básico de 2,5 mm). A veces es suficiente con un solo cordón de raíz y el peinado. Cordón de peinado: movimiento en "U" (con básico de 3,25 mm).
Corriente de soldeo	Raíz: 50-60 A. Relleno: 65-80 A. Peinado: 70-80 para 2,5 y 95-100 A para 3,25.

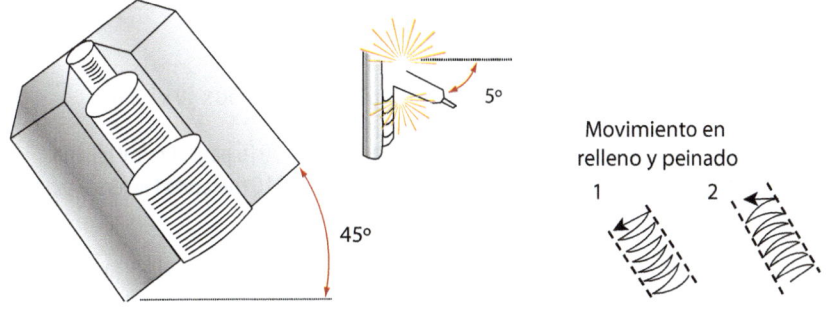

Fig. 1.36.

Esta práctica sigue los mismos principios que el ejercicio anterior, con algunas diferencias clave debido a la inclinación de 45° de la probeta.

1. Posicionamiento y ejecución

– La probeta puede estar inclinada a 45° hacia la izquierda o hacia la derecha.

– Si está inclinada hacia la izquierda y eres diestro(a), coloca tu cabeza en la esquina superior izquierda para obtener una visión clara y realiza la raíz de la misma manera que en la práctica anterior.

– Si está inclinada hacia la derecha, sitúa tu cabeza cerca de la esquina superior derecha y usa la mano izquierda para manejar el electrodo. Este es el momento perfecto para comenzar a practicar con ambas manos, lo cual es crucial para seguir progresando en tu técnica de soldadura. Si eres zurdo(a), haz lo contrario.

2. Cordón de peinado

- Para realizar el peinado, utiliza la mano izquierda o derecha según la inclinación de la probeta.

- Puedes optar por un movimiento lateral o en "U", como se indicó en la práctica anterior, pero es fundamental que el peinado quede **paralelo al suelo**. Esto evitará la formación de mordeduras en los lados del bisel.

Práctica 16	*Soldadura eléctrica con electrodos revestidos para acero al carbono*
	**Pletinas achaflanadas en "V" posición bajo techo PE (4G)**

Pletinas achaflanadas en "V" posición bajo techo PE (4G)	
Material base	Pletina de acero al carbono. Dos unidades de 150 x 40 x 8 mm
Electrodos a utilizar	Electrodo Ø 2,5 x 350 mm de tipo básico 7016 para la raíz y relleno. Electrodo Ø 3,25 x 350 mm tipo básico 7016 (polaridad inversa) para el peinado.
N.º de cordones	Cordón de raíz: movimiento recto (con básico de 2,5 mm), bien introducido en la costura. Cordones de relleno: movimiento recto (con básico de 2,5 mm). Cordón de peinado: movimiento lateral en "U" (con básico de 2,5 o 3,25 mm).
Corriente de soldeo	Raíz: 50-60 A. Relleno: 65-80 A. Peinado: 70-80 para 2,5 y 95-100 A para 3,25.

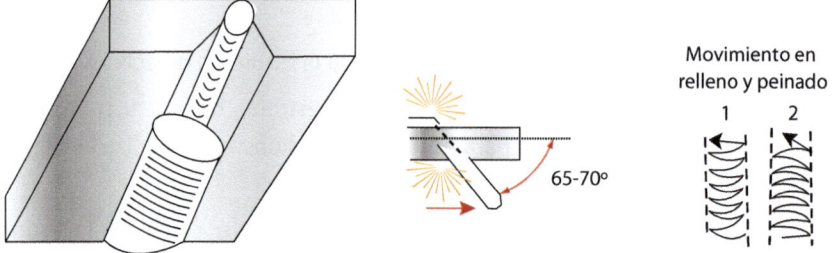

Fig. 1.37.

El éxito en esta posición complicada depende, más que nunca, de varios factores: el tamaño del "talón", la separación del "entrehierro" y la intensidad seleccionada. Es crucial ajustar la intensidad correctamente. Si la intensidad es demasiado alta, romperás el talón, pero dejarás un cordón trasero hundido; si es demasiado baja, la raíz no se fusionará correctamente, dejando partes de la costura sin fundir.

1. Cordón de raíz

- Inclina el electrodo a 70-65° e introdúcelo en la costura.
- Realiza varias pruebas ajustando la intensidad (subiendo o bajando un par de amperios). El cordón de raíz por la parte superior puede quedar plano pero nunca hundido.
- Fuerza del arco: media-alta para asegurar la penetración sin descuelgues.
- Inductancia: baja, para controlar el baño y evitar que se rechupe.

2. Cordones de relleno

- Realiza el movimiento recto con electrodos básicos.
- Ajusta la intensidad según el diámetro del electrodo utilizado.
- Fuerza del arco: media, para mantener el control sin quemaduras excesivas.
- Inductancia: media, para mantener la fluidez y facilitar el llenado.

3. Cordón de peinado

- Realiza el movimiento en "U", deteniéndote en los lados y moviéndote rápidamente en el centro.
- Mantén el electrodo entre las líneas del chaflán para asegurar una fusión adecuada.
- Fuerza del arco: media-alta para asegurar una buena fusión y evitar poros.
- Inductancia: media, para mantener la fluidez y facilitar el llenado.
- Haz algunas pruebas; la clave está en no conformarse.

Práctica 17	Soldadura eléctrica con electrodos revestidos para acero al carbono

Pletina achaflanada en "X" posición cornisa PC (2G)

Material base	Pletina de acero al carbono. Dos unidades de 150 x 40 x 30 mm
Electrodos a utilizar	Electrodo Ø 3,25 x 350 mm tipo básico 7016 (polaridad inversa). Electrodo Ø 4 x 350 mm tipo básico 7016 (polaridad inversa).
N.º de cordones	De seis a diez cordones por cada cara. Raíz: movimiento recto. Relleno y peinado: movimiento recto.
Corriente de soldeo	Raíz: 85-90 A para la primera raíz (aumenta 5-10 A para la segunda). Relleno y peinado: 95-105 A para electrodo de Ø 3,25 mm o 110-130 A para electrodo de Ø 4 mm.

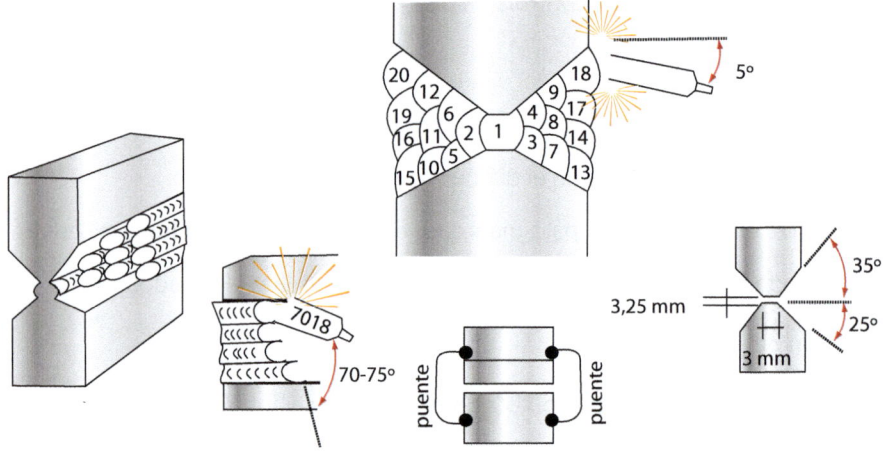

Fig. 1.38.

En esta práctica aprenderás a realizar una soldadura de penetración completa en piezas de gran espesor donde el soldador tiene acceso a ambas caras de la pieza. Este tipo de unión requiere una preparación especial de bordes con biselado en "X".

1. Preparación de la pieza

- Biselar ambos bordes de la pieza de manera simétrica con un ángulo de **25°** **en la parte inferior y 35° en la superior**.
- Deja un talón de 3 mm y un entrehierro de **3,25 mm**.

- Introduce un electrodo de Ø 3,25 mm sin revestimiento, doblado en "V", en la junta para mantener la separación durante el punteado.

2. Soldadura de la raíz (Cara A)

- Coloca la probeta en posición cornisa y selecciona polaridad inversa.
- Arranca el arco sobre el puente y, una vez estabilizado, lleva el electrodo a la raíz.
- Utiliza las mismas técnicas que en los casos anteriores para controlar la fusión de la raíz con el electrodo inclinado 70-75º en el sentido del avance.

5. Soldadura de la raíz (Cara B)

- Da la vuelta al cupón y realiza el mismo proceso en la "Cara B".
- Antes de soldar, repasa con una radial la penetración del primer cordón para eliminar el material sobresaliente.
- Aumenta la intensidad en **5-10 amperios** para asegurar una buena fusión del segundo cordón con el primero.

4. Relleno y peinado

- Vuelve a la "Cara A" y selecciona la intensidad y polaridad adecuadas para el electrodo que vayas a utilizar.
- Suelda dos cordones, uno debajo del primero y otro encima.
- Repite el proceso en la "Cara B".
- Ahora, realiza tres cordones en la "Cara A" y tres en la "Cara B", asegurándote de alternar las caras para compensar las tensiones.
- Si aún se ven las líneas del chaflán, continúa soldando hasta cerrar completamente la práctica, añadiendo cordones según sea necesario.

Consejos finales

- **Secuencia de soldadura:** sigue un orden de soldadura para equilibrar las dilataciones y contracciones, evitando que la pieza se deforme. No quites los puentes hasta haber terminado.
- **Control de temperatura:** a medida que avances en la soldadura, ajusta la corriente si notas que la probeta se calienta demasiado.

Este ejercicio requiere paciencia y planificación para lograr un resultado perfecto. ¡Ánimo!

Práctica 18	*Soldadura eléctrica con electrodos revestidos para acero al carbono*

Pletina achaflanada en "X" posición vertical ascendente PF (3G)

Material base	Pletina de acero al carbono. Dos unidades de 150 x 40 x 30 mm a tope
Electrodos a utilizar	Electrodo Ø 3,25 x 350 mm tipo básico 7016 (polaridad inversa). Electrodo Ø 4 x 350 mm tipo básico 7016 (polaridad inversa).
N.º de cordones	De cinco a ocho cordones por cada cara. Raíz: movimiento recto. Relleno y peinado: movimiento en zig-zag o en "U" ascendente.
Corriente de soldeo	Raíz: 85-90 A para la primera raíz (aumenta 5-10 A para la segunda). Relleno y peinado: 95-105 A con electrodo de Ø 3,25 mm o 110-130 A con electrodo de Ø 4 mm.

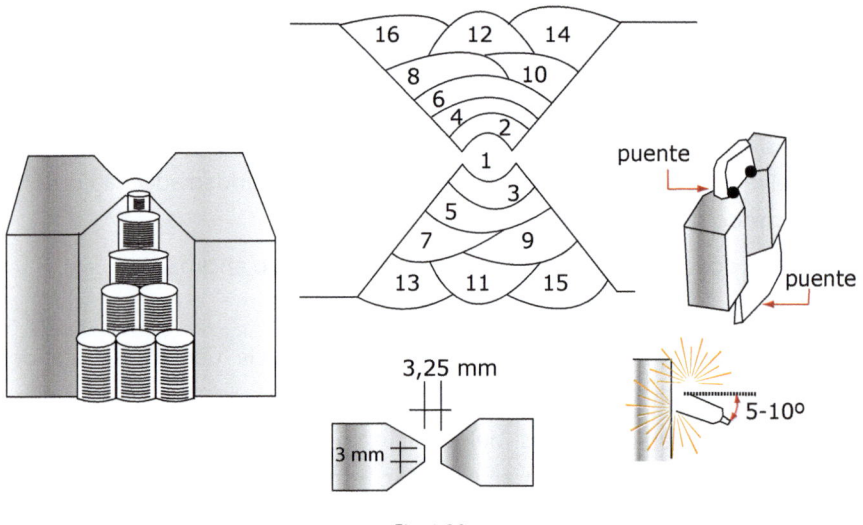

Fig. 1.39.

En esta práctica, trabajarás con una preparación de bordes en "X" para realizar una soldadura en posición vertical ascendente. Es fundamental mantener la alternancia entre las caras A y B para lograr una distribución uniforme del calor y evitar deformaciones.

1. Preparación de la pieza

- Chaflanes de 30º en ambas caras.

- Talón de 3 mm y entrehierro de 3,25 mm.

- Asegúrate de que ambas piezas estén alineadas y bien sujetas antes de comenzar.

2. Soldadura de la raíz (Cara A y B)

- Aplica las mismas técnicas que en la práctica n.º 14 con el electrodo básico 7016 hasta completar la raíz en la Cara A.

- Repite el proceso en la Cara B. Aumenta la intensidad en 5-10 amperios al realizar la segunda raíz para asegurar una buena fusión.

3. Cordones de relleno

- Cordones 2 y 3 (Cara A y B): Realiza un movimiento en "U" para rellenar los cordones.

- A partir del Cordón 4 (Cara A y B): El hueco a rellenar será más grande, por lo que se deben dar dos cordones de relleno con movimiento en "U"; uno en cada lado de la unión y ligeramente solapados entre sí.

4. Cordones de peinado (Cierre)

- Cordones finales: Si es necesario, realiza tres cordones de peinado. Uno en el centro y dos más, uno a cada lado del central.

5. Alternancia de caras

- Es fundamental alternar los cordones entre las Caras A y B. Esto asegura que las tensiones producidas por el calor se distribuyan uniformemente, evitando deformaciones en la pieza.

- Aun así, si el control de la deformación de la pieza no es el esperado, considera cambiar de cara cada vez que des un nuevo cordón.

Consejos finales

- Revisa la práctica 14 para recordar las recomendaciones específicas para soldadura en posición vertical ascendente.

- Mantén siempre la coherencia en el movimiento y la alternancia de las caras para obtener un acabado profesional.

Práctica 19	*Soldadura eléctrica con electrodos revestidos para acero al carbono*

Soldadura de un tubo de 2" (girando al tiempo que soldamos PA (1G)

Material base	Dos tubos redondos de acero al carbono de 2 pulgadas, 3 mm de espesor, de 40 mm de largo (utilizados en instalaciones de gas y antiincendios).
Electrodos a utilizar	Electrodo Ø 2,5 x 350 mm de tipo rutilo 6013 (¡¡polaridad inversa!!).
N.º de cordones	Un cordón con movimiento lateral, manteniendo siempre el electrodo en la parte más alta del tubo mientras se gira el tubo con la otra mano.
Corriente de soldeo	50 A

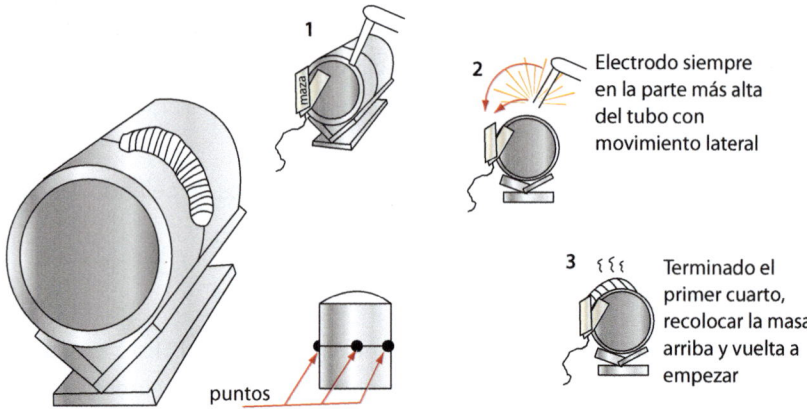

Fig. 1.40

Instrucciones

1. Preparación de los tubos

- Elimina las rebabas del corte con una lima para asegurar un buen ajuste.

- Puntea los tubos, asegurándote de que queden perfectamente alineados entre sí. Es fundamental que no haya ninguna separación entre los tubos y que no pase luz a través de la costura.

2. Posicionamiento

- Selecciona la intensidad indicada.
- Coloca los tubos sobre la mesa de trabajo, de manera que el agujero del tubo quede frente a ti.
- Conecta la masa del grupo de soldadura en la parte más alta del tubo.
- Sujeta la masa con la mano izquierda y la pinza con el electrodo con la mano derecha, apuntando a la costura en la parte más alta del tubo (ten en cuenta que estas indicaciones son para diestros).

3. Proceso de soldadura

- Comienza a soldar en la parte más alta del tubo, realizando un movimiento lateral con el electrodo a ambos lados de la costura.
- Mientras sueldas, gira el tubo con la mano izquierda en sentido contrario a las agujas del reloj, asegurando que la soldadura se realice siempre en la parte más alta del tubo.
- Suelda un cuarto del tubo, luego detente, recoloca el tubo y repite el proceso hasta completar la soldadura. ¡Cuidado! La corriente puede perforar la pared del tubo; debes estar atento al baño de fusión, ya que este avisa antes de que ocurra un hundimiento. Detén la soldadura tantas veces como sea necesario para controlar la penetración.

4. Consejos para los empalmes

- Realiza los empalmes siguiendo las indicaciones de la práctica n.º 2.
- Mantén un ritmo constante, permitiendo que el material penetre bien en la junta.
- El cordón de soldadura debe ser homogéneo, con un ancho aproximado de 5 mm y no más de 3 mm de altura.

Consideraciones finales

Esta puede parecer una tarea difícil para tu primera experiencia en tubería, pero si has superado las prácticas anteriores, lograrás dominarla en poco tiempo. Recuerda no apresurarte y enfócate en mantener la consistencia y calidad en cada sección del tubo.

11. Soldadura con electrodo revestido para acero inoxidable AISI 304-L con electrodo revestido AWS 308-L

El acero inoxidable AISI 304-L es uno de los materiales más utilizados debido a sus propiedades, que lo hacen adecuado para una amplia gama de aplicaciones. Este tipo de acero es una aleación de hierro con un contenido significativo de cromo (entre 12 % y 30 %), que le confiere su característica principal: la resistencia a la oxidación. Además, otros elementos como el molibdeno, el titanio y el níquel mejoran su resistencia a la tracción y la soldabilidad.

La técnica de soldadura para el acero inoxidable es muy similar a la que se emplea con acero al carbono; sin embargo, existen algunas consideraciones adicionales importantes debido a las particularidades del acero inoxidable y el tipo de electrodo utilizado.

Consideraciones específicas para la soldadura de acero inoxidable

1. Limpieza y preparación

- **Extrema limpieza.** La limpieza es fundamental. El acero inoxidable es altamente susceptible a la contaminación, lo que puede comprometer su resistencia a la corrosión. Es crucial utilizar herramientas exclusivamente dedicadas al inoxidable, como cepillos de púas de acero inoxidable y discos de corte específicos para inox. En talleres donde se trabaja también con acero al carbono, es recomendable almacenar el acero inoxidable por separado y utilizar herramientas exclusivas para evitar la contaminación cruzada.

- **Punteado.** Debido a la baja conductividad térmica del acero inoxidable, es esencial realizar más puntos de soldadura para evitar deformaciones durante el proceso de soldeo. Sigue la siguiente secuencia: el primer punto en el extremo derecho, el segundo en el extremo izquierdo y procura aplicar los puntos necesarios para que exista uno cada 3-4 cm. Esta distribución ayuda a controlar mejor las deformaciones durante la soldadura.

2. Protección contra la oxidación

- **Óxidos de cromo.** La cara opuesta a la soldadura es especialmente sensible a la formación de óxidos de cromo cuando se expone al aire. Durante la soldadura con electrodo revestido, la escoria generada puede proporcionar una protección suficiente. Sin embargo, en procesos como MAG o TIG, se requerirá una protección adicional con gas para ambas caras.

3. Control de la temperatura y precalentamiento

- **Carburos de cromo.** El acero inoxidable es propenso a la formación de carburos de cromo en la Zona Afectada por el Calor (ZAT), lo que puede reducir su resistencia a la corrosión. Es importante controlar la temperatura durante la soldadura y, si es necesario, realizar un precalentamiento controlado para minimizar este riesgo.

- **Precalentamiento de los electrodos.** Para los electrodos revestidos tipo 308-L, se recomienda precalentarlos en un horno siguiendo las instrucciones del fabricante. Esto mejora su rendimiento al eliminar la humedad del revestimiento, que puede causar poros en la soldadura.

4. Escoria autodesprendible

- La escoria generada por los electrodos 308-L es autodesprendible, lo que significa que se separa fácilmente después de enfriarse. Esta propiedad se debe a la composición del revestimiento, diseñada para evitar que la escoria se adhiera al cordón de soldadura. Sin embargo, es importante picar la escoria con precaución, ya que puede saltar con fuerza y causar quemaduras. Se recomienda mantener la pantalla protectora puesta incluso al picar la escoria.

Conclusión

Para la soldadura de acero inoxidable AISI 304-L con electrodos revestidos, se deben aplicar las mismas técnicas descritas en las prácticas anteriores para el acero al carbono, con las adaptaciones necesarias para abordar las características específicas del material base y del electrodo. Estas adaptaciones incluyen una mayor atención a la limpieza, la prevención de oxidación en la cara opuesta, el control preciso de la temperatura, y la gestión adecuada de la escoria autodesprendible.

Al dominar estas técnicas y consideraciones, estarás bien preparado para realizar soldaduras de alta calidad en acero inoxidable, preservando las propiedades anticorrosivas del material y garantizando la integridad de las uniones soldadas.

Espera… **¿Demasiados tecnicismos?** No hay problema, perdóname, lo vuelvo a explicar.

Soldar acero inoxidable: ¿por dónde empiezo?

Vamos a hablar sobre cómo soldar acero inoxidable tipo 304-L, que es uno de los más usados porque tiene unas propiedades muy buenas para un montón de cosas diferentes. La buena noticia es que soldar este material es bastante parecido a soldar acero al carbono, pero hay que tener un poquito más de cuidado con la limpieza y la preparación. El acero inoxidable es básicamente acero al que se le han añadido otros elementos como cromo (entre un 12 y un 30 %) o también molibdeno, titanio y níquel, que lo hacen más resistente a la oxidación y a la corrosión, además de mejorar otras cosas como su durabilidad y la facilidad para soldarlo.

Pero ojo, aunque es un material resistente, puede perder sus propiedades si no lo manejas bien. Así que aquí van unos consejos para no liarla:

- **Corte y preparación.** Usa siempre discos de corte específicos para inoxidable (los que dicen "inox"). Si en tu taller también se trabaja con acero al carbono, guarda el inoxidable aparte y usa herramientas que sean solo para inox. El acero al carbono puede "contaminar" el inoxidable, y eso es lo último que queremos.

- **Cepillado.** Cuando tengas que cepillar las piezas, usa cepillos de púas de acero inoxidable, no los de acero normal que usabas con el acero al carbono. Los de inoxidable suelen tener las púas plateadas, así que échales un vistazo antes de empezar.

- **Punteado.** A diferencia del acero al carbono, aquí no basta con dos puntitos y ya está. El inox no conduce tan bien el calor, así que si no puntúas bien, la pieza puede deformarse o abrirse demasiado. Te recomiendo que pongas al menos cinco puntos: uno en cada extremo, uno en el centro y dos más entre el centro y los extremos, procurando no dejar espacios mayores de 4 cm entre punto y punto.

- **Oxidación en la parte trasera.** El inox es bastante sensible a la oxidación en la cara opuesta a la soldadura cuando se expone al aire. Con los electrodos revestidos, la escoria suele ser suficiente protección, pero cuando hagas prácticas de MAG o TIG, tendrás que proteger el material por ambas caras.

- **Electrodos.** Cuando uses electrodos del tipo 308-L 17, es buena idea precalentarlos en un horno antes de empezar a soldar, siguiendo las instrucciones del fabricante. Esto elimina la humedad del revestimiento y hace que funcionen mejor, además de reducir la posibilidad de que salgan poros en la soldadura. Y un consejo importante: al picar la escoria, mantén la máscara en su lugar, ya que al enfriarse puede saltar con fuerza y podrías quemarte.

12. Terminología de defectos en soldadura

Sobreespesor. Demasiada altura en penetración o cordón de cierre, generalmente por exceso de aporte.

Penetración incompleta. Falta de fusión en la penetración. Estos problemas se producen por falta de intensidad en algunos casos, por mal diseño de la preparación de bordes (chaflán muy cerrado, talón excesivo, entrehierro escaso…), presencia de óxidos en la unión por falta de limpieza que dificultan la penetración y/o por exceso de aporte

Desalineamiento. Las piezas quedan a distinta altura. La soldadura TIG produce más deformaciones por aportar una gran cantidad de calor y progresar a un ritmo más lento comparado con el electrodo revestido o el MIG MAG. Si no se sujetan mediante placas auxiliares o se utilizan puntos fuertes, pueden llegar a desalinearse, aunque la mayoría de las veces ocurre por error en el montaje.

Mordeduras. Producidas por mala ejecución. Otras veces pueden ser por exceso de corriente que quema los bordes o por todo lo contrario acompañado de exceso de aporte, lo que produce que el cordón gane en altura y se enfríe en lugar de fluir y diluirse con el material base (dilución: zona donde se mezclan el material base con el de aporte).

Falta de material. Puede deberse a un exceso de intensidad o a utilizar una varilla, electrodo o hilo de diámetro insuficiente. Puede debilitar la soldadura por concavidad excesiva.

Falta de simetría. El cordón tiene más base que altura. Es típico de las uniones en ángulo.

Grietas. Son defectos críticos por su facilidad para crecer y propagarse. Se producen con facilidad en aceros de medio/alto contenido en carbono y fundiciones si no se precalientan antes las piezas o se impide la dilatación produciendo tensiones que causan las grietas.

Al final de los cordones de TIG se pueden producir cráteres o grietas producidas por una contracción brusca al apagar el tungsteno por disponer la rampa de bajada o no usarla.

Porosidad. Normalmente formada por gases disueltos en el baño de fusión. Estos gases pueden originarse por presencia de elementos como óxidos o taladrinas por falta de limpieza de la unión, por contaminación del baño de fusión, por fallo del gas de protección (por ejemplo movimientos bruscos de la pistola que disipan el gas o por caudal bajo) o baja intensidad: el baño se enfría antes de tiempo y no permite que los gases atrapados se difundan al exterior.

13. Defectos comunes en la soldadura con electrodo revestido

1. **Porosidad**

   – **¿Qué es?**

   La porosidad aparece como pequeñas cavidades o burbujas atrapadas en el interior o la superficie del cordón de soldadura. Estas burbujas se forman por gases que quedan atrapados en el metal fundido antes de que solidifique.

   – **¿Por qué ocurre?**

   - El material base o el electrodo están contaminados con aceite, grasa, óxido o humedad.
   - No se ha almacenado correctamente el electrodo y ha absorbido humedad.
   - Avance demasiado rápido, lo que impide que los gases escapen.
   - Ambiente húmedo o con corrientes de aire que alteran el arco.

   – **¿Cómo evitarla?**

   - Limpia a fondo la superficie del material base antes de soldar.
   - Almacena los electrodos en un lugar seco y, si es necesario, hornéalos según las recomendaciones del fabricante.
   - Asegúrate de soldar en un lugar protegido de corrientes de aire y humedad.
   - Mantén una velocidad de avance constante y adecuada.

2. Socavados o mordeduras

– ¿Qué es?

Los socavados son surcos o depresiones en los bordes del cordón de soldadura donde el metal base ha sido erosionado, pero no se ha rellenado adecuadamente.

– ¿Por qué ocurre?

- Corriente excesiva, lo que genera un arco demasiado penetrante.
- Movimiento inadecuado del electrodo (demasiado rápido o incorrecto).
- Ángulo de trabajo incorrecto del electrodo.

– ¿Cómo evitarlos?

- Ajusta la corriente de acuerdo con el espesor del material y el tipo de electrodo.
- Realiza un movimiento uniforme y constante para distribuir el metal de aporte adecuadamente.
- Mantén el electrodo con un ángulo óptimo (generalmente entre 5° y 15° dependiendo de la posición de soldadura).

3. Inclusiones de escoria

– ¿Qué es?

Las inclusiones de escoria son partículas no metálicas atrapadas en el interior del cordón de soldadura, lo que debilita la unión.

– ¿Por qué ocurre?

- No se limpia correctamente la escoria entre pasadas.
- Velocidad de avance demasiado lenta, lo que mezcla la escoria con el metal fundido.
- Ángulo incorrecto del electrodo, lo que impide que la escoria sea expulsada adecuadamente.

– ¿Cómo evitarlas?

- Limpia la escoria de cada pasada antes de continuar con la siguiente.
- Ajusta la velocidad de avance para evitar acumulaciones de escoria en el cordón.
- Usa un ángulo adecuado para dirigir la escoria fuera del baño de fusión.

4. **Falta de fusión**

– **¿Qué es?**

La falta de fusión ocurre cuando el metal de aporte no se adhiere completamente al material base o a pasadas previas, dejando un cordón débil.

– **¿Por qué ocurre?**

- Corriente insuficiente, lo que genera un arco débil.
- Movimiento demasiado rápido del electrodo.
- Posición incorrecta del electrodo en relación con la junta.

– **¿Cómo evitarla?**

- Aumenta la corriente para garantizar una fusión adecuada.
- Reduce la velocidad de avance para dar tiempo a la fusión.
- Coloca el electrodo en el ángulo adecuado según la posición de soldadura.

Soluciones prácticas para prevenir y corregir defectos

1. **Ajuste de parámetros de soldadura**

– **Corriente.** Ajusta la corriente según el diámetro del electrodo y el espesor del material base. Una corriente muy alta puede causar socavados, y una baja puede generar falta de fusión.

– **Velocidad de avance.** Avanza a un ritmo constante, asegurándote de que el cordón se forme correctamente.

– **Longitud del arco.** Mantén una distancia constante entre el electrodo y el baño de fusión (aproximadamente el diámetro del electrodo).

2. **Técnica de soldadura**

– **Ángulo del electrodo.** Mantén el ángulo adecuado, generalmente inclinado ligeramente hacia la dirección de avance.

– **Movimiento del electrodo.** Usa un movimiento controlado (zig-zag, circular, o en "U") según el tipo de junta para garantizar una distribución uniforme del metal de aporte.

- **Limpieza entre pasadas.** Retira completamente la escoria de cada pasada con un martillo y cepillo antes de continuar.

3. **Control ambiental**

- Protege el área de soldadura de corrientes de aire o humedad con pantallas.
- Precalienta el material base si trabajas en un entorno frío o en piezas gruesas para evitar grietas o falta de fusión.

4. **Mantenimiento del equipo**

- Inspecciona los portaelectrodos y las pinzas para asegurarte de que estén limpios y en buen estado.
- Usa cables adecuados y revisa las conexiones eléctricas para evitar caídas de tensión.

Conclusión

Identificar y corregir los defectos en la soldadura con electrodo revestido es fundamental para lograr uniones seguras y duraderas. Con un ajuste adecuado de los parámetros, una técnica correcta y atención a los detalles, puedes minimizar defectos y mejorar significativamente la calidad de tus soldaduras. La práctica constante y el aprendizaje continuo son clave para perfeccionar tu habilidad como soldador.

 Facultad de Soldadura

Capítulo 2
Soldadura TIG

Trabajo en equipo. "La cuerda invisible"

Un grupo de monjes intentaba mover una gran roca que bloqueaba el camino hacia su monasterio. Después de muchos intentos fallidos, uno de ellos dijo: "Nunca lograremos moverla solos". Entonces, todos unieron sus manos alrededor de la roca y comenzaron a tirar juntos, como si una cuerda invisible los conectara. La roca, que parecía inmovible, finalmente cedió.

Cuando trabajamos juntos, incluso lo imposible se vuelve alcanzable.

Introducción a la soldadura TIG

Voy a ser breve, como en el capítulo anterior, y te resumiré lo más importante que necesitas saber sobre el proceso TIG.

1. Historia del TIG

Los años 30 fueron una época revolucionaria para la soldadura. En ese tiempo, ya se había desarrollado la tecnología necesaria para embotellar gases industriales, lo que permitió el auge de la soldadura oxiacetilénica (esa que utiliza una llama creada por la mezcla de oxígeno y acetileno) para soldar materiales de pequeño espesor. Al mismo tiempo, la soldadura con electrodo comenzaba a ganarse un lugar importante en la industria. Era el proceso más popular de la época, aunque tenía sus limitaciones: por ejemplo, no era útil para soldar materiales muy reactivos al oxígeno del aire, como el titanio.

En 1940, los investigadores descubrieron una aplicación del arco eléctrico que podía realizar este tipo de trabajos con una calidad superior: la soldadura TIG (Tungsten Inert Gas). Este proceso es la versión eléctrica de la soldadura autógena. En él, se hace pasar una corriente eléctrica por un electrodo que no se consume. Este electrodo se calienta, pero sin llegar a fundirse. El calor generado se utiliza para fundir el metal base y, cuando es necesario, se puede añadir material de aportación en forma de varilla, que el soldador maneja con la otra mano, tal como se hace en la soldadura oxiacetilénica. Cuando el baño de fusión se enfría, se forma el cordón de soldadura.

El electrodo en el proceso TIG está hecho de tungsteno (también conocido como wolframio), que es el metal con el punto de fusión más alto que se conoce. Este electrodo puede estar en estado puro o aleado con otros elementos en pequeñas cantidades (no más del 5 %).

2. Protección de la soldadura

A diferencia de la soldadura con electrodos revestidos, en el proceso TIG ni el tungsteno ni la varilla de aportación tienen un revestimiento protector. Este proceso utiliza una protección gaseosa de forma similar al MIG MAG. El gas, generalmente argón o helio, se suministra a través de la antorcha, desplazando el aire alrededor del baño de fusión y creando una atmósfera inerte que protege la soldadura.

3. Ventajas del proceso TIG

El proceso TIG es aún hoy considerado el proceso de soldadura manual de mayor calidad, aunque es algo más lento en comparación con la soldadura con hilo o electrodo. Sus ventajas son muchas:

- No produce escoria ni proyecciones.
- Se puede utilizar para soldar la mayoría de los metales.
- No es un proceso excesivamente caro.
- Es válido para soldar en todas las posiciones.
- Es muy utilizado para soldar cordones de raíz en tuberías.
- Las soldaduras obtenidas son de gran calidad y pureza.

Por estas razones, el TIG es muy indicado para soldaduras de responsabilidad en sectores como la construcción naval, la industria aeronáutica, nuclear, química, espacial, petrolífera, entre otros.

4. Fundamentos del TIG

El equipo necesario:

- Generador transformador-rectificador: similar a los utilizados en soldadura con electrodos revestidos, de CC o CA, que puede estar equipado o no con un generador auxiliar de alta frecuencia (AF) para estabilizar el arco y facilitar el arranque sin necesidad de tocar la pieza con el tungsteno.
- Circuito de gas: desde una botella, un manorreductor suministra al equipo el gas inerte necesario para proteger la soldadura.
- Pistola o antorcha: porta el tungsteno y el gas de protección.
- Circuito de refrigeración para la pistola: normalmente se dice que es por agua, pero en realidad usa un líquido no conductor de la corriente (nunca se debe reponer con agua o anticongelante de coche). No es imprescindible, pero sí recomendable si se trabaja con altas intensidades.
- Electroválvulas y reguladores: normalmente se encuentran en el generador y sincronizan la refrigeración (si la hay), el gas y la corriente.
- Equipos auxiliares: como pedales de control de intensidad.

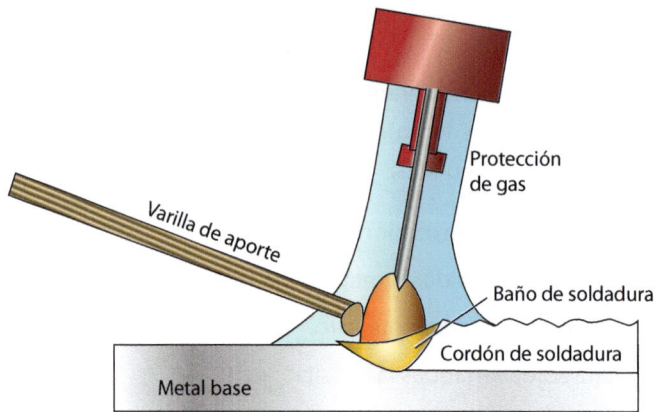

Fig. 2.1

5. Componentes de la pistola/antorcha

En una antorcha sencilla distinguimos:

- **Tobera:** normalmente fabricada en cerámica, es una boquilla por la que sale el gas de protección, con un diámetro variable que se elige según el diámetro del tungsteno y el tipo de cordón que se esté ejecutando. Son delicadas, especialmente cuando están calientes.

- **Camisa o portaelectrodo:** fabricada a veces de cobre, su función es abrazar el tungsteno para que no se deslice.

- **Portatobera o difusor de gas:** contiene la camisa y suele estar unida a la antorcha por una rosca delicada (no se debe desmontar caliente). También es el encargado de aportar el gas de protección.

- **Terminal:** es la cola o parte final del cuerpo de la antorcha, que se quita para liberar el electrodo.

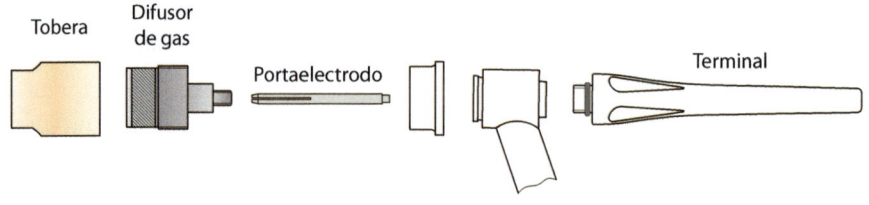

Fig. 2.2.

6. Electrodos no consumibles y sus tipos

La misión del tungsteno es generar el calor necesario cuando salta la chispa entre él y la pieza a soldar y comienza a pasar la corriente. Hay varios tipos de tungsteno, que deben seleccionarse en función del material a soldar. Veamos los más habituales:

Tungsteno puro (WP - Verde)

- **Composición.** 99,5 % tungsteno puro, sin aleaciones.
- **Propiedades.** Tiene una alta capacidad de emisión de electrones y es adecuado principalmente para corriente alterna (AC). Produce un arco estable, pero tiene menor durabilidad y resistencia a la contaminación que otros tungstenos aleados.
- **Aplicaciones.** Se utiliza principalmente para la soldadura de aluminio y magnesio en corriente alterna (AC).
- **Salud.** No es radiactivo, por lo que es seguro para el uso.

Tungsteno con torio (WTh20 - Rojo)

- **Composición.** 98 % tungsteno, 2 % torio (ThO_2).
- **Propiedades.** Ofrece una excelente estabilidad del arco en corriente continua (DC), con mayor durabilidad que el tungsteno puro. Ideal para aplicaciones de alta corriente.
- **Aplicaciones.** Ideal para soldadura de aceros al carbono, acero inoxidable y níquel en DC.
- **Salud.** Radiactivo. Se recomienda el uso de medidas de protección para evitar la inhalación de polvo radiactivo.

Tungsteno con cerio (WCe20 - Gris)

- **Composición.** 98 % tungsteno, 2 % cerio (CeO_2).
- **Propiedades.** Proporciona un encendido fácil y estabilidad del arco a bajas corrientes en DC. Es menos duradero que el tungsteno con torio, pero no es radiactivo.
- **Aplicaciones.** Adecuado para trabajos de precisión y chapas delgadas en DC.
- **Salud.** No radiactivo, lo que lo hace seguro para el uso regular.

Tungsteno con lantano (WLa15/20 - Negro/Dorado)

– **Composición.** 98 % tungsteno, 1,5-2 % lantano (La_2O_3).

– **Propiedades.** Excelente encendido y estabilidad del arco, con una vida útil más prolongada que el cerio. Versátil para su uso en DC.

– **Aplicaciones.** Se utiliza para soldadura en acero y aleaciones ferrosas.

– **Salud.** No radiactivo, seguro para el uso.

Tungsteno con circonio (WZr08 - Blanco)

– **Composición.** 98 % tungsteno, 0,15-0,4 % circonio (ZrO_2).

– **Propiedades.** Excelente estabilidad del arco y resistencia a la contaminación, ideal para soldadura en corriente alterna (AC). Es menos propenso a la contaminación y a la fisuración.

– **Aplicaciones.** Principalmente utilizado para la soldadura de aluminio y magnesio en AC.

– **Salud.** No radiactivo, seguro para el uso.

Tungsteno con tierras raras (WTL/E3 - Violeta)

– **Composición.** Mezcla de óxidos de tierras raras, como lantano, cerio e itrio, con tungsteno.

– **Propiedades.** Combina las mejores propiedades de los tungstenos con lantano y cerio, proporcionando un excelente encendido, estabilidad del arco y durabilidad. Es conocido por tener una menor tasa de erosión y una vida útil prolongada.

– **Aplicaciones.** Versátil, utilizado tanto en AC como en DC, ideal para acero, aluminio y otras aleaciones no ferrosas.

– **Salud.** No radiactivo, seguro para el uso.

Aplicaciones y materiales específicos

– **Tungsteno puro.** Mejor para AC, utilizado en la soldadura de aluminio y magnesio.

– **Tungsteno con torio.** Ideal para DC y aplicaciones de alta corriente en acero al carbono, acero inoxidable y níquel.

– **Tungsteno con cerio y lantano.** Más versátil, principalmente usos en DC. Preferidos para trabajos de precisión y soldadura de metales ligeros.

- **Tungsteno con circonio.** Preferido en AC para aluminio y magnesio debido a su excelente resistencia a la contaminación.
- **Tungsteno con tierras raras.** Versátil, con una vida útil prolongada, y puede ser usado tanto en AC como en DC.

Diferencias en precio

- **Tungsteno puro.** Generalmente es el más económico.
- **Tungsteno con torio.** Económico, pero su uso está disminuyendo debido a preocupaciones de salud.
- **Tungsteno con cerio y lantano.** Ligeramente más caro, pero con mayores beneficios en seguridad y versatilidad.
- **Tungsteno con circonio y tierras raras.** Generalmente son más costosos debido a sus propiedades avanzadas y su versatilidad.

Salud y seguridad

- **Tungsteno con torio.** El único con preocupación radiactiva. Es importante utilizar protección respiratoria y sistemas de ventilación adecuados al afilar los electrodos.
- **Otros tungstenos.** No radiactivos, lo que los hace más seguros para el uso diario.

Afilado

Todos los electrodos de tungsteno deben afilarse en punta para concentrar el calor del arco en un punto muy pequeño, lo que garantiza un baño de fusión adecuado.

Tabla.2.1.

Diámetros de tungstenos más usados (mm)	Altura máxima del cono (mm)	Altura mínima del cono (mm)
1	2	1,5
1,6	3,2	2,4
2	4	3
2,4	4,8	3,6
3,2	6,8	4,8
4	8	6

Conclusión

Cada tipo de tungsteno tiene su uso ideal y sus propias ventajas. La elección depende de varios factores, como el material que vas a soldar, el tipo de corriente que utilizas y las preferencias de seguridad que tengas. Aunque el tungsteno con torio ofrece un rendimiento excelente en corriente continua, su radiactividad lo hace menos atractivo hoy en día. En cambio, los tungstenos con cerio, lantano, circonio y tierras raras ofrecen un rendimiento similar, pero con mayor seguridad, lo que los hace mucho más populares en la industria moderna.

7. Varillas de aporte

En TIG, la antorcha proporciona el calor necesario para fundir el metal base y el gas de protección, mientras que la aportación se realiza con varillas de material de aporte. Estas deben tener una composición química similar a la del metal base y siempre deben estar limpias. Los diámetros disponibles son 1; 1,6; 2; 2,4; 3,2; 4 y 4,8 mm, con una longitud de aproximadamente 900 mm.

8. Selección del tipo de corriente

- **Corriente continua (CC):** se utiliza principalmente en polaridad directa para concentrar el calor en la pieza y preservar la punta del electrodo. En polaridad inversa, el tungsteno se calentaría demasiado, estropeando la punta rápidamente.
- **Corriente alterna (CA):** muy útil para soldar aluminio y magnesio debido a su efecto decapante sobre la alúmina. Aunque la penetración es menor y el arco es menos estable, es imprescindible para este tipo de materiales.

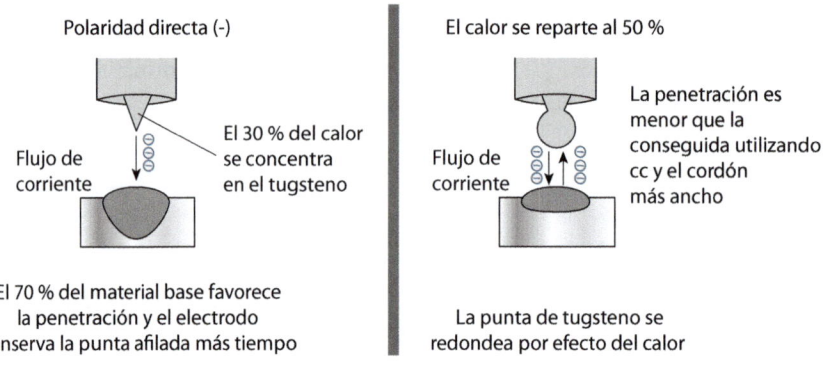

Fig. 2.3

9. Gases de protección

- **Argón.** Es el gas más utilizado debido a su alta densidad y baja energía de ionización, lo que facilita el cebado y estabilidad del arco. Aunque su conductividad térmica es baja, lo que limita la penetración.

- **Helio.** Ofrece mejor penetración y una geometría de cordón más ancha, pero es más caro y menos estable que el argón. A menudo se mezcla con argón para soldar materiales como el aluminio.

10. Manorreductor

El manorreductor es esencial para suministrar el gas de protección al equipo de soldadura, permitiendo al soldador seleccionar la presión de trabajo adecuada.

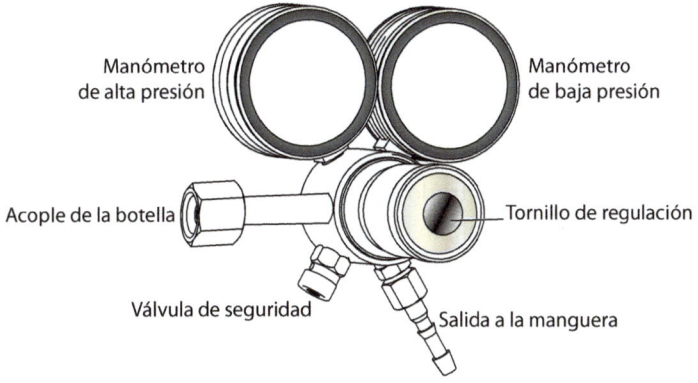

Fig. 2.4.

Normalmente está compuesto de dos manómetros: el de alta presión nos indica al abrir la botella la cantidad de gas que contiene. El de baja presión nos permite seleccionar la presión de trabajo. Tiene un mecanismo regulador muy delicado (una rosca bajo los manómetros) que debe estar suelto (girado a tope hacia la izquierda) al abrir la botella. Una vez abrimos dicha botella, según hacemos girar a la derecha el regulador, veremos que sube la aguja del manorreductor de baja presión. Si nos pasamos debemos volver a aflojarlo, purgar la manguera y volver a empezar.

El manorreductor tiene una conexión roscada para acoplarla a la botella para el que haya sido diseñado. En caso de que no entre o lo haga con dificultad, nunca debemos engrasar esas roscas o forzarlas.

11. Funciones de ayuda a la soldadura

Modo "dos" y "cuatro" tiempos. Permiten controlar el flujo de gas y la corriente de soldadura de manera eficiente.

Preflujo y postflujo de gas protector. Aseguran que el gas proteja adecuadamente la soldadura antes y después de la soldadura.

Rampa de subida y bajada de corriente. Facilita un inicio y un final suaves, evitando cráteres y mejorando la calidad de la soldadura.

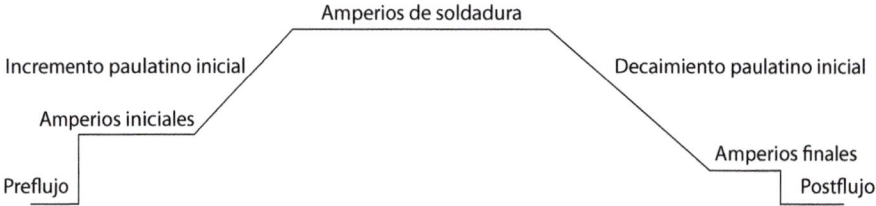

Fig. 2.5. Rampas. Gentileza de MILLER España

Cebado "*Lift Arc*". Proporciona un arranque preciso del arco raspando el tungsteno contra la pieza, como un electrodo revestido, evitando el uso de alta frecuencia cuando esto pueda entrañar algún riesgo (por ejemplo, interferencia con equipos informáticos o con marcapasos).

Arco pulsado. Reduce el calor aportado, ideal para materiales sensibles al calor.

Control remoto. Los más populares y fáciles de manejar son los pedales. Permiten ajustar la intensidad durante la soldadura, ofreciendo mayor comodidad y control.

Fig. 2.6. Control remoto. Gentileza de MILLER España

12. Diferencias entre la tobera universal y la gas lens en soldadura TIG

En el proceso de soldadura TIG, la elección de la tobera es clave para controlar la protección del arco y el baño de fusión mediante el flujo de gas inerte, generalmente argón. Existen dos tipos principales de sistemas de tobera que se utilizan comúnmente: la tobera universal y la *gas lens*. A continuación, se explican sus diferencias, ventajas y aplicaciones.

 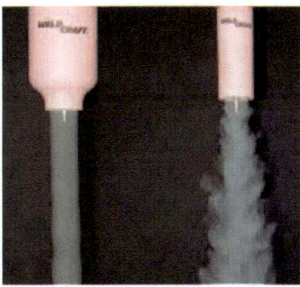

Fig.2.7. Tobera universal (izquierda) y *gas lens* (derecha). Gentileza de ITW España

Tobera universal

La tobera universal es el tipo más comúnmente utilizado en soldadura TIG. Está diseñada para dirigir el flujo de gas inerte de manera uniforme sobre el arco y el baño de fusión, proporcionando una protección adecuada contra la contaminación del aire.

- **Diseño.** La tobera universal tiene una estructura sencilla, con una apertura en su extremo que permite el paso del gas inerte. La salida del gas es menos concentrada que en una *gas lens*, lo que puede ser suficiente para la mayoría de las aplicaciones generales.

- **Numeración.** La numeración de las toberas se basa en una relación entre el número asignado a la tobera y su diámetro interior. Generalmente, las toberas universales están numeradas del 4 al 8, donde el número indica el diámetro interior en milímetros dividido por 1,6. Esto significa que puedes obtener el diámetro interior aproximado de la tobera multiplicando el número de la tobera por 1,6.

Aquí tienes algunos ejemplos más claros:

- Tobera número 4. Tiene un diámetro interior de aproximadamente $4 \times 1,6 = 6,44$ mm

- Tobera número 5. Tiene un diámetro interior de aproximadamente $5 \times 1,6 = 8$ mm.

- Tobera número 6. Tiene un diámetro interior de aproximadamente $6 \times 1,6 = 9,6$ mm.

- Tobera número 7. Tiene un diámetro interior de aproximadamente $7 \times 1,6 = 11,2$ mm.

- Tobera número 8. Tiene un diámetro interior de aproximadamente $8 \times 1,6 = 12,8$ mm.

Estas cifras son aproximadas, ya que el diámetro interior puede variar ligeramente dependiendo del fabricante. Sin embargo, esta relación te da una buena idea de qué esperar en términos de tamaño cuando seleccionas una tobera basada en su número.

Este sistema es útil porque te permite elegir rápidamente la tobera adecuada según el tamaño para seleccionar el caudal de gas que necesitas, sin tener que medir manualmente cada tobera (como veremos en las fichas prácticas).

- **Ventajas.** Este tipo de tobera es más económica y fácil de encontrar. Es adecuada para la mayoría de las aplicaciones estándar de soldadura TIG, especialmente cuando no se requieren altos niveles de protección contra contaminantes.

Gas lens

La *gas lens* es una opción más avanzada que ofrece un control superior sobre la distribución del gas inerte. Está diseñada con una malla de metal fina que crea un flujo de gas más laminar, lo que significa que el gas fluye de manera más suave y uniforme, reduciendo la turbulencia.

- **Diseño.** La malla metálica dentro de la *gas lens* filtra y distribuye el gas de manera más uniforme, creando una "cortina" de gas más estable y eficiente. Esto es especialmente útil cuando se necesita una cobertura de gas más amplia o cuando se trabaja en materiales sensibles a la oxidación.

- **Numeración.** Al igual que la tobera universal, la numeración de las *gas lens* también se basa en el diámetro interior. Los tamaños más comunes varían del número 4 al 8, aunque en algunos casos se utilizan tamaños más grandes, como el 10, para aplicaciones especiales.

- **Ventajas.** La principal ventaja de la *gas lens* es su capacidad para proporcionar una mayor cobertura de gas con menos flujo. Esto puede mejorar la calidad de la soldadura, especialmente en posiciones difíciles o cuando se trabaja con materiales que requieren una protección de gas más efectiva. Además, la *gas lens* permite que el tungsteno sobresalga más de la tobera sin comprometer la protección del gas, lo que facilita la visibilidad y el acceso a áreas difíciles de alcanzar.

Los dos sistemas tienen sus ventajas y son adecuados para diferentes aplicaciones de soldadura TIG. Si estás comenzando y realizando soldaduras estándar, la tobera universal será más que suficiente. Sin embargo, si necesitas un control de gas más preciso o estás trabajando en aplicaciones más críticas, te recomendamos probar la *gas lens* para ver cómo mejora tu técnica y la calidad de tus soldaduras. Como siempre, la mejor opción depende de tus necesidades específicas, por lo que te animamos a experimentar con ambos tipos de tobera para encontrar la que mejor se adapte a tu trabajo.

> Es normal que al principio sientas que no tienes el control. La soldadura TIG, con su precisión, puede ser intimidante. Sin embargo, piensa en esto como un baile entre tus manos y el material: cuanto más practiques, más armonía lograrás. Si te sientes frustrado, recuerda que incluso los mejores soldadores estuvieron en tu lugar alguna vez. Respira, ajusta tu postura y prueba de nuevo. Lo conseguirás.

Muy importante. Buenas prácticas en el taller de soldadura

- **Protección.** Usa siempre las gafas de protección al esmerilar el electrodo de tungsteno. El cono al soldar acero al carbono debe medir siempre como referencia dos veces el diámetro del electrodo (ejemplo: tungsteno de 1,6 mm – cono de 3,2 mm; tungsteno de 2,4 mm – cono de 4,8 mm).

- **Desmontaje de la antorcha. NUNCA** desarmes una antorcha caliente, ya que podrías dañar las roscas de sus componentes. Deja que se enfríe para evitar quemaduras y mantener el equipo en buen estado.

- **Cuidado de la antorcha.** Coloca la antorcha con cuidado sobre la mesa de trabajo. Las toberas cerámicas son frágiles, especialmente cuando están calientes.

- **Mantenimiento del tungsteno.** Limpia el tungsteno en el esmeril siempre que, sin querer, lo metas en el baño de fusión, toque la pieza, la varilla o se redondee. Un cono limpio concentra el arco en un punto muy pequeño y fácil de controlar. Sucio, hará lo contrario.

- **Distancia de la antorcha.** Controla la distancia de la antorcha a la pieza para que el gas haga su trabajo. Lo aconsejable es no separarlo más de 3-4 mm.

- **Caudal de gas y elección de herramientas.** Utiliza un caudal de gas de aportación adecuado al diámetro de la tobera, una tobera adecuada al trabajo que estés haciendo (en pasadas de penetración, tobera estrecha y otras más anchas según aumente el cordón), y una varilla que mejor se ajuste a la tarea (más fina para penetraciones o pequeños espesores, y mayor para peinados o pletinas anchas).

- **Limpieza de las varillas.** Es una buena costumbre pasar un paño por las varillas antes de empezar a utilizarlas, ya que de lo contrario, toda la suciedad pasará al cordón. Dobla los últimos 3 cm del extremo (como si fuera el mango de un paraguas) para evitar accidentes.

- **Empalmes.** Practica empalmar cordones en todos los ejercicios propuestos (deja enfriar el último cordón antes para no producir porosidad).

- **Uso de funciones avanzadas.** Utiliza la alta frecuencia o el arco pulsado siempre que te lo permita el equipo de soldadura, así como la rampa de subida o bajada de corriente, el preflujo y postflujo de gas de protección, y el modo de 4 tiempos (mucho más cómodo).

- **Calidad de los cordones.** Practica hasta conseguir cordones de auténtico artista, que es lo que se espera de ti. Con TIG, los cordones simplemente deben llamar la atención.

- **Polaridad.** Usa siempre polaridad directa en acero al carbono e inoxidable.

- **Manipulación de piezas calientes.** Utiliza tenazas para coger las piezas calientes, nunca las manos, aunque lleves guantes de soldador. ¡Las piezas están muy calientes!

- **Seguridad en el taller.** Consulta al profesor siempre que tengas dudas sobre cómo hacer algo, especialmente si se trata de usar radiales, sierras, esmeriles, etc. Son máquinas que requieren respeto y precauciones, aunque nunca miedo.

- **Protección personal. NUNCA** mires al arco sin la protección de la pantalla. **NUNCA** trabajes en soldadura sin guantes o en manga corta. Procura usar las protecciones. delantal, manguitos, polainas. Y al final del día, devuélvelas a su sitio. Tampoco está de más usar una mascarilla.

- **Cuidado del material.** Sé cuidadoso con el material y colabora con la limpieza del puesto al terminar la clase.

13. Prácticas de soldadura TIG en acero al carbono

Práctica 1	Soldadura TIG en acero al carbono	
Primeros cordones en posición horizontal		
Material base	Chapa de acero al carbono 100 x 100 x 3 mm	
Electrodos a utilizar	A elegir según disponibilidad entre electrodo Ø 1,6 mm de torio (WTh20 Rojo), lantano (WLa 10/15 negro o dorado), cerio (WCe 20 gris) o tierras raras (E3 violeta).	
Tobera	N.º 5 o N.º 6 (diámetro de 8 y 10 mm respectivamente).	*Varilla*
N.º de cordones	Nueve cordones depositados con movimiento recto	*Intensidad*
Caudal de gas	8-10 litros por minuto (1 litro por cada milímetro de diámetro interior de la tobera).	
Herramientas auxiliares	Regla, punta de trazar, metro, lima, radial, granete y martillo.	

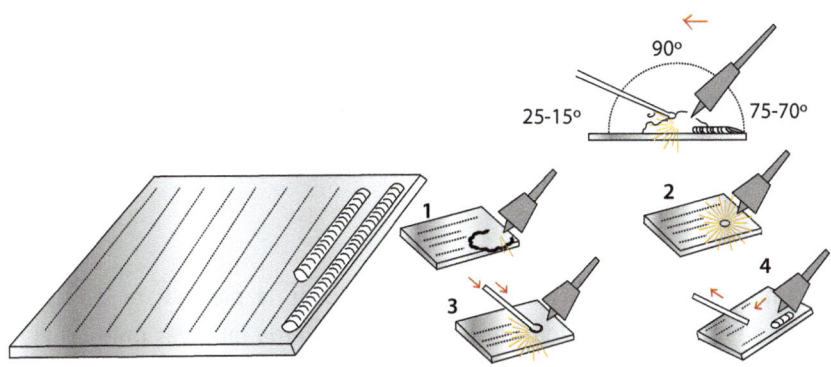

Fig. 2.8.

¡Bienvenido a tu primera experiencia en soldadura TIG!

En este ejercicio, realizaremos nuestros primeros cordones rectos en posición plana.

Para comenzar, tomaremos medidas a la chapa con una regla o metro. Es fundamental que, al cortarla, las dimensiones sean las indicadas en la práctica. Para ello, haremos unas marcas con la punta de trazar, las cuales resaltaremos con un granete, indicando por dónde debe pasar el corte.

Una vez cortada la pieza, es necesario limpiar su superficie. Utilizaremos una radial con un disco de lija para realizar un pulido superficial, eliminando óxidos, grasa, taladrina, etc. (o un disco de desbaste si no disponemos de otro, teniendo cuidado de no reducir demasiado el espesor). A continuación, eliminaremos las rebabas afiladas del corte y redondearemos las puntas de las cuatro esquinas con una radial o lima manual.

Después de pulir la pieza, marcaremos cada centímetro en uno de los lados del cuadrado y repetiremos el mismo procedimiento en el lado opuesto, marcando un total de 9 líneas. Con la ayuda de una regla y la punta de trazar, uniremos cada marca con su contraparte en el lado opuesto, obteniendo así 9 líneas rectas separadas por un centímetro entre sí, que servirán como referencia para realizar los cordones.

Por último, utilizaremos un granete y un martillo para marcar algunos puntos sobre las líneas trazadas, lo que nos ayudará a seguir mejor el "camino" durante la ejecución de los cordones.

Con estos pasos, la pieza estará lista para comenzar. Ahora, afilaremos el tungsteno (el cono debe medir alrededor de 3 mm desde la base hasta la punta, es decir, de dos veces su diámetro), ajustaremos el caudal de gas, seleccionaremos el modo de trabajo (por contacto, Liftarc, dos o cuatro tiempos), ajustaremos la intensidad del equipo al mínimo indicado en la práctica, y nos colocaremos las protecciones, dejando la pantalla para el último momento.

¿Todo listo? Comencemos

Colocamos la antorcha en el extremo derecho de la pieza. Para las personas diestras, se recomienda soldar de derecha a izquierda (al revés para las zurdas) y posicionar la cabeza en el extremo izquierdo. Es importante "estar al final" del cordón para tener una visión clara y constante de la punta del tungsteno y poder controlar que la distancia con la pieza sea uniforme. Aunque pueda resultar incómodo bajar la cabeza al nivel de la antorcha, no debemos perder de vista la soldadura en ningún momento. Esta operación será constante en todos los ejercicios, por lo que debemos tomarnos unos segundos para elegir el mejor ángulo desde el que observar la evolución de la soldadura.

La antorcha debe avanzar inclinada hacia atrás unos 10º, pero solo en ese sentido. No debe inclinarse lateralmente, ya que esto comprometería la protección del gas sobre la soldadura.

Inicio del proceso

Al iniciar el arco, mantendremos la antorcha parada (distancia entre tungsteno y chapa de 3 mm aproximadamente) hasta que se forme un pequeño charco plano de entre 3 y 5 mm de diámetro, asegurándonos de que sea completamente líquido. Luego, avanzamos unos milímetros y repetimos el proceso, formando el baño de fusión hasta el final del cordón. La idea es generar un baño y avanzar lo suficiente para formar otro del mismo tamaño, logrando así un cordón uniforme con las "aguas" dibujadas en su superficie, que corresponden a cada una de las paradas realizadas.

La sensación inicial de oscuridad y de dificultad para distinguir la línea graneteada es normal; no te preocupes, se pasará. Si pierdes la referencia de la línea, ¡detente o podrías desviarte!

Dedica el tiempo necesario hasta lograr cordones del mismo ancho. Practica para acostumbrarte a la antorcha y aumenta la intensidad solo cuando te sientas más seguro.

Comenzando con el aporte

La varilla de aportación debe coordinarse con el avance, entrando y saliendo del baño de fusión de manera controlada. Al principio, una intensidad de aporte baja puede facilitar el proceso, permitiendo que el baño de fusión se mantenga completamente líquido y plano (se notará porque su superficie se agita por la presión del gas). No te precipites; solo cuando el baño esté listo, lleva la varilla hasta la gota, roza la punta de la varilla con el extremo de la gota, retírala unos milímetros, y espera a que el baño vuelva a estar listo para otro aporte.

El resultado debe ser un cordón similar al anterior, pero con un pequeño sobreespesor, no hundido como los primeros cordones sin aporte.

Problemas comunes y sus soluciones

- **Porosidad:** si aparecen agujeros en el cordón, es posible que el gas no esté protegiendo adecuadamente (si la presión de gas es correcta, quizás la antorcha esté demasiado inclinada o separada). También puede deberse a óxidos o grasa en la pieza, una varilla oxidada o la falta de limpieza. En algunos casos, la contaminación se produce al manipular la varilla con guantes sucios.

- **Manchas de color marrón-amarillo-ocre:** estas manchas a los lados del cordón son indicativas de contaminación del tungsteno, posiblemente porque se introdujo en el baño o se tocó con la varilla de aporte. Se soluciona afilando el tungsteno.

- **Varilla pegada al baño de fusión:** esto puede suceder si la varilla se introduce en el baño antes de que esté suficientemente caliente para fundirla. Si el cordón queda muy abultado, se debe a un exceso de varilla.

- **Pieza pegada al tungsteno al arrancar (por raspado):** al tocar la pieza y el tungsteno, comienza a pasar la corriente, pero si movemos la pieza ligeramente, el arco se corta, enfriando el baño y pegándolo al electrodo. La solución es inmovilizar la pieza con una tenaza al separarlos para que salte el arco o arrancar fuera de la pieza.

- **Manchas oscuras sobre el cordón:** el acero es un mal conductor del calor y la corriente. Para mejorar estas propiedades y proteger la varilla de aporte contra la oxidación, se le aplica un baño de cobre. Al fundirse, este cobre queda en la superficie del cordón en forma de gotas. ¡Cuidado! Al enfriarse, estas manchas pueden saltar, por lo que es importante usar gafas de protección.

¡Ánimo!

> *"El que domina a otros es fuerte; el que se domina a sí mismo es poderoso". (Proverbio tibetano)*
>
> Cada cordón que realices es un reflejo de tu dedicación y atención. No busques la perfección en el primer intento, sino en la constancia y la mejora continua. Recuerda las razones que te han traído hasta aquí y encuentra en tu interior la fuerza para avanzar.

Práctica 2	Soldadura TIG en acero al carbono	
Ángulo en horizontal PB (2F)		
Material base	Chapa de acero al carbono 150 x 30 x 8 mm o 3 mm	
Electrodos a utilizar	A elegir según disponibilidad entre electrodo Ø 2,4 mm de torio (WTh20 Rojo), lantano (WLa 10/15 negro o dorado), cerio (WCe 20 gris) o tierras raras (E3 violeta).	
Tobera	N.º 5 o N.º 6 (diámetro de 8 y 10 mm respectivamente).	*Varilla* Diámetro de 1,6 o 2 mm, tipo ER 70S-6.
N.º de cordones	Un cordón introduciendo la técnica *walking the cup*	*Intensidad* 120-150 A
Caudal de gas	8-10 litros por minuto (1 litro por cada milímetro de diámetro interior de la tobera).	
Longitud del tungsteno fuera de la tobera	3-4 mm	

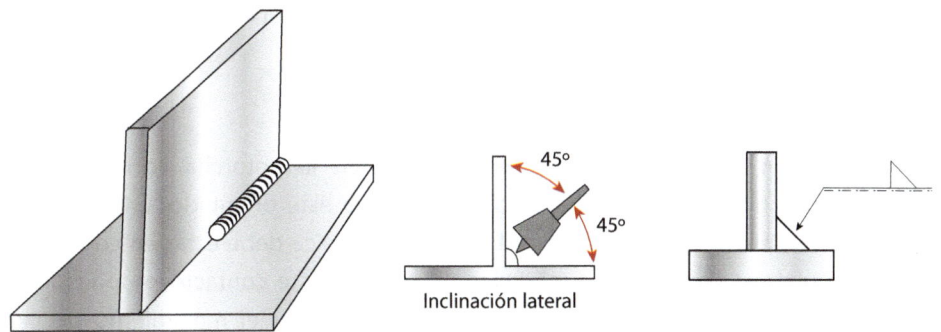

Fig. 2.9.

En esta práctica, comenzaremos a trabajar con uniones en ángulo.

1. Preparación inicial

- **Fijación de las chapas:** puntea las chapas a 90 grados y asegúralas firmemente a la mesa de trabajo utilizando, por ejemplo, un sargento. Esto es esencial para aplicar correctamente la técnica *walking the cup*, que requiere que la cerámica de la antorcha haga contacto tanto con la pieza superior como con la inferior del ángulo.

- **Limpieza y preparación del material:** asegúrate de que el electrodo esté limpio y correctamente afilado. Pasa un paño por la varilla de aportación para eliminar cualquier suciedad o contaminante que pueda afectar la calidad de la soldadura.

2. Posicionamiento de la antorcha

- **Ángulo y orientación:** coloca la antorcha a un ángulo de 45 grados respecto a las dos chapas, con una ligera inclinación hacia atrás. Esta posición te permitirá ver claramente el electrodo y evitar que se sumerja accidentalmente en el baño de fusión.

- **Mantenimiento del ángulo:** es crucial mantener esta inclinación constante a lo largo de toda la costura, lo que te ayudará a evitar mordeduras en la parte superior del cordón, un defecto crítico en las pruebas de homologación.

3. Inicio del cordón

- **Posicionamiento inicial:** comienza en el extremo derecho de la chapa (si eres diestro) o en el extremo izquierdo (si eres zurdo). Asegúrate de que la tobera cerámica esté en contacto con ambas chapas a la vez antes de iniciar el movimiento.

4. Técnica *walking the cup*

- **Posición de la antorcha y presión:** sostén la antorcha con firmeza, asegurándote de que el cuerpo de la pistola esté orientado a 45 grados con respecto a las dos chapas. La tobera cerámica debe estar en contacto simultáneo con ambas superficies del ángulo. Este contacto proporciona un soporte estable, permitiéndote controlar mejor el movimiento de la antorcha.

- **Movimiento lateral del mango:** el movimiento clave en esta técnica es un balanceo lateral del mango de la pistola, de izquierda a derecha y de derecha a izquierda. Este movimiento debe ser fluido y constante. Su objetivo es permitir que la tobera cerámica ruede/avance a lo largo de la unión sin que el electrodo de tungsteno se aleje ni se acerque a la pieza. Es importante recordar que el movimiento lateral del mango de la pistola genera el avance, no un empuje hacia adelante.

- **Avance de la pistola:** el avance de la pistola es el resultado del movimiento oscilante combinado con la ligera presión contra la unión.

- **Coordinación del movimiento:** a medida que practiques, desarrollarás una sensación natural de cómo combinar la oscilación lateral con el avance. Es un movimiento fluido y continuo, donde la oscilación lateral ayuda a "caminar" la boquilla por la superficie de la chapa, y la presión hacia adelante asegura que la pistola se mantenga en movimiento.

5. Práctica inicial en seco

- **Ejercicio con máquina apagada:** antes de comenzar a soldar, realiza el ejercicio en seco, sin aplicar corriente. Enfócate en familiarizarte con el balanceo del mango de la pistola y el avance de la tobera cerámica a lo largo de la unión. Esto te ayudará a ganar confianza y a perfeccionar tu control antes de trabajar con el arco y el baño de fusión.

6. Ejercicio de soldadura (sin aportación)

- **Soldadura sin material de aportación:** una vez que te sientas cómodo con el movimiento, realiza el ejercicio soldando, pero sin aportar material. Concéntrate en el baño de fusión, asegurándote de que mantenga un tamaño constante y de que la técnica *walking the cup* se ejecute de manera fluida y uniforme.

7. Soldadura con aportación

- **Añadir la varilla de aportación:** repite el ejercicio, pero esta vez añade la varilla de aportación. Aplica lo que aprendiste en la primera práctica sobre la coordinación entre la antorcha y la varilla. Recuerda que la varilla debe acercarse al extremo del baño de fusión, no al centro, para evitar enfriar el baño de manera innecesaria.

8. Práctica en chapas de menor espesor

- **Adaptación a diferentes espesores:** realiza un nuevo intento de soldadura en un cupón de las mismas dimensiones, pero con un espesor de 3 mm o incluso de 1,5 mm. Esto te ayudará a adaptar la técnica a diferentes espesores y a perfeccionar tu control sobre la antorcha y la varilla de aportación.

Recuerda que la paciencia y la práctica constante son clave para dominar la técnica *walking the cup*. ¡Ánimo y a soldar!

Sujeción y manejo de la varilla de aportación en soldadura TIG

El control preciso de la varilla de aportación es esencial para lograr cordones de soldadura de alta calidad en la soldadura TIG. A continuación, te explico cómo sujetar la varilla y utilizar tus dedos para avanzar el material hacia el baño de fusión de manera efectiva.

1. Sujeción de la varilla

La forma en que sujetas la varilla de aportación impacta directamente en tu capacidad para controlarla durante el proceso de soldadura. Aquí tienes algunas pautas:

- **Posición de la mano.** Sostén la varilla entre el pulgar, el índice y el dedo medio de tu mano no dominante (si eres diestro, será tu mano izquierda, y si eres zurdo, tu mano derecha). Estos tres dedos son los principales responsables de mantener la varilla estable y bajo control.

- **Agarre firme pero relajado.** La varilla debe ser sujetada con firmeza, pero sin aplicar demasiada presión. Un agarre demasiado fuerte puede causar fatiga en la mano y dificultar el control fino necesario para un aporte preciso. Mantén los dedos relajados y listos para moverse con fluidez.

- **Distancia del extremo.** Deja una distancia suficiente entre el extremo de la varilla y tu mano, generalmente unos 10 a 15 cm, para permitir un control adecuado mientras avanzas la varilla hacia el baño de fusión.

2. Uso de los dedos para avanzar la varilla

El movimiento de avance de la varilla hacia el baño de fusión debe ser suave y controlado. Aquí te explico cómo utilizar tus dedos para lograr esto.

- **Pulgar, índice y dedo medio.** Para avanzar la varilla, utiliza el índice y el dedo medio como punto de apoyo y desliza la varilla hacia adelante utilizando el pulgar. Este movimiento debe ser pequeño y controlado, permitiéndote empujar la varilla hacia el baño de fusión con precisión.

- **Movimientos pequeños y controlados.** En lugar de realizar movimientos grandes y bruscos, empuja la varilla hacia adelante en pequeños incrementos. Esto te permitirá mantener un control constante sobre la cantidad de material que se introduce en el baño.

- **Reajuste del agarre.** A medida que la varilla se consume, necesitarás reajustar tu agarre. Para hacerlo sin perder el control, desliza la varilla hacia adelante con los dedos mientras mantienes un agarre firme. Puedes hacer esto rápidamente en momentos en que el baño de fusión está estable y no necesita un aporte inmediato.

3. Técnicas adicionales para un aporte preciso

- **Deslizamiento continuo.** Algunos soldadores prefieren mantener la varilla en un deslizamiento continuo a lo largo de los dedos, avanzando la varilla suavemente mientras sueldan. Esto es especialmente útil en cordones largos donde se requiere un aporte constante.

- **Técnica de "rodar" la varilla.** Otro método es rodar ligeramente la varilla entre el pulgar y los dedos mientras la avanzas. Este movimiento permite un control aún más fino, ya que puedes ajustar la velocidad de avance sin soltar la varilla.

- **Evita aportes bruscos.** Evita mover la varilla de manera brusca o rápida hacia el baño de fusión, ya que esto puede dar como resultado un aporte excesivo y un enfriamiento innecesario del baño. Mantén siempre movimientos suaves y calculados.

4. Posicionamiento de la mano y varilla

- **Inclinación de la varilla.** Es recomendable inclinar la varilla en un ángulo de 15 a 30 grados respecto a la pieza de trabajo. Esta inclinación facilita un aporte controlado, donde solo el extremo de la varilla entra en contacto con el baño de fusión. Además, posicionar la varilla en diagonal, en lugar de mantenerla paralela a la unión, reduce la posibilidad de que el calor ascendente incomode la mano que sostiene la varilla.

- **Mano libre y estable.** Mantén la mano que sostiene la varilla lo más estable posible. Si es necesario, apoya el dorso de la mano en la pieza de trabajo o en la mesa de soldadura para evitar movimientos indeseados.

5. Coordinación con la pistola TIG

- **Sincronización.** La sincronización entre el avance de la varilla y el movimiento de la pistola es crucial. Practica movimientos coordinados donde ambos se muevan de manera fluida y al ritmo adecuado para mantener un cordón uniforme.

- **Mantén la varilla protegida.** Siempre que no estés aportando material, asegúrate de mantener la varilla dentro del campo del gas protector. Esto evitará la oxidación de la varilla y asegurará que esté lista para el siguiente aporte.

6. Técnicas para empujar la varilla de aportación en soldadura TIG

A continuación, se describen algunas técnicas para introducir la varilla en el baño que te ayudarán a mejorar en esta área:

– **Técnica del "toque ligero".** En esta técnica, el objetivo es tocar ligeramente el borde del baño de fusión con la varilla, en lugar de introducirla directamente en el centro. Este enfoque es especialmente útil cuando se trabaja con materiales más delgados o cuando se desea mantener un control estricto sobre la cantidad de material de aporte.

- **Posición inicial.** Mantén la varilla en un ángulo de 15 a 30 grados con respecto a la pieza, dependiendo del espesor del material.

- **Toque.** Con un movimiento controlado, acerca la punta de la varilla al borde del baño de fusión, apenas tocándolo.

- **Fusión.** Permite que solo una pequeña cantidad de la varilla se funda en el baño. Esto ayuda a evitar un exceso de material que podría causar problemas como una penetración excesiva o cordones abultados.

- **Retiro.** Retira rápidamente la varilla para evitar que se adhiera al baño.

– **Técnica de "deslizamiento controlado".** En esta técnica, la varilla se mantiene en contacto constante con la pieza de trabajo, y se desliza hacia el baño de fusión a medida que se avanza. Esto es especialmente útil en soldaduras largas donde es importante mantener un ritmo constante.

- **Posición inicial.** Coloca la varilla en un ángulo bajo (10 a 15 grados) con respecto a la pieza de trabajo, manteniéndola en contacto con la pieza.

- **Deslizamiento.** Mientras avanzas con la pistola, desliza la varilla hacia el baño de fusión de manera continua y controlada. La varilla debe estar en contacto con el baño en todo momento.

- **Aporte.** A medida que el baño de fusión se mueve, la varilla se desliza hacia él, aportando material de manera continua.

- **Retiro.** Si es necesario retirar la varilla, hazlo con un movimiento rápido y limpio para evitar cualquier adherencia no deseada.

Consejos finales

- **Mantén la varilla limpia.** Antes de empezar a soldar, limpia la varilla con un paño para eliminar cualquier contaminante que pueda afectar la calidad del cordón.

- **Protección con gas.** Mantén siempre la varilla dentro del campo de protección del gas para evitar la oxidación y asegurar que esté lista para el aporte en todo momento.

- **Coordinación con la pistola.** La coordinación entre la pistola y la varilla es crucial. Practica el movimiento de ambas manos para asegurar que trabajen en sincronía.

- **Aporte en diagonal.** Cuando sea posible, aporta la varilla en diagonal en lugar de directamente en el centro del baño de fusión. Esto ayuda a controlar mejor la cantidad de material que se introduce y evita sobrecargar el baño.

"No temas ir lento, teme no avanzar". (Proverbio chino)

Cada intento que realizas, aunque parezca pequeño, es un paso hacia adelante. Recuerda que el valor de tu esfuerzo no radica solo en el resultado, sino en el corazón y la dedicación que pones en el proceso. Sigue avanzando, porque en cada práctica ya estás alcanzando el verdadero éxito: aprender y crecer.

Práctica 2

 Facultad de Soldadura

Ángulo en vertical ascendente PF (3F)

Material base	Chapa de acero al carbono 150 x 30 x 8 mm o 3 mm		
Electrodos a utilizar	A elegir según disponibilidad entre electrodo Ø 2,4 mm de torio (WTh20 Rojo), lantano (WLa 10/15 negro o dorado), cerio (WCe 20 gris) o tierras raras (E3 violeta).		
Tobera	N.º 5 o N.º 6 (diámetro de 8 y 10 mm respectivamente).	Varilla	Diámetro de 1,6 o 2 mm, tipo ER 70S-6.
N.º de cordones	Dos cordones introduciendo la técnica *walking the cup*	Intensidad	120-150 A
Caudal de gas	8-10 litros por minuto (1 litro por cada milímetro de diámetro interior de la tobera).		
Longitud del tungsteno fuera de la tobera	3-4 mm		

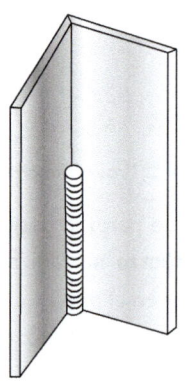

Fig. 2.10.

En esta práctica, abordaremos la técnica de soldadura TIG en ángulo, ahora en posición vertical ascendente, lo que añade un desafío adicional debido a la influencia de la gravedad en el proceso.

1. Preparación inicial

– **Posición del cupón.** Asegúrate de que el cupón esté colocado a una altura donde el punto más alto de la unión quede por debajo de tu cabeza. Esto te permitirá mantener siempre una visión clara del baño de fusión y del tungsteno durante todo el proceso de soldadura, evitando ángulos incómodos o posturas que dificulten el control visual.

– **Sujeción del cupón.** Puntea las chapas a 90 grados y asegúralas firmemente a la mesa de trabajo utilizando, por ejemplo, un sargento. Esto es esencial, especialmente en posición vertical ascendente, para mantener la estabilidad durante la soldadura.

- **Limpieza y preparación.** Asegúrate de que tu electrodo esté limpio y correctamente afilado. También, pasa un paño por la varilla de aportación para eliminar cualquier suciedad o contaminante.

2. Posicionamiento de la antorcha

- **Ángulo de la antorcha.** Coloca la antorcha en un ángulo de 45 grados respecto a las dos chapas, con una ligera inclinación hacia atrás para poder ver claramente el electrodo y el baño de fusión. Mantén esta inclinación constante durante toda la soldadura para evitar mordeduras y asegurar un cordón uniforme.

- **Evitar choques del mango.** Posiciona la antorcha de manera que el mango no choque con el cupón durante la técnica *walking the cup*. Una opción efectiva es voltear la antorcha para que el mango quede hacia arriba, permitiendo un movimiento más fluido sin riesgo de colisión.

3. Inicio del cordón

- **Comienzo del cordón.** Inicia la soldadura en el extremo inferior de la unión (en la base de la vertical) y trabaja hacia arriba. Mantén el tungsteno en una posición que te permita un control total del baño de fusión.

4. Técnica *walking the cup*

- **Posición de la antorcha y presión.** Sostén la antorcha firmemente con el cuerpo de la pistola a 45 grados con respecto a las dos chapas. La tobera cerámica debe estar en contacto con ambas superficies del ángulo para proporcionar estabilidad y control.

- **Movimiento lateral del mango.** Realiza un balanceo lateral del mango de la pistola, de izquierda a derecha y de derecha a izquierda. Este movimiento, junto con una ligera presión hacia adelante, permite que la tobera avance a lo largo de la unión sin que el tungsteno se aleje ni se acerque demasiado a la pieza. El avance debe ser natural y controlado, resultado de la oscilación y la presión.

- **Inclinación de la varilla de aportación.** Al aportar material, coloca la varilla con cierta inclinación respecto a la unión, no de manera paralela. Esto evitará que el calor ascendente te moleste en la mano que sostiene la varilla y permitirá que solo el extremo de la varilla se funda, controlando mejor la cantidad de material añadido al baño de fusión.

5. Práctica inicial en seco

– Antes de comenzar a soldar, practica la técnica en seco. Realiza el movimiento lateral sin corriente para familiarizarte con el balanceo del mango y el avance de la tobera cerámica a lo largo de la unión.

6. Ejercicio de soldadura (sin aportación)

– Una vez que te sientas cómodo con el movimiento, realiza el ejercicio soldando sin aportar material. Concéntrate en mantener un tamaño constante del baño de fusión y en ejecutar la técnica *walking the cup* de manera fluida y uniforme.

7. Soldadura con aportación

– Repite el ejercicio, esta vez añadiendo la varilla de aportación. Aplica lo aprendido en la primera práctica, coordinando la antorcha y la varilla de manera eficiente. Recuerda siempre aportar en diagonal, acercando la varilla al extremo del baño de fusión, no al centro, para evitar enfriarlo de manera innecesaria.

8. Realización del *hot pass*

– Una vez completado el primer cordón, realiza un segundo cordón o *hot pass*, como lo llaman los soldadores norteamericanos. Este segundo cordón tiene la función de reforzar la soldadura, asegurando una mayor penetración y solidez en la unión. Mantén la técnica *walking the cup* y el control sobre la aportación del material, asegurándote de que el segundo cordón cubra uniformemente el primero.

9. Práctica en chapas de menor espesor

– Por último, realiza un nuevo intento de soldadura en un cupón de las mismas dimensiones, pero con un espesor de 3 mm o incluso de 1,5 mm. Esto te permitirá adaptar la técnica a diferentes espesores y perfeccionar tu control sobre la antorcha y la varilla de aportación.

Dominar la técnica *walking the cup* en posición vertical ascendente requiere práctica y paciencia. La clave es mantener un movimiento constante y controlado, asegurando que el baño de fusión se mantenga uniforme a lo largo de la unión. Al aplicar el *hot pass*, reforzarás tu cordón de soldadura y asegurarás una unión de alta calidad. ¡Sigue practicando y perfeccionando tu técnica para lograr resultados óptimos!

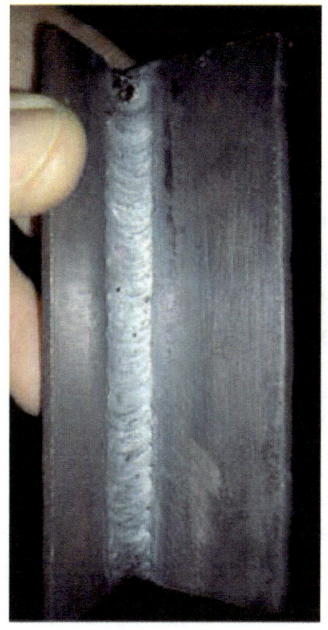

Fig. 2.11.

Práctica 4	Soldadura TIG en acero al carbono	
Ángulo bajo techo PD (4F)		
Material base	Chapa de acero al carbono 150 x 30 x 8 mm o 3 mm	
Electrodos a utilizar	A elegir según disponibilidad entre electrodo Ø 2,4 mm de torio (WTh20 Rojo), lantano (WLa 10/15 negro o dorado), cerio (WCe 20 gris) o tierras raras (E3 violeta).	
Tobera	N.º 5 o N.º 6 (diámetro de 8 y 10 mm respectivamente).	*Varilla* — Diámetro de 1,6 o 2 mm, tipo ER 70S-6.
N.º de cordones	Dos cordones introduciendo la técnica *walking the cup*	*Intensidad* — 120-150 A
Caudal de gas	8-10 litros por minuto (1 litro por cada milímetro de diámetro interior de la tobera).	
Longitud del tungsteno fuera de la tobera	3-4 mm	

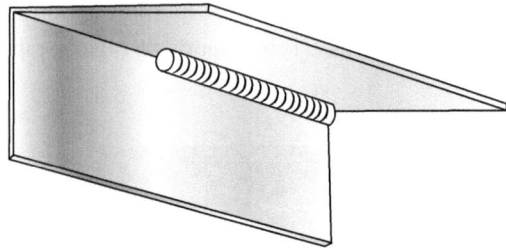

Fig. 2.12.

La soldadura en posición bajo techo, conocida también como posición sobre cabeza, presenta una serie de desafíos que requieren una técnica precisa y un control riguroso del equipo. Esta posición se utiliza frecuentemente en situaciones donde las piezas no pueden ser giradas o manipuladas para soldar en una posición más cómoda.

1. Posición del soldador

En la posición bajo techo, el soldador se sitúa directamente debajo de la unión que va a soldar. Asegúrate de que el punto más alto de la unión esté a una altura que te permita ver claramente el baño de fusión y el electrodo sin tener que inclinar excesivamente la cabeza hacia atrás. Lo ideal es que la unión esté justo por encima de la línea de los ojos, lo que te permitirá mantener una postura cómoda y estable.

2. Control del electrodo y la pistola

Debido a la orientación de la pieza, la gravedad juega un papel diferente en esta posición, lo que puede afectar la forma en que el material de aporte y el metal fundido se comportan. Es clave mantener un control preciso sobre la pistola para evitar que el tungsteno se acerque demasiado a la unión o que el baño de fusión se desplace de manera indeseada.

- **Ángulo de la antorcha.** Mantén la antorcha en un ángulo de 45° con respecto a la unión, asegurándote de que la inclinación sea tal que puedas ver tanto el tungsteno como el baño de fusión sin obstrucciones.
- **Longitud del arco.** Dado que la posición sobre cabeza puede aumentar el riesgo de descuelgue del material, es importante mantener una longitud de arco más corta (aproximadamente 3 mm). Esto ayudará a concentrar el calor en la unión y a evitar que el material fundido caiga o se derrame.

Manual de prácticas de soldadura y homologación de soldadores

3. Movimiento y técnica *walking the cup*

Aunque ya has practicado la técnica *walking the cup* en posiciones anteriores, en esta posición es esencial que la aplicación sea aún más precisa.

- **Presión y contacto.** Debido a la gravedad, es posible que necesites aplicar una presión ligeramente mayor contra la pieza para mantener la estabilidad de la antorcha, pero sin llegar a empujar la pieza. La tobera cerámica debe estar en constante contacto con la chapa para proporcionar un apoyo estable.
- **Movimiento controlado.** En lugar de un movimiento amplio, utiliza un movimiento controlado. Esto ayuda a asegurar que el material fundido se mantenga en su lugar y que el cordón sea uniforme.

4. Aporte de la varilla

El aporte de material en la posición bajo techo debe ser especialmente cuidadoso. La posición de la varilla y la coordinación con la antorcha son críticas para evitar que el material de aporte se desprenda o no se funda adecuadamente.

- **Inclinación de la varilla.** Mantén la varilla en un ángulo de 15 a 30 grados, con una ligera inclinación hacia la unión para que solo el extremo de la varilla entre en contacto con el baño de fusión. Esto minimiza el riesgo de que el calor afecte la mano que sostiene la varilla y asegura un control adecuado del aporte.
- **Sincronización.** Avanza la varilla en pequeños incrementos, asegurándote de que el material se funda completamente antes de avanzar más. La varilla debe estar siempre dentro del campo de protección del gas para evitar la oxidación.

5. Realización del *hot pass*

Una vez que hayas completado el primer cordón, realiza un segundo cordón o *hot pass*, como lo llaman los norteamericanos. Este segundo cordón sirve para reforzar la soldadura y asegurar una penetración completa y uniforme.

- **Propósito del *hot pass*.** El *hot pass* ayuda a eliminar cualquier irregularidad en el primer cordón y asegura una fusión completa en la raíz de la soldadura, mejorando la resistencia y la durabilidad de la unión.
- **Aplicación.** Al aplicarlo, mantén los mismos parámetros de la primera pasada, pero asegúrate de que el nuevo cordón cubra completamente el anterior, fusionándose con él de manera uniforme.

Este ejercicio es desafiante y requiere una gran concentración y control. Con paciencia y práctica, podrás dominar la soldadura en posición bajo techo, lo que te permitirá enfrentar con confianza cualquier prueba de homologación de soldador en esta posición. ¡Ánimo y adelante!

El rol del inspector de construcciones soldadas (ICS) en la soldadura TIG

Protocolo de inspección del ICS en la soldadura de un ángulo con TIG

Cuando se realiza una soldadura en ángulo utilizando el proceso TIG (Tungsten Inert Gas), el ICS sigue un protocolo similar al de la soldadura con electrodos revestidos, pero con algunas particularidades debido a la naturaleza del proceso TIG.

1. Inspección visual

El ICS comienza con una inspección visual de la soldadura, buscando defectos superficiales como grietas, porosidad, mordeduras o exceso de material. Dado que el proceso TIG produce soldaduras de alta calidad con un acabado superficial liso, cualquier irregularidad, por mínima que sea, puede ser un indicativo de problemas. La soldadura debe ser uniforme, con un perfil plano o ligeramente convexo y sin discontinuidades.

2. Medición de dimensiones

Se mide la longitud, el ancho y la altura del cordón de soldadura para asegurarse de que cumplen con las especificaciones del procedimiento de soldadura. En el proceso TIG, es especialmente importante verificar que el cordón no tenga un exceso de material ni socavados (mordeduras), ya que estos son defectos comunes en este tipo de soldadura si no se controla adecuadamente el arco y el aporte de material.

3. Evaluación según la norma ISO 5817

La soldadura es evaluada basándonos en criterios específicos de la norma ISO 5817, que clasifica los defectos de soldadura en tres niveles de calidad: B (calidad alta), C (calidad media) y D (calidad baja). Para la homologación, generalmente se requiere alcanzar al menos el nivel C. En el caso de la soldadura TIG, el nivel de calidad suele ser más exigente debido a la precisión del proceso.

Protocolo de inspección visual

- **Defectos superficiales.** No se permiten grietas ni inclusiones de escoria visibles. La porosidad debe ser mínima y dispersa. En el proceso TIG, cualquier pequeña inclusión o poro se detecta fácilmente debido a la claridad del cordón.

- **Perfil del cordón.** Debe ser uniforme, sin socavados ni excesos de material. La fusión debe ser completa, y el baño de fusión debe haberse extendido adecuadamente en la unión, sin dejar zonas por fusionar.

Protocolo de ensayo destructivo

Fractura del cupón de prueba

El ICS debe revisar que la penetración del cordón haya alcanzado la profundidad adecuada dentro de la unión, lo cual es crítico en soldaduras de responsabilidad. Para verificar esto, se realiza una fractura del cupón de examen.

- **Eliminación de puntos de sujeción.** Primero, se eliminan los puntos con radial y disco de corte.

- **Corte del cordón de raíz.** Para este caso, dado el escaso volumen del cordón, no es necesario rebajarlo para lograr la fractura fácilmente.

- **Rotura del cupón.** Se introduce el cupón en una prensa o un tornillo de banco, asegurando que esté bien sujeto. Se aplica fuerza en los extremos del ángulo para cerrar la soldadura y partirla, permitiendo que el ICS observe la penetración en el interior.

- **Evaluación de la penetración.** El ICS observará el canto de la pieza superior para medir la profundidad de penetración, que debe ser suficiente para asegurar una unión sólida y duradera, se recomienda no menos de 1 mm.

Medición de la penetración

La medida debe hacerse con un calibre (pie de rey) si es posible. Si la penetración es insuficiente, se deberá repetir el proceso ajustando los parámetros de soldadura, como la intensidad del arco y la velocidad de avance, hasta lograr una penetración adecuada.

Consideraciones finales

- **Paradas y empalmes.** En un examen de homologación, se exige que haya al menos una parada con empalme en cada cordón. Los empalmes no deben coincidir en la misma zona, ya que son puntos críticos donde pueden aparecer defectos como falta de fusión o porosidad.

… ¿No está claro? Perdona, ahora voy a explicarlo sin tecnicismos con el fin de que puedas empezar a relacionar los términos técnicos con otros más coloquiales.

Inspección del ICS en la soldadura de un ángulo con TIG

Cuando haces una soldadura en ángulo usando el proceso TIG, un inspector, conocido como ICS (Inspector de Construcciones Soldadas), tiene que revisar tu trabajo para asegurarse de que todo está bien hecho. Este proceso es similar al que se usa con otros tipos de soldadura, pero el TIG tiene sus propias particularidades.

1. Echando un vistazo inicial

El primer paso del inspector es mirar tu soldadura de cerca. Está buscando cosas como grietas, agujeritos (poros), partes donde falte material (socavados) y cordones que estén demasiado altos. Con TIG, las soldaduras suelen quedar muy limpias y lisas, así que cualquier defecto, aunque sea pequeñito, se nota bastante. Tu soldadura debe verse bien y sin interrupciones.

2. Midiendo para asegurarse

Después, el inspector mide tu soldadura para ver si tiene el tamaño correcto. Esto incluye la longitud, el ancho y la altura del cordón. Es importante que el cordón no sea demasiado alto ni tenga partes donde falte material (socavados), ya que estos problemas pueden pasar en TIG si no controlas bien el arco y el material que estás añadiendo.

3. Comparando con una norma

El inspector también compara tu soldadura con una norma, llamada ISO 5817, que clasifica las soldaduras en tres niveles de calidad: B (la mejor calidad), C (calidad media) y D (calidad baja). Para pasar el examen, normalmente necesitas al menos un nivel C. Como TIG es un proceso muy preciso, a veces se espera que la calidad sea aún mejor.

Revisando tu trabajo más de cerca.

- **Defectos visibles.** No puede haber grietas ni restos de material en tu soldadura. Los agujeritos deben ser pocos y pequeños. Como TIG deja soldaduras tan lisas, cualquier fallo se ve claramente.
- **Forma del cordón.** El cordón debe ser parejo, sin partes donde falte material ni partes que sobresalgan demasiado. La soldadura debe haber penetrado bien entre las piezas, sin dejar áreas sin soldar.

Rompiendo la soldadura para ver qué tal quedó

Fracturando la soldadura

Para asegurarse de que la soldadura es fuerte, el inspector puede hacer una prueba un poco más "agresiva", que es romper la soldadura para ver lo bien que se hizo.

- **Quitando las uniones temporales.** Primero, se eliminan las pequeñas uniones que se hicieron para sostener las piezas juntas con un disco de amolar.
- **Cortando la raíz del cordón.** Para TIG no es necesario eliminar parte del cordón, su pequeño tamaño hace que sea fácil romper el cupón.
- **Rompiendo el cupón.** El inspector coloca las piezas soldadas en una prensa o tornillo de banco y aplica fuerza para romper la soldadura. Esto permite ver si la soldadura realmente penetró bien en las piezas.
- **Mirando la profundidad.** El inspector mira la parte rota para medir qué tan profundo llegó la soldadura. Esto es clave para asegurarse de que la unión es fuerte y duradera.

Midiendo la profundidad

El inspector mide la profundidad de la soldadura con un calibre. Si la soldadura no penetró lo suficiente (menos de 1 mm) tendrás que repetir el proceso, ajustando cosas como la intensidad del arco y la velocidad de soldadura, hasta que logres la profundidad correcta.

Últimos detalles

- **Pausas y empalmes.** Durante un examen de soldadura, se espera que hagas al menos una pausa en cada cordón. Es importante que estas pausas no estén todas en el mismo lugar, porque eso podría crear puntos débiles donde podrían aparecer defectos, como falta de fusión o agujeritos (poros).

Si quieres practicar este ejercicio en un cupón tamaño homologación, las medidas mínimas (en milímetros) según UNE EN ISO 9606-1 son estas:

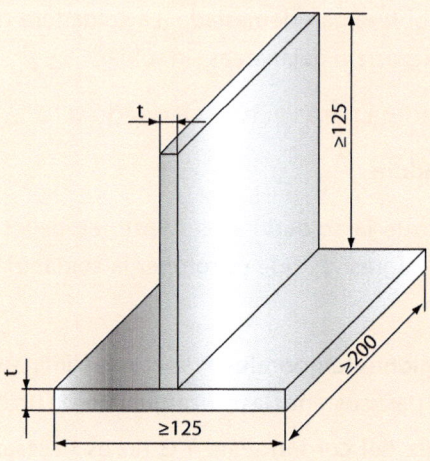

Fig. 2.13.

Práctica 5 — *Soldadura TIG en acero al carbono*

Pletinas achaflanadas en "V" posición horizontal PA (1G)

Material base	Pletina de acero al carbono de 150 x 35 x 8 mm, biselada a 35º sin talón, y con un entrehierro de 2,5 mm		
Electrodos a utilizar	A elegir según disponibilidad entre electrodo Ø 2,4 mm de torio (WTh20 Rojo), lantano (WLa 10/15 negro o dorado), cerio (WCe 20 gris) o tierras raras (E3 violeta).		
Tobera	N.º 5 o N.º 6 (diámetro de 8 y 10 mm respectivamente).	*Varilla*	Diámetro de 2,4 o 3,2 mm, tipo ER 70S-6.
N.º de cordones	Dos cordones utilizando la técnica *walking the cup* (primera capa "raíz" y segunda capa "*hot pass*")	*Intensidad*	90-120 A
Caudal de gas	8-10 litros por minuto (1 litro por cada milímetro de diámetro interior de la tobera).		
Longitud del tungsteno fuera de la tobera		3-4 mm	

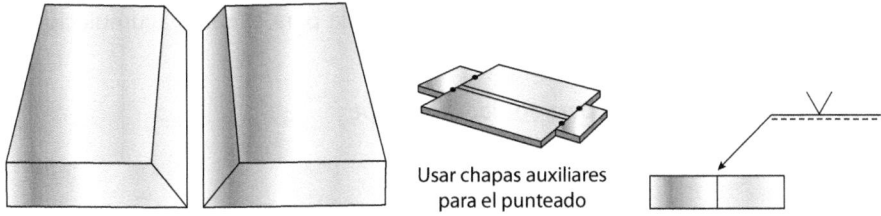

Usar chapas auxiliares
para el punteado

Fig. 2.14.

1. Preparación inicial: preparación de la pieza

- **Biselado.** Verifica que ambas pletinas estén biseladas a 35° sin talón. Esta geometría es esencial para garantizar una correcta penetración de la soldadura, sobre todo al realizar la capa de raíz. El entrehierro de 2,5 mm es crucial para permitir la correcta aplicación de la técnica *lay wire* en la primera pasada.

- **Limpieza.** Antes de soldar, limpia cuidadosamente las pletinas para eliminar cualquier óxido, grasa o impureza. Usa una radial con disco de lija o cepillo metálico para asegurar que la superficie esté completamente libre de contaminantes. Una superficie limpia es clave para evitar defectos en el cordón de soldadura, como porosidades o inclusiones.

- **Embridado.** Asegura las pletinas utilizando chapas auxiliares en los extremos y en el centro si es necesario. Esto ayudará a mantener las piezas en su lugar durante la soldadura y a evitar deformaciones causadas por el calor del proceso.

2. Colocación y seguridad

Posicionamiento del cupón

- Asegúrate de que el cupón esté bien fijado a la mesa de trabajo, y que el punto más alto de la unión se encuentre por debajo de la línea de tus ojos. Esto te permitirá tener una visión clara del baño de fusión sin perder de vista el tungsteno, lo cual es esencial para controlar la calidad del cordón. La parte trasera debe estar al aire, sin contacto con la mesa o soporte.

EPIs y seguridad

- Utiliza siempre los equipos de protección individual (EPI's) adecuados. careta de soldar con filtro adecuado, guantes de soldador, delantal y mangas protectoras. Recuerda que la seguridad es lo primero.

- Asegúrate de que la zona esté bien ventilada para evitar la acumulación de gases de soldadura.

3. Técnica *walking the cup* para soldadura a tope

Aplicación en la capa de raíz

- **Posicionamiento de la antorcha.** Coloca la antorcha en un ángulo de 70° a 80° con respecto a la unión, esto es, con el tungsteno ligeramente inclinado hacia adelante. La tobera cerámica debe estar en contacto tanto con la parte superior como con la inferior del bisel.
- **Movimiento *walking the cup*.** Aplica la técnica walking the cup con un movimiento lateral rítmico y constante. En este caso, es esencial que la antorcha avance a lo largo del bisel mientras mantienes una presión uniforme contra las paredes de la unión. Este movimiento lateral te permitirá controlar el avance de la tobera y mantener el tungsteno correctamente orientado hacia el baño de fusión.
- **Técnica *lay wire*.** En la capa de raíz, utiliza la técnica *lay wire* para aportar material. Coloca la varilla de aportación sobre el entrehierro (de igual o mayor diámetro que dicho entrehierro para que quede por encima de este) justo por delante del baño de fusión. El avance del baño derretirá la varilla a medida que avanza, permitiendo una penetración uniforme y evitando la formación de cavidades.

  Se espera que la raíz del cordón quede perfectamente limpia por la parte trasera de la unión, sin zonas hundidas ni falta de material, y con un ligero sobreespesor que garantice una fusión completa y uniforme.

Aplicación en la capa de hot pass

- **Propósito del *hot pass*.** Esta segunda capa tiene como objetivo reforzar la raíz y asegurar una penetración completa sin defectos. Este término, común en la jerga de la soldadura norteamericana, se refiere a la segunda pasada que sella y refuerza el cordón de raíz.
- **Movimiento *walking the cup*.** Al igual que en la capa de raíz, usa la técnica *walking the cup* para asegurar un avance uniforme y evitar defectos como mordeduras o falta de fusión.
- **Aporte de material.** Asegúrate de coordinar el movimiento de la varilla con el de la antorcha, aplicando la varilla justo al borde del baño de fusión para

evitar un aporte excesivo que podría enfriar el baño y comprometer la calidad de la soldadura.

4. Finalización y revisión

- **Enfriamiento controlado.** Permite que la pieza se enfríe de manera controlada para evitar tensiones residuales que puedan causar grietas en la soldadura.
- **Inspección visual.** Revisa el cordón para asegurarte de que no haya porosidades, grietas u otros defectos. Un buen cordón debe ser uniforme, sin mordeduras y con una penetración completa.

Consejos finales

- **Práctica y paciencia.** La clave para dominar la técnica *walking the cup* y la técnica *lay wire* es la práctica continua. No te desesperes si al principio no consigues los resultados esperados; con el tiempo y la práctica, tu destreza mejorará. Practica en seco hasta dominar el movimiento.
- **Atención al detalle.** Mantén siempre una postura cómoda y asegúrate de estar completamente concentrado en la tarea. La soldadura TIG requiere precisión y atención constante.

Si quieres practicar este ejercicio en un cupón tamaño homologación, las medidas mínimas (en milímetros) según UNE EN ISO 9606-1 son estas:

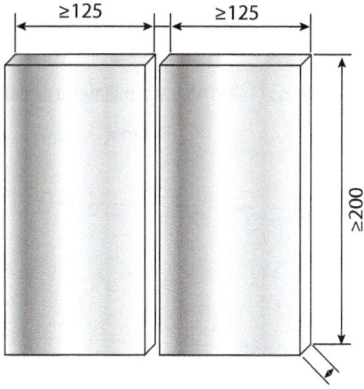

Fig. 2.15.

- **Recuerda.** Tienes que creer que puedes hacerlo, ¿recuerdas lo torpe que soy yo? Si he podido hacerlo, tú también puedes, en cada intento estás demostrando lo mejor de ti mismo.

"El agua horada la piedra, no por su fuerza, sino por su constancia". (Proverbio latino)

Práctica 5

 Facultad de Soldadura

Práctica 6	Soldadura TIG en acero al carbono

Soldadura "a tope" de dos pletinas en posición cornisa PC (2G)

Material base	Pletina de acero al carbono de 150 x 35 x 8 mm, biselada a 35º sin talón, y con un entrehierro de 2,5 mm		
Electrodos a utilizar	A elegir según disponibilidad entre electrodo Ø 2,4 mm de torio (WTh20 Rojo), lantano (WLa 10/15 negro o dorado), cerio (WCe 20 gris) o tierras raras (E3 violeta).		
Tobera	N.º 5 o N.º 6 (diámetro de 8 y 10 mm respectivamente).	Varilla	Diámetro de 2,4 o 3,2 mm, tipo ER 70S-6.
N.º de cordones	Dos cordones utilizando la técnica *walking the cup* (primera capa "raíz" y segunda capa "*hot pass*")	Intensidad	90-120 A
Caudal de gas	8-10 litros por minuto (1 litro por cada milímetro de diámetro interior de la tobera).		
Longitud del tungsteno fuera de la tobera		3-4 mm	

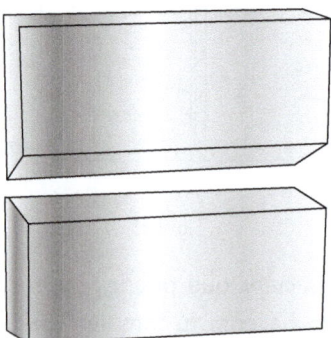

Fig. 2.16.

La soldadura en posición cornisa (PC) representa un reto mayor en comparación con la posición horizontal debido a la influencia de la gravedad, que tiende a hacer que el material fundido fluya hacia abajo. Por esta razón, es crucial ajustar adecuadamente los parámetros de soldadura y practicar las técnicas de *walking the cup* y *lay wire* en seco antes de proceder con la soldadura real.

En la posición cornisa, se espera que la raíz del cordón quede perfectamente limpia por la parte trasera de la unión, sin zonas hundidas ni falta de material, y con un ligero sobreespesor que garantice una fusión completa y uniforme.

1. Preparación de las piezas

Antes de comenzar, asegúrate de que las pletinas estén bien preparadas y sujetas firmemente en posición. Revisa que el bisel de 35° esté limpio y libre de óxidos o contaminantes. El entrehierro de 2,5 mm es fundamental para permitir la penetración adecuada del cordón de raíz, especialmente al utilizar la técnica *lay wire*, que consiste en mantener la varilla de aporte en contacto constante con el bisel mientras se ejecuta el cordón.

2. Técnica *walking the cup* en posición cornisa

En esta posición, la técnica *walking the cup* se adapta de la siguiente manera:

- **Practicar en seco.** Antes de iniciar la soldadura, es recomendable practicar el movimiento en seco. Esto te permitirá familiarizarte con la sensación del movimiento en esta posición específica, donde la gravedad afecta de manera diferente al baño de fusión y a la varilla de aporte.

- **Posicionamiento de la antorcha.** Mantén la antorcha en un ángulo de 45 grados respecto a las pletinas, asegurándote de que la tobera cerámica haga contacto constante con ambas superficies del bisel. Este contacto es clave para controlar el avance del cordón y asegurar una protección adecuada del gas.

- **Movimiento lateral.** Realiza el movimiento lateral de la antorcha con suavidad, sin presionar demasiado hacia abajo para evitar que el tungsteno se acerque excesivamente al baño de fusión. El avance de la antorcha debe ser lento y controlado, asegurando que el baño de fusión se mantenga uniforme a lo largo de la unión.

- **Coordinación con la varilla.** Al aplicar la técnica *lay wire*, la varilla debe mantenerse en contacto continuo con el bisel, mientras la antorcha avanza.

Esto ayuda a mantener un aporte constante de material sin necesidad de levantar la varilla del baño. La clave es sincronizar el movimiento de la antorcha con el avance de la varilla para evitar acumulaciones de material o falta de fusión.

3. Control del cordón de raíz

El objetivo principal en esta práctica es lograr un cordón de raíz limpio y bien formado en la parte trasera de la unión. La raíz debe mostrar una fusión completa, sin áreas hundidas ni falta de material. Un ligero sobreespesor es aceptable, siempre y cuando la superficie sea uniforme y sin defectos.

Durante la soldadura, presta atención a la velocidad de avance y la intensidad del arco para evitar que el material fundido fluya hacia abajo, lo que podría provocar defectos en el cordón de raíz.

4. Realización del *hot pass*

Después de completar el cordón de raíz, se procede a realizar un segundo cordón conocido como *hot pass*. Como ya sabemos, este término, utilizado comúnmente en la industria norteamericana, se refiere al cordón que se deposita sobre el cordón de raíz para reforzarlo y asegurar una unión sólida.

- **Hot pass.** El *hot pass* debe ejecutarse utilizando la técnica *walking the cup* de manera similar al cordón de raíz, pero con una intensidad de corriente ligeramente mayor. El objetivo es asegurar una buena fusión entre el cordón de raíz y el *hot pass*, eliminando cualquier imperfección que pudiera haberse producido en la primera pasada.

5. Ejercicio adicional con chapas de 3 mm

Una vez que hayas completado con éxito la soldadura en pletinas de 8 mm, te sugerimos realizar este mismo ejercicio utilizando chapas de 3 mm de espesor, biseladas a 35º y sin talón. La soldadura en materiales más delgados requerirá ajustes en los parámetros de soldadura, como una menor intensidad de corriente, y un mayor control en la técnica para evitar quemaduras o perforaciones en la pieza.

Este ejercicio te permitirá perfeccionar tu destreza en la soldadura TIG en posición cornisa y te preparará para enfrentar desafíos en espesores más delgados.

Práctica 7 — Soldadura TIG en acero al carbono

Soldadura "a tope" de dos pletinas en posición vertical ascendente PF (3G)

Material base	Pletina de acero al carbono de 150 x 35 x 8 mm, biselada a 35º sin talón, y con un entrehierro de 2,5 mm		
Electrodos a utilizar	A elegir según disponibilidad entre electrodo Ø 2,4 mm de torio (WTh20 Rojo), lantano (WLa 10/15 negro o dorado), cerio (WCe 20 gris) o tierras raras (E3 violeta).		
Tobera	N.º 5 o N.º 6 (diámetro de 8 y 10 mm respectivamente).	**Varilla**	Diámetro de 2,4 o 3,2 mm, tipo ER 70S-6.
N.º de cordones	Dos cordones utilizando la técnica *walking the cup* (primera capa "raíz" y segunda capa "*hot pass*")	**Intensidad**	90-120 A
Caudal de gas	8-10 litros por minuto (1 litro por cada milímetro de diámetro interior de la tobera).		
Longitud del tungsteno fuera de la tobera	3-4 mm		

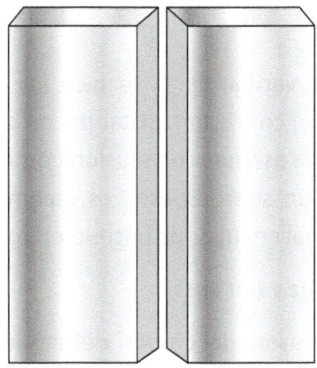

Fig. 2.17.

La soldadura en posición vertical ascendente (PF) es más desafiante debido a la fuerza de la gravedad, que actúa en contra del movimiento ascendente. Esta situación exige un control riguroso del baño de fusión y de la velocidad de avance para evitar problemas como el escurrimiento del metal fundido. Es recomendable que, antes de iniciar la soldadura, realices prácticas en seco de las técnicas *walking the cup* y *lay wire* en esta posición, para adaptarte a las condiciones específicas que impone la gravedad.

1. Técnica *walking the cup* en posición vertical ascendente

La técnica *walking the cup* en esta posición requiere un control mayor para contrarrestar la acción de la gravedad:

- **Movimiento ascendente controlado.** A diferencia de la posición cornisa, el movimiento debe ser más lento y controlado. Asegúrate de que el baño de fusión se mantenga en su lugar y no descienda. Mantén la antorcha en un ángulo ligeramente superior para dirigir el calor hacia la parte superior del baño. En caso de que observes que el baño comienza a descender o descolgarse, puedes reducir el ángulo de ataque de la antorcha. Esto ayudará a evitar que una parte mayor de la varilla se funda y se aporte al baño de manera excesiva, lo que podría generar un cordón con sobreespesor y contaminar la punta del tungsteno.
- **Avance ligeramente más lento y constante.** El avance debe ser metódico, asegurando que el material se deposite de manera uniforme. Mantén la varilla en contacto constante con el baño de fusión y avanza al ritmo adecuado para asegurar una fusión completa, evitando al mismo tiempo el exceso de material.
- **Coordinación con la varilla.** En la técnica *lay wire*, es fundamental que mantengas la varilla en contacto constante con el baño de fusión y avances al ritmo adecuado para asegurar una fusión completa. Para reducir el aporte de material y evitar un sobreespesor, es recomendable que la varilla sea introducida en diagonal en lugar de hacerlo en paralelo a la unión.

2. Control del cordón de raíz y *hot pass*

En esta posición, la parte trasera del cordón debe quedar igual que en los casos anteriores: limpia, con un ligero sobreespesor y sin zonas hundidas. El *hot pass* refuerza el cordón de raíz y debe realizarse con la misma precisión, asegurando que ambos cordones se integren perfectamente. La técnica *walking the cup* en el *hot pass* ayudará a eliminar cualquier defecto que pudiera haber quedado en la raíz y a asegurar la uniformidad del cordón.

3. Ejercicio adicional con chapas de 3 mm

Para un desafío adicional, puedes repetir este ejercicio utilizando chapas de 3 mm de espesor, biseladas a 35º y sin talón. Soldar en esta configuración requerirá un control más preciso del baño de fusión y de la velocidad de avance, especialmente al aplicar la técnica *lay wire* en materiales más delgados.

Protocolo de inspección del ICS en soldadura a tope con bisel en "V" de acero al carbono de 8 mm con TIG

1. Inspección visual

La inspección visual inicial es similar a la de las soldaduras en ángulo, pero en las uniones a tope es fundamental revisar con especial atención los siguientes aspectos:

- **Perfil del cordón.** En una soldadura a tope con bisel, el cordón debe llenar completamente la unión sin dejar **grietas en la raíz**. Se busca una **fusión completa** y uniforme a lo largo del bisel, sin dejar huecos o falta de penetración en la raíz. El cordón debe ser **uniforme y tener un perfil ligeramente convexo**.

- **Penetración.** La penetración es más crítica en este tipo de uniones, ya que asegura la **resistencia estructural**. A simple vista, el ICS revisará si la soldadura muestra señales de **insuficiente fusión** o **falta de penetración**, lo que podría manifestarse como un **perfil irregular** en el cordón.

- **Fusión de los bordes del bisel.** Es importante que la soldadura se extienda por todo el biselado sin dejar zonas sin fundir, particularmente en la raíz. Cualquier defecto de este tipo comprometería la integridad de la unión.

2. Medición de dimensiones y geometría

Para las uniones a tope con bisel en "V", las mediciones de la soldadura serán clave para garantizar que se ha logrado una **penetración adecuada** y que el cordón cumple con las especificaciones del procedimiento.

- **Dimensiones del cordón de soldadura.** El ICS medirá la **altura**, el **ancho** y la **longitud del cordón** para asegurarse de que están dentro de los parámetros especificados por el WPS. Un cordón con un exceso de refuerzo en una unión a tope puede generar tensiones adicionales en la estructura, por lo que se debe controlar rigurosamente.

- **Medición de la penetración en el cordón de raíz.** Se verificará que la penetración mínima esté dentro del rango especificado (generalmente entre 0,5 y 2 mm). Cualquier penetración insuficiente podría comprometer la calidad de la unión.

3. Evaluación según la norma ISO 5817

Igual que en las soldaduras en ángulo, la soldadura será evaluada según los criterios de la **norma ISO 5817**, con el objetivo de alcanzar al menos el **nivel de calidad C**.

Sin embargo, en las uniones a tope, la **falta de penetración** y los **socavados en los bordes del bisel** son defectos que tienen mayor peso en la evaluación, ya que pueden afectar directamente la integridad estructural de la unión.

Protocolo de ensayo destructivos y no destructivos

1. Ensayo radiográfico

En un **ensayo radiográfico** para un cupón biselado a tope soldado con TIG en acero al carbono, se realiza lo siguiente.

1. **Preparación.** Se limpia el cupón para evitar interferencias en la imagen y se coloca en posición adecuada junto a una película radiográfica o un detector digital.

2. **Exposición a radiación.** Se utiliza una fuente de rayos X o rayos gamma para emitir radiación que atraviesa la soldadura y proyecta su imagen en la película o detector.

3. **Revelado o captura de imagen.** La película se revela químicamente o el detector digital registra la imagen radiográfica de la soldadura.

4. **Inspección de la imagen.** Se analiza la radiografía para identificar defectos internos como porosidad, grietas, inclusiones o falta de fusión. La evaluación se realiza según los estándares aplicables.

Este ensayo permite una inspección no destructiva de alta precisión para verificar la calidad interna de la soldadura.

2. Fractura del cupón de prueba

Para verificar la **penetración y fusión** interna de la soldadura, el ICS puede realizar una prueba destructiva sobre el cupón de examen. El proceso de fractura presenta algunas diferencias clave que deben considerarse en uniones a tope. **La fractura suele ser reemplazada en estos casos por un ensayo macrográfico y micrográfico.** En la soldadura de un cupón biselado a tope con TIG en acero al carbono, la macrografía se aplica de la siguiente manera para inspeccionar y homologar.

1. **Preparación de la muestra.** Se corta una sección transversal del cupón soldado para exponer la unión soldada.

2. **Pulido de la superficie.** La superficie del corte se pule hasta obtener un acabado liso y libre de rayaduras para observar detalles con claridad.

3. **Ataque químico.** Se aplica un reactivo químico (como ácido nítrico diluido en alcohol) para revelar la estructura y las características de la soldadura.

4. **Inspección visual.** La unión se examina a simple vista o con ayuda de una lupa para verificar.

   - La fusión adecuada de la raíz y los bordes.
   - La uniformidad de los cordones.
   - La ausencia de defectos internos como porosidad, grietas o inclusiones.

Este análisis macroscópico es clave para determinar si el soldador o el procedimiento cumple con los requisitos de calidad según la norma aplicable. Este ensayo puede ir acompañado de otros como el de doblado.

Un ensayo micrográfico para inspeccionar el mismo caso se realizaría así.

1. **Corte y extracción.** Se corta una sección representativa del cupón en la zona soldada, asegurándose de incluir el metal base, la zona afectada térmicamente (ZAT) y el metal de aporte.

2. **Pulido.** Se lija progresivamente la muestra con papel abrasivo de granulometrías decrecientes (hasta 1.200 o superior) y se pule con pasta abrasiva fina para lograr una superficie completamente lisa y libre de rayas.

3. **Ataque químico.** La superficie se trata con un reactivo adecuado (por ejemplo, Nital 2-5 % para acero al carbono), que resalta las microestructuras diferenciando el metal base, la ZAT y el metal de soldadura.

4. **Observación.** La muestra se observa bajo un microscopio metalográfico (50x–500x), identificando características como el tamaño de grano, defectos (fisuras, porosidades) y la distribución de las microestructuras (ferrita, perlita o bainita).

5. **Evaluación.** Se documentan las observaciones, verificando que las características cumplen con los criterios establecidos en la norma aplicable (por ejemplo, AWS D1.1, ISO 9606).

El objetivo es garantizar que el proceso de soldadura haya generado una unión con microestructuras adecuadas y sin defectos críticos para el servicio previsto.

3. Ensayo de doblado

En el ensayo de doblado para un cupón biselado a tope soldado con TIG en acero al carbono, se realiza lo siguiente:

1. **Preparación de la probeta.** Se corta una sección del cupón soldado, normalmente rectangular, incluyendo la zona de soldadura y material base.

2. **Colocación en la máquina de ensayo.** La probeta se coloca en una máquina de doblado con los rodillos o mandril adecuados.

3. **Aplicación del doblado.** Se dobla la probeta a un ángulo especificado (generalmente 180°) con el cordón de soldadura en la cara interior (doblado raíz) o exterior (doblado cara).

4. **Evaluación.** Se inspecciona la superficie doblada para detectar defectos como grietas, fisuras o separaciones que indiquen una soldadura defectuosa. La norma define los criterios de aceptación, como la longitud o profundidad máxima de los defectos.

Este ensayo evalúa la ductilidad y la calidad de la soldadura bajo deformación.

Consideraciones finales

- **Empalmes y paradas.** En las soldaduras a tope, es esencial que los empalmes de cordón estén bien ejecutados, especialmente en la raíz. Cualquier defecto en los empalmes puede dar como resultado falta de fusión, lo cual es más crítico en este tipo de uniones que en las soldaduras en ángulo.

- **Evaluación de la continuidad del cordón.** El ICS debe revisar que no haya interrupciones significativas en la continuidad del cordón. La unión debe ser uniforme en toda su longitud, sin fluctuaciones en la altura o el ancho del cordón que puedan afectar su resistencia.

Este protocolo se enfoca en las especificidades de las uniones a tope con bisel de 8 mm, particularmente en la importancia de la penetración y fusión completa en la raíz. Si bien comparte algunos pasos con las uniones en ángulo, la **naturaleza crítica de la penetración** y la evaluación de la **continuidad del cordón** hacen que este tipo de unión requiera una inspección más rigurosa.

Disculpa… otra vez demasiados tecnicismos. Déjame intentarlo de nuevo de forma más sencilla.

Inspección visual

1. **Revisar el cordón de soldadura.** El cordón debe llenar toda la unión sin dejar huecos ni grietas en la raíz (la parte más profunda). Debe ser uniforme, con una ligera curvatura hacia afuera.

2. **Penetración.** Es muy importante que la soldadura penetre bien en la raíz para que sea fuerte. Si no, podría verse irregular o con zonas sin unir.

3. **Fusión.** Toda la superficie biselada debe estar bien unida, sin partes "sin soldar". Esto asegura que la unión sea sólida.

Medición de dimensiones y forma

1. **Tamaño del cordón.** Se mide la altura, ancho y largo del cordón para comprobar que cumple con las reglas del procedimiento. Un cordón demasiado grande o pequeño puede causar problemas.

2. **Penetración en la raíz.** Se verifica que el cordón haya penetrado lo suficiente (normalmente entre 0,5 y 2 mm). Una penetración insuficiente puede debilitar la soldadura.

Evaluación según normas

- La soldadura debe cumplir con los estándares de calidad establecidos (ISO 5817). Es importante evitar problemas como falta de penetración o bordes mal soldados, ya que afecta la resistencia de la unión.

Ensayos no destructivos y destructivos

Radiografía

- Se toma una radiografía de la soldadura usando rayos X o gamma para detectar defectos internos como huecos, grietas o falta de unión, sin dañar la pieza.

Fractura o macrografía

1. Se corta una sección del material soldado.

2. Se pule hasta dejarla lisa y se aplica un líquido químico para resaltar los detalles.

3. Se examina para comprobar que la raíz y los bordes están bien soldados y no hay defectos internos.

Micrografía

- Similar a la macrografía, pero se usa un microscopio para ver detalles muy pequeños como el tamaño del grano o la estructura interna. Esto asegura que todo esté bien unido a nivel microscópico.

Ensayo de doblado

1. Se corta una muestra de la soldadura y se dobla hasta formar un arco o incluso un ángulo cerrado.

2. Si aparecen grietas o fisuras, significa que la soldadura no es lo suficientemente fuerte.

Consideraciones finales

– Es esencial que los empalmes entre cordones estén bien hechos, especialmente en la raíz. Cualquier defecto aquí puede debilitar la unión.

– La soldadura debe ser uniforme, sin cambios bruscos en su forma, para evitar puntos débiles.

Si quieres practicar este ejercicio en un cupón tamaño homologación, las medidas mínimas (en milímetros) según UNE EN ISO 9606-1 son estas:

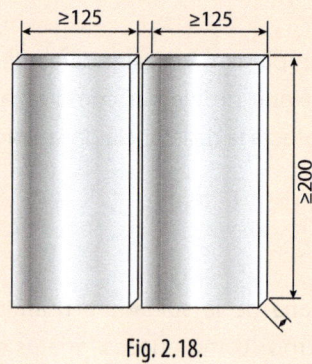

Fig. 2.18.

Práctica 8	*Soldadura TIG en acero al carbono*	
Chapas a tope posición horizontal PA (1G)		
Material base	Pletina de acero al carbono de 100 x 35 x 1,5 mm	
Electrodos a utilizar	A elegir según disponibilidad entre electrodo Ø 2,4 mm de torio (WTh20 Rojo), lantano (WLa 10/15 negro o dorado), cerio (WCe 20 gris) o tierras raras (E3 violeta).	
Tobera	N.º 5 o N.º 6 (diámetro de 8 y 10 mm respectivamente).	*Varilla* — Diámetro de 1,6 o 2 mm, tipo ER 70S-6.
N.º de cordones	Un cordón	*Intensidad* — 50-70 A
Caudal de gas	8-10 litros por minuto (1 litro por cada milímetro de diámetro interior de la tobera).	
Longitud del tungsteno fuera de la tobera	3-4 mm	

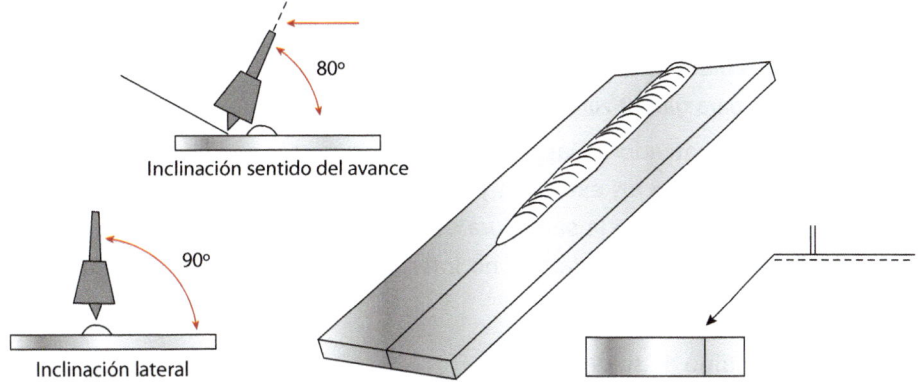

Fig. 2.19.

Paso a paso: procedimiento de soldadura TIG para chapas de 1,5 mm en posición horizontal

1. Preparación del área de trabajo

- Asegúrate de que tu área de trabajo esté limpia y organizada, con suficiente espacio para maniobrar durante la soldadura. Es importante que no haya contaminantes que puedan afectar la calidad del trabajo.

2. Limpieza de las superficies a soldar

- Limpia bien las superficies de las pletinas con un paño limpio para eliminar el polvo y la suciedad. Si es necesario, usa un desengrasante para eliminar cualquier residuo de aceite o grasa.
- También puedes lijar los bordes de las chapas (un área de 1 cm aproximadamente) para eliminar cualquier óxido o impureza y asegurar una soldadura de calidad.

3. Selección y preparación del electrodo

- Elige el electrodo adecuado según la disponibilidad, ya sea torio, lantano, cerio o tierras raras.
- Asegúrate de que el electrodo esté afilado con una punta cónica y que la longitud del tungsteno fuera de la tobera sea de 3-4 mm. Esto es clave para mantener un arco estable y concentrado.

4. Posicionamiento de las chapas y protocolo de punteado

- Coloca las pletinas en la posición horizontal adecuada. Alinea las chapas con precisión para garantizar una soldadura uniforme.

- Realiza un punteado de las chapas en varios puntos a lo largo de la unión, especialmente en los extremos y en el centro. Esto evitará que las chapas se deformen durante la soldadura debido a la acción del calor. Los puntos deben ser pequeños para que no interfieran con el avance del cordón de soldadura.

5. Ajuste del equipo de soldadura

- Configura la máquina de soldar TIG con los siguientes parámetros:
  - **Pre-gas.** Configura una rampa de pre-gas de 1 segundo. Esto asegurará que la zona de soldadura esté purgada antes de que se encienda el tungsteno.
  - **Rampa de corriente inicial.** Configura una rampa de 30 % a 100 % de la corriente seleccionada en 3 segundos. Esto reducirá la posibilidad de perforar la chapa al inicio de la soldadura.
  - **Rampa de corriente final.** Configura una rampa de descenso de 100 % a 30 % en 3 segundos. Esto controlará la disipación del calor al finalizar la soldadura.
  - **Post-gas.** Configura una rampa de post-gas de 10 segundos para proteger el tungsteno del aire mientras se enfría y evitar la oxidación.

- Selecciona el modo 4 tiempos en la máquina de soldar, lo que permitirá un mejor control del proceso.

6. Soldadura con la pistola al aire (sin *walking the cup*)

- Posiciona la antorcha en el inicio de la unión, a aproximadamente 1 cm del borde.

- Inicia la soldadura manteniendo la punta del tungsteno a unos 2-3 mm de la chapa, con un ángulo de inclinación de 10-15 grados en la dirección de avance.

- Avanza lentamente, manteniendo el baño de fusión controlado. En este caso, la varilla de aportación puede mantenerse al aire, asegurándote de acercar siempre el extremo de la varilla al borde del baño de fusión para evitar un enfriamiento brusco.

7. Soldadura con apoyo de la varilla

- Si decides descansar la varilla sobre la unión, mantenla en un ángulo de 15-30 grados respecto a la pieza.

- Avanza la varilla conforme el baño de fusión se desplaza, asegurándote de que solo el extremo de la varilla toque el borde del baño. Esto permite un aporte controlado de material sin sobrecargar el baño.

8. Ejecución de la soldadura con walking the up

- **Inicio del arco**
  - Comienza posicionando la antorcha a unos 2-3 mm de la chapa, con un ángulo de inclinación de 10-15 grados en la dirección de avance. Inicia el arco como se explicó anteriormente, asegurándote de que la rampa de corriente inicial esté activa para un arranque suave.

- **Preparación para *walking the cup***
  - Asegúrate de que la tobera cerámica esté limpia y en buen estado. Cualquier imperfección en la cerámica puede causar fricción irregular y dificultar el movimiento.
  - Coloca la antorcha de manera que la copa cerámica esté en contacto con la superficie lisa de la chapa. La clave aquí es mantener una presión ligera pero constante sobre la superficie, sin forzarla.

- **Movimiento controlado**
  - Truco para evitar resbalones o bloqueos. Imagina que la tobera es un vehículo que se mueve sobre una carretera. Si empujas demasiado, podrías perder tracción y "resbalar"; si aplicas demasiada presión, el vehículo se detendrá. Encuentra un punto medio donde sientas que la tobera tiene un contacto firme, pero sin presionar demasiado.
  - Realiza un movimiento oscilante, balanceando la copa cerámica de un lado a otro, mientras avanzas lentamente a lo largo de la junta. Mantén el movimiento constante y no te apresures. Si sientes que la tobera se resbala, reduce ligeramente la presión hacia abajo. Si sientes que se está "pegando" a la chapa, afloja un poco la presión o ajusta el ángulo de la antorcha.
  - Consejo. Practica este movimiento antes de encender el arco para familiarizarte con la sensación de caminar la copa sobre una superficie

plana. Esto te ayudará a desarrollar un control más fino cuando estés soldando de verdad.

- *Walking the cup* **sobre el cordón**
  - A medida que avances, la copa cerámica deberá caminar sobre el cordón que estás creando. Esto puede sentirse diferente a lo que has experimentado en otras posiciones, ya que ahora estarás en contacto directo con el cordón en lugar de una superficie lisa.
  - Truco para evitar la ansiedad. Visualiza la antorcha como si estuviera "pisando" suavemente el cordón, no empujándola. Si mantienes la presión constante y el movimiento fluido, la tobera caminará sobre el cordón sin problemas. Si te sientes inseguro, ralentiza el movimiento y enfócate en mantener un ritmo constante.
- **Superación de dificultades comunes**
  - Resbalones. Si sientes que la antorcha está resbalando sobre el cordón, prueba a reducir la inclinación de la antorcha ligeramente, para que el contacto sea más firme.
  - Bloqueos. Si la tobera se detiene o no avanza como debería, es posible que estés aplicando demasiada presión hacia abajo. Relaja un poco la presión y enfócate en un movimiento más fluido y controlado.

9. Finalización del cordón

- Al acercarte al final de la unión, disminuye ligeramente la velocidad de avance y recuerda mantener el mismo movimiento oscilante para asegurar una soldadura uniforme hasta el final. Activa la rampa de corriente de descenso manteniendo pulsado el gatillo cuando estés a 1 cm del borde final.
- Completa el cordón con un movimiento controlado y permite que la rampa de post-gas proteja el tungsteno mientras se enfría.

10. Inspección visual

- Tras completar la soldadura, inspecciona visualmente el cordón para asegurarte de que no haya defectos visibles como socavados, porosidad o falta de fusión.
- Asegúrate de que la raíz del cordón, por la parte trasera, quede limpia, sin zonas hundidas y con un ligero sobreespesor.

Si quieres practicar este ejercicio en un cupón tamaño homologación, las medidas mínimas (en milímetros) según UNE EN ISO 9606-1 son estas:

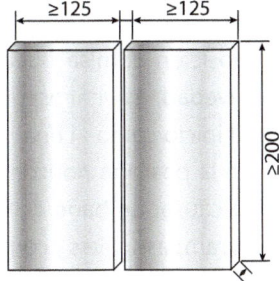

Fig. 2.20.

> *"La flecha que da en el blanco es el resultado de cien que fallaron". (Proverbio africano)*

Práctica 9	Soldadura TIG en acero al carbono		
Chapas a tope posición cornisa PC (2G)			
Material base	Pletina de acero al carbono de 100 x 35 x 1,5 mm		
Electrodos a utilizar	A elegir según disponibilidad entre electrodo Ø 2,4 mm de torio (WTh20 Rojo), lantano (WLa 10/15 negro o dorado), cerio (WCe 20 gris) o tierras raras (E3 violeta).		
Tobera	N.º 5 o N.º 6 (diámetro de 8 y 10 mm respectivamente).	*Varilla*	Diámetro de 1,6 o 2 mm, tipo ER 70S-6.
N.º de cordones	Un cordón	*Intensidad*	50-70 A
Caudal de gas	8-10 litros por minuto (1 litro por cada milímetro de diámetro interior de la tobera).		
Longitud del tungsteno fuera de la tobera		3-4 mm	

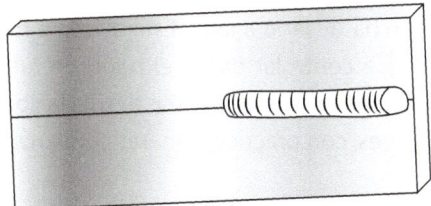

Fig. 2.21.

Al pasar de la soldadura en posición horizontal a la posición cornisa, el cambio más significativo radica en cómo la gravedad afecta el baño de fusión. En esta posición, la soldadura tiende a fluir hacia abajo debido a la fuerza de la gravedad, lo que puede causar dificultades en el control del baño y en la uniformidad del cordón.

Ajuste del equipo

- **Intensidad y ajustes de rampa.** Dado que la posición cornisa puede ser más susceptible a la formación de gotas y la gravedad, es vital asegurarse de que los ajustes de rampa de corriente (tanto al inicio como al final) estén bien configurados. Esto es aún más crítico que en la posición horizontal, ya que un aumento repentino en la corriente podría causar un baño de fusión demasiado grande y difícil de controlar. Mantén las rampas suaves y comienza con el extremo inferior del rango de intensidad recomendado, aumentando solo si es necesario.

Técnica de soldadura

- **Purgas de gas y pre/post flujo.** Debido a la orientación de la pieza, asegúrate de que la purga de gas sea suficiente para proteger la zona de soldadura de la contaminación atmosférica, especialmente en la parte inferior de la unión, que puede ser más difícil de alcanzar con el gas protector. Configura la rampa de pre-gas a 1 segundo para garantizar que la zona esté completamente purgada antes de iniciar la soldadura. El post-flujo de 10 segundos sigue siendo fundamental para proteger el tungsteno mientras se enfría.

- **Control del baño de fusión y movimiento de la pistola**

  - **Sin técnica *walking the cup*.** Mueve la antorcha de manera suave y constante, asegurándote de no permitir que el baño de fusión se vuelva demasiado grande.

  - **Con técnica *walking the cup*.** En la posición cornisa, realizar la técnica *walking the cup* puede ser más difícil debido a la tendencia de la copa cerámica a deslizarse o "caminar" de manera desigual sobre la superficie lisa. Para superar esto, mantén una ligera presión hacia abajo mientras mueves la antorcha de lado a lado. Esto ayuda a mantener la estabilidad de la antorcha y a controlar mejor el baño de fusión. Es normal que al principio sientas que la antorcha no se desplaza con la misma fluidez que en otras posiciones; con práctica, ganarás confianza en este movimiento.

- **Aporte de varilla**

  - **Varilla al aire.** Si decides mantener la varilla al aire, asegúrate de introducirla suavemente en el borde del baño de fusión, evitando tocar el centro para no enfriar demasiado la zona. Mantén un control constante sobre la cantidad de material que se aporta, y realiza pequeños ajustes en la inclinación de la varilla si observas que el baño de fusión empieza a desbordarse o descender.

- **Varilla descansando en la unión.** Alternativamente, puedes descansar la varilla en la unión y aproximarla lentamente al borde del baño de fusión. Esta técnica puede ofrecerte un control más preciso en la cantidad de material que aportas, y es especialmente útil en la posición cornisa, donde la gravedad puede hacer que el baño de fusión se expanda más rápidamente.

Finalización de la soldadura

- **Rampa de descenso.** Al acercarte al final de la unión, asegúrate de iniciar la rampa de descenso (3 segundos) al menos 1 cm antes del borde final para evitar perforaciones o acumulaciones excesivas de material. Mantén el control sobre la antorcha y la varilla durante este proceso, asegurándote de que la soldadura finalice de manera limpia y sin defectos.

Práctica 10	Soldadura TIG en acero al carbono		
Chapas a tope posición vertical ascendente PF (3G)			
Material base	Pletina de acero al carbono de 100 x 35 x 1,5 mm		
Electrodos a utilizar	A elegir según disponibilidad entre electrodo Ø 2,4 mm de torio (WTh20 Rojo), lantano (WLa 10/15 negro o dorado), cerio (WCe 20 gris) o tierras raras (E3 violeta).		
Tobera	N.º 5 o N.º 6 (diámetro de 8 y 10 mm respectivamente).	Varilla	Diámetro de 1,6 o 2 mm, tipo ER 70S-6.
N.º de cordones	Un cordón	Intensidad	50-70 A
Caudal de gas	8-10 litros por minuto (1 litro por cada milímetro de diámetro interior de la tobera).		
Longitud del tungsteno fuera de la tobera	3-4 mm		

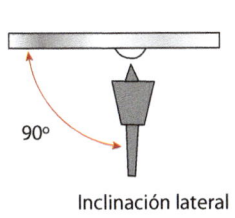

90°

Inclinación lateral

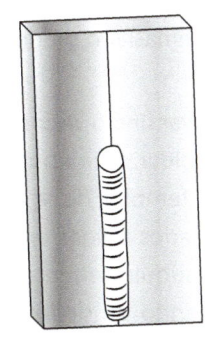

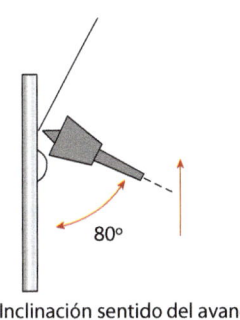

80°

Inclinación sentido del avance

Fig. 2.22.

En esta práctica, la soldadura en posición vertical ascendente presenta un desafío adicional debido a la influencia de la gravedad, que actúa en sentido opuesto al avance de la soldadura. Esto requiere un control más fino del baño de fusión y de la técnica de aporte de material para evitar defectos como descuelgues o falta de fusión.

Ajuste del equipo

- **Intensidad y ajustes de rampa.** Es fundamental que los ajustes de rampa de corriente estén optimizados para este tipo de soldadura. En el arranque, comienza con una rampa suave (subiendo del 30 % al 100 % en 3 segundos) para evitar un baño de fusión demasiado grande que podría ser difícil de manejar en esta posición. A la hora de finalizar, aplica una rampa de descenso similar (del 100 % al 30 % en 3 segundos) para asegurar un cierre limpio de la soldadura.

- **Rampa de pre-gas y post-gas.** Configura la rampa de pre-gas a 1 segundo para asegurar que el área esté completamente purgada antes de iniciar. El post-flujo de 10 segundos sigue siendo esencial para proteger el tungsteno mientras se enfría, evitando la oxidación y asegurando un tungsteno limpio para futuros trabajos.

Técnica de soldadura

- **Control del baño de fusión y movimiento de la pistola**
  - **Sin técnica *walking the cup*.** En la posición vertical ascendente, sin la técnica *walking the cup*, es importantísimo mantener la antorcha con un ángulo mínimo hacia la parte superior del baño de fusión para no perder de vista el tungsteno. El avance debe ser cuidadoso, evitando que el baño de fusión se haga demasiado grande y comience a fluir de manera incontrolada.

    Una estrategia útil es apoyar uno o varios dedos de la mano que sostiene la pistola en la pieza a soldar. Este apoyo te proporcionará una mayor estabilidad y reducirá el temblor de la mano. Para evitar quemaduras, puedes usar fundas de dedos tejidas en tela ignífuga, conocidas como "*Fingers ™*", que puedes adquirir en Internet. Alternativamente, puedes fabricar una funda utilizando un dedo de un guante de soldadura de electrodo, rellenándolo con tela resistente al calor.

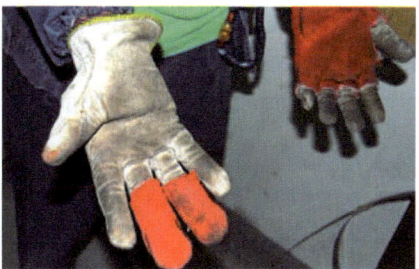

Fig. 2.23

- **Con técnica *walking the cup*.** Aplicar la técnica en esta posición puede resultar un poco más complicado debido a la necesidad de mantener un control estricto sobre la dirección del baño de fusión. Experimenta con diferentes posiciones de la pistola, incluso invirtiéndola y posicionando el mango hacia arriba. Esta inversión puede proporcionar una sensación de que la cerámica "pesa más", lo que podría facilitar la técnica *walking the cup*, haciéndola parecer menos desafiante.

Mantén una presión constante y moderada hacia adelante, combinada con un movimiento lateral suave y controlado. Este enfoque evitará que el baño de fusión se deslice hacia abajo, manteniendo un cordón uniforme. Si el baño comienza a descolgarse, reduce el ángulo de ataque de la antorcha, lo que también limitará la cantidad de material fundido que se deposita, evitando así sobre espesores y la contaminación del tungsteno.

- **Aporte de varilla.** Ya sea que mantengas la varilla al aire o descansando sobre la unión, introduce siempre el material en el borde del baño de fusión, nunca en el centro, para evitar un exceso de aporte y el enfriamiento indeseado del baño. En la posición vertical ascendente, es recomendable inclinar la varilla en un ángulo diagonal para reducir la cantidad de material aportado y mantener el control del baño de fusión. Si observas que la varilla se funde demasiado rápido, que se forma una gota grande en su extremo, o que se genera un exceso de material, ajusta la inclinación para limitar la cantidad de varilla que aportamos al baño.

- **Rampa de descenso y efecto "cola de ratón".** Al acercarte al final de la unión, asegúrate de iniciar la rampa de descenso justo cuando alcances el extremo final de la soldadura. Luego, retrocede unos 10 milímetros en sentido contrario mientras la corriente disminuye. Este movimiento genera un estrechamiento progresivo del cordón, conocido como "cola de ratón", que se asemeja a la forma de la cola de un ratón. Este efecto garantiza un final limpio y controlado de la soldadura, evitando acumulaciones de material y perforaciones en el borde final.

Práctica 11	Soldadura TIG en acero al carbono		
Tubo contra placa en posición horizontal PB (2F)			
Material base	Chapa de acero al carbono 100 x 100 x 3 mm. Tubo de 2 pulgadas (50,8 mm) x 35 x 3 mm		
Electrodos a utilizar	A elegir según disponibilidad entre electrodo Ø 2,4 mm de torio (WTh20 Rojo), lantano (WLa 10/15 negro o dorado), cerio (WCe 20 gris) o tierras raras (E3 violeta).		
Tobera	N.º 5 o N.º 6 (diámetro de 8 y 10 mm respectivamente).	Varilla	Diámetro de 2 o 2,4 mm, tipo ER 70S-6.
N.º de cordones	Dos cordones (incluyendo un hot pass)	Intensidad	90-120 A
Caudal de gas	8-10 litros por minuto (1 litro por cada milímetro de diámetro interior de la tobera).		
Longitud del tungsteno fuera de la tobera		3-4 mm	

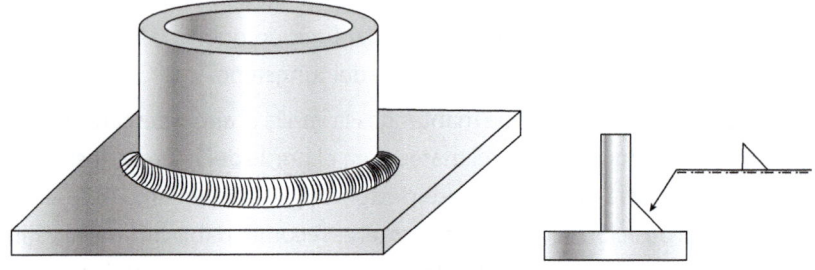

Fig. 2.24.

Preparación de las superficies a soldar

- **Limpieza y preparación.** Antes de comenzar, es esencial que las superficies del tubo y la placa estén completamente limpias. Elimina cualquier rastro de óxido, pintura, aceite o suciedad utilizando un cepillo de alambre, una lija o un desengrasante específico para metales. Esto asegurará que la soldadura se adhiera correctamente y no se generen defectos durante el proceso. Limpia también la zona donde la tobera y la varilla estarán en contacto con el material, aproximadamente 1 cm a lo largo de toda la circunferencia del tubo y la superficie de la placa.

– **Punteado de la pieza.** Coloca el tubo sobre la placa, asegurándote de que esté perfectamente alineado y centrado. Realiza al menos cuatro en puntos equidistantes alrededor de la circunferencia del tubo para mantenerlo en su posición. Los punteados deben ser lo suficientemente fuertes como para evitar que el tubo se mueva durante la soldadura.

– **Posicionamiento del cupón.** Una vez punteado, posiciona el conjunto sobre tu mesa de trabajo, de manera que la unión esté en una posición cómoda para realizar la soldadura. Recuerda que la ergonomía es clave; debes poder moverte con fluidez alrededor del tubo sin forzar posturas incómodas.

Realización de la soldadura

Aplicación de la técnica *walking the cup*

1. **Posición de la cabeza.** Es fundamental que mantengas tu cabeza entre la pistola y la varilla de aporte en todo momento. Esto te permitirá tener una vista clara del tungsteno y del baño de fusión. Si la pistola adelanta a tu cabeza, corres el riesgo de perder de vista el tungsteno, lo que podría dar como resultado una soldadura deficiente.

2. **Movimiento de rotación.** Durante la soldadura, piensa en el tubo como si fuera un reloj analógico. Comienza en la posición de las "12 en punto" y avanza en sentido horario hasta llegar a las "6 en punto" pasando por las "3 en punto". Este movimiento de rotación te permitirá mantener el mismo ángulo de ataque en todo momento, facilitando la aplicación de la técnica *walking the cup*. La clave es moverse de manera fluida alrededor del tubo para mantener un control constante del baño de fusión.

3. **Cambio de manos.** En esta práctica, además de aplicar la técnica *walking the cup*, te enfrentarás a un desafío adicional. cambiar de manos la pistola y la varilla. Para la primera mitad del tubo, suelda desde las "12 en punto" hasta las "6 en punto" (pasando por las "3 en punto") sosteniendo la pistola con la mano derecha y la varilla con la izquierda. Luego, cambia de manos. sostén la pistola con la mano izquierda y la varilla con la derecha, y suelda la otra mitad desde las "12 en punto" hasta las "6 en punto" (pasando por las "9 en punto"). Este cambio de manos es crucial para desarrollar la habilidad de soldar en cualquier situación, independientemente de la posición del tubo o la accesibilidad de la unión.

4. **Control del ángulo y avance.** Mantén la antorcha en un ángulo constante mientras avanzas alrededor del tubo. Si el ángulo cambia, podrías afectar la calidad del cordón, generando defectos como socavados o falta de fusión. Asegúrate de que el tungsteno esté siempre enfocado en el baño de fusión (a la misma distancia) para mantener un control óptimo.

5. **Aporte de varilla.** Introduce la varilla en el borde del baño de fusión, nunca en el centro, para evitar enfriamientos indeseados y asegurar una fusión adecuada. A medida que avances alrededor del tubo, mantén la varilla en un ángulo diagonal para controlar mejor el aporte de material. Si notas que la varilla se funde demasiado rápido o que genera un exceso de material, ajusta su inclinación para limitar el contacto directo con el baño de fusión.

6. **Práctica del cambio de manos.** Cambiar de manos no es fácil, pero es una habilidad esencial para cualquier soldador. Practica este cambio en seco primero, sin encender el arco, para familiarizarte con el movimiento. Luego, cuando te sientas cómodo, aplica esta técnica durante la soldadura real. Recuerda que el objetivo es mantener la misma calidad de soldadura, independientemente de la mano que estés usando.

Realización del *hot pass*

- **Preparación.** Tras completar el primer cordón (cordón de raíz), es fundamental realizar una inspección visual rápida para asegurar que el cordón esté bien formado y sin defectos evidentes como porosidades o falta de fusión.

- **Configuración.** Mantén los mismos parámetros de soldadura, pero ajusta la intensidad para el *hot pass* si es necesario, aumentando ligeramente los amperios para asegurar una buena fusión entre el cordón de raíz y el nuevo material que se va a aportar.

- **Aplicación.** Comienza el *hot pass* desde el mismo punto de inicio del cordón de raíz. Aplica nuevamente la técnica *walking the cup*, moviéndote de manera controlada alrededor del tubo. Es importante mantener el baño de fusión justo encima del cordón de raíz, asegurando una fusión completa entre ambos. Este paso es crucial para reforzar la soldadura y eliminar cualquier posible imperfección que pueda haberse formado en la primera pasada.

- **Finalización.** Asegúrate de mantener la consistencia en el cordón durante todo el recorrido, completando el *hot pass* con una rampa de descenso suave y aplicando la técnica de "cola de ratón" para un final limpio y sin acumulaciones de material.

Consideraciones finales

Mantén la calma y enfócate en la técnica. Soldar en posición horizontal con tubo puede ser un desafío, pero con paciencia y práctica, desarrollarás la habilidad necesaria para realizar un cordón uniforme y de alta calidad. Recuerda que la soldadura es tanto un arte como una ciencia, y cada práctica te acerca más a la perfección.

El cántaro agrietado

En una pequeña aldea tibetana, un anciano llevaba agua desde el río hasta su hogar utilizando dos cántaros que colgaban de un palo sobre sus hombros. Uno de los cántaros tenía una grieta, mientras que el otro estaba en perfecto estado. Cada día, al llegar a casa, el cántaro perfecto estaba lleno, mientras que el agrietado solo contenía la mitad del agua.

Un día, el cántaro agrietado, lleno de tristeza, le dijo al anciano:

"Me siento inútil. Por mi grieta, no puedo cumplir mi propósito. Soy un fracaso".

El anciano sonrió y le respondió:

"¿Has notado las flores que crecen a lo largo del camino? Las planté sabiendo de tu grieta. Cada día, mientras llevamos el agua, riegas esas flores sin darte cuenta. Gracias a ti, puedo disfrutar de su belleza y llevarlas al altar de mi hogar. Si no fueras como eres, este camino estaría vacío y seco".

Incluso tus imperfecciones y desafíos pueden ser fuentes de aprendizaje, belleza y contribución. Lo importante no es solo alcanzar la perfección, sino descubrir el valor de cada paso del camino.

Práctica 11

 Facultad de Soldadura

Práctica 12	Soldadura TIG en acero al carbono	
Tubo contra placa posición vertical ascendente PH/PF (2FR)		
Material base	Chapa de acero al carbono 100 x 100 x 3 mm. Tubo de 2 pulgadas (50,8 mm) x 35 x 3 mm	
Electrodos a utilizar	A elegir según disponibilidad entre electrodo Ø 2,4 mm de torio (WTh20 Rojo), lantano (WLa 10/15 negro o dorado), cerio (WCe 20 gris) o tierras raras (E3 violeta).	
Tobera	N.º 5 o N.º 6 (diámetro de 8 y 10 mm respectivamente).	*Varilla* Diámetro de 2 o 2,4 mm, tipo ER 70S-6.
N.º de cordones	Dos cordones (incluyendo un *hot pass*)	*Intensidad* 90-120 A
Caudal de gas	8-10 litros por minuto (1 litro por cada milímetro de diámetro interior de la tobera).	
Longitud del tungsteno fuera de la tobera	3-4 mm	

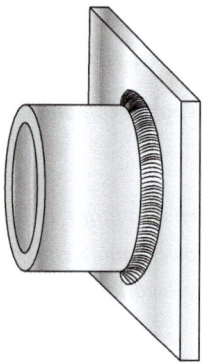

Fig. 2.25.

Ajustes previos

– **Posicionamiento del cupón.** Antes de iniciar, coloca la unión de manera que el lado más alto del tubo esté a la altura de tus ojos. Esto te permitirá mantener una vista clara del baño de fusión y del tungsteno durante todo el proceso de soldadura, lo que es crucial para asegurar un control óptimo.

– **Elección de la tobera.** En esta práctica, experimentar con diferentes diámetros de tobera puede ser ventajoso. Una tobera de mayor diámetro (como una n.º 6 o n.º 7) proporciona una cobertura más amplia de gas protector, lo que es útil en situaciones donde el baño de fusión podría volverse inestable. Sin embargo, una tobera más grande también puede dificultar el control en espacios reducidos. Por otro lado, una tobera de menor diámetro (como una n.º 5) ofrece un chorro de gas más concentrado, lo que facilita el control preciso en áreas estrechas, pero requiere mayor destreza para mantener la protección del gas en toda la zona de soldadura.

Te recomiendo probar ambas opciones y elegir la que mejor se adapte a tus necesidades y al confort durante la soldadura. La clave es encontrar un equilibrio entre el control del baño de fusión y la cobertura de gas protector.

Realización de la soldadura

Aplicación de la técnica *walking the cup*

1. Posición de la cabeza y rotación del cuerpo: en la posición vertical ascendente, también es esencial que mantengas tu cabeza entre la pistola y la varilla de aporte. Esto asegura que siempre tengas una visión clara del baño de fusión y del tungsteno. A medida que avanzas en la soldadura, debes rotar alrededor del tubo manteniendo el mismo ángulo de ataque, como si fueras la manecilla de un reloj analógico. Comienza en la posición de las "6 en punto" y sube hacia las "12 en punto".

2. Cambio de manos: la práctica del cambio de manos es determinante en esta posición. Para facilitar el proceso:

   • Suelda el tramo de las "6 en punto" a las "10 en punto" (pasando por las "9 en punto") sosteniendo la pistola con la mano derecha y la varilla con la mano izquierda.

   • Luego, cambia las manos para soldar desde las "10 en punto" hasta las "12 en punto" (pistola en la mano izquierda y varilla en la derecha). Así tendrás mejor visión en la parte superior del tubo sin que la pistola se interponga en tu campo visual.

   • Para la otra mitad del tubo, invierte el proceso:

     * De las "6 en punto" a las "4 en punto" con la pistola en la mano izquierda y la varilla en la derecha.

     * Finalmente, desde las "4 en punto" hasta las "12 en punto" (pasando por las "3 en punto") con la pistola en la mano derecha y la varilla en la izquierda.

3. Control del baño de fusión: en la posición vertical ascendente, el baño de fusión tiende a desplazarse hacia abajo debido a la gravedad. Para contrarrestar esto, mantén un movimiento constante y controlado de la pistola. La técnica *walking the cup* o apoyar uno o varios dedos en la pieza, utilizando fundas de dedos ignífugas (*fingers*), puede proporcionar una mayor estabilidad y

reducir el temblor de la mano. Esto es especialmente útil en esta posición, donde el control preciso es crítico.

Aporte de la varilla

Ya sea que decidas mantener la varilla al aire o descansando sobre la unión, es fundamental que siempre la introduzcas en el borde del baño de fusión y nunca en el centro. Esto evitará enfriamientos indeseados y asegurará una fusión adecuada.

En la posición vertical ascendente también es recomendable introducir la varilla en un ángulo diagonal para controlar mejor el aporte de material. Esto ayuda a evitar que el baño de fusión se vuelva incontrolable. Si notas que la varilla se funde demasiado rápido o que genera un exceso de material, ajusta su inclinación para limitar el contacto directo con el baño.

Hot pass

Después de realizar el primer cordón, es el momento de aplicar el *hot pass*. Este segundo cordón se utiliza para reforzar la soldadura y corregir cualquier defecto que pueda haber quedado en el cordón de raíz.

– **Aplicación del *hot pass***

- Aumenta ligeramente la intensidad (dentro del rango de 90-120 A) para asegurarte de que el baño de fusión penetre adecuadamente en la unión.

- Utiliza la técnica *walking the cup* para asegurar un movimiento uniforme y controlado, manteniendo la fusión adecuada entre el *hot pass* y el cordón de raíz.

- Mantén la misma estrategia de cambio de manos para garantizar una soldadura uniforme en toda la circunferencia del tubo.

Consideraciones finales

La soldadura en posición vertical ascendente requiere un control más riguroso del baño de fusión y de la técnica. Practica primero el movimiento en seco para familiarizarte con los cambios de manos y la rotación alrededor del tubo. Mantén siempre una posición ergonómica y asegúrate de utilizar los EPIS adecuados para protegerte durante todo el proceso.

Ya tienes toda la información necesaria, ahora recuerda: perseverar y la práctica constante es clave para dominar esta posición y desarrollar la destreza necesaria para realizar soldaduras de alta calidad en cualquier situación.

Práctica 13	*Soldadura TIG en acero al carbono*		
Unión de tubo contra placa en posición bajo techo PD (4F)			
Material base	Chapa de acero al carbono 100 x 100 x 3 mm. Tubo de 2 pulgadas (50,8 mm) x 35 x 3 mm		
Electrodos a utilizar	A elegir según disponibilidad entre electrodo Ø 2,4 mm de torio (WTh20 Rojo), lantano (WLa 10/15 negro o dorado), cerio (WCe 20 gris) o tierras raras (E3 violeta).		
Tobera	A elegir.	*Varilla*	Diámetro de 2 o 2,4 mm, tipo ER 70S-6.
N.º de cordones	Dos cordones (incluyendo un *hot pass*)	*Intensidad*	90-120 A
Caudal de gas	1 litro/minuto por cada milímetro de diámetro interior de la tobera		
Longitud del tungsteno fuera de la tobera		3-4 mm	

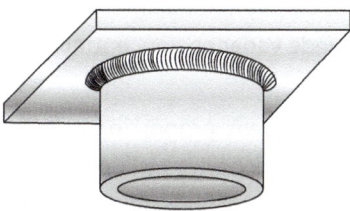

Fig. 2.26.

En esta práctica, nos centramos en la unión de un tubo contra una placa en posición bajo techo. Dado que esta es una continuación de ejercicios anteriores, nos centraremos en las particularidades de esta posición y en cómo las variaciones en la elección de la tobera afectarán el proceso de soldadura.

Sensación al soldar con diferentes diámetros de tobera

Al aplicar la técnica *walking the cup*, la elección del diámetro de la tobera tendrá un impacto directo en la sensación que experimentarás al avanzar el cordón de soldadura:

- **Tobera de menor diámetro (ej. n.º 5).** Utilizar una tobera más pequeña concentrará más el gas protector y reducirá la amplitud del movimiento. Esto significa que, aunque apliques la misma cadencia y ritmo al movimiento del mango de la pistola, notarás un avance más lento y un control más preciso sobre el baño de fusión. Esta característica puede ser útil en zonas donde el acceso es limitado o donde necesitas un control más detallado del proceso.

- **Tobera de mayor diámetro (ej. n.º 8).** Por el contrario, una tobera de mayor diámetro ampliará el área cubierta por el gas protector y aumentará la amplitud del movimiento durante el *walking the cup*. Aunque mantengas el mismo ritmo y cadencia, notarás que el avance es más rápido y puede ser más fácil cubrir una mayor longitud de la unión con cada ciclo. Sin embargo, esto también puede aumentar el riesgo de perder precisión en el control del baño de fusión, especialmente en posiciones complicadas como bajo techo.

Experiencia con tobera universal vs. *gas lens*

En las prácticas anteriores, has tenido la oportunidad de experimentar con toberas cerámicas de diferentes diámetros. Ahora es un buen momento para que pruebes a cambiar entre un sistema de tobera universal y un *gas lens*.

- **Sistema de tobera universal.** Este sistema es el más común y versátil. Al cambiar entre toberas de diferente diámetro en un sistema universal, notarás que el flujo de gas puede variar en concentración y en la forma en que cubre el baño de fusión.

- **Sistema *gas lens*.** Un *gas lens* proporciona un flujo de gas más laminar y uniforme, lo que mejora la cobertura y la protección del baño de fusión. Esto es particularmente útil en posiciones difíciles como bajo techo, donde es fácil que el gas se disperse y la soldadura quede expuesta al aire, aumentando el riesgo de oxidación. Cambiar de una tobera universal a un *gas lens* podría proporcionarte una mayor estabilidad y consistencia en el proceso de soldadura.

Te animo a probar ambos sistemas en este ejercicio. Cambiar de una tobera universal a un *gas lens* y viceversa te permitirá comparar directamente cómo afecta la calidad de la soldadura y el control del baño de fusión. Este conocimiento será muy valioso a medida que enfrentes soldaduras más complejas y exigentes.

Cambio de manos

Al igual que en la práctica anterior en posición horizontal, es importante que mantengas la técnica de cambio de manos para asegurar una soldadura uniforme en todo el tubo.

- **Lado derecho del tubo (de las "12 en punto" a las "6 en punto" pasando por las "3 en punto").** Sostén la pistola con la mano derecha y la varilla con la izquierda.

- **Lado izquierdo del tubo (de las "12 en punto" a las "6 en punto" pasando por las "9 en punto").** Cambia las manos, sosteniendo la pistola con la mano izquierda y la varilla con la derecha.

Este cambio de manos te permitirá mantener una posición ergonómica y una visibilidad adecuada del baño de fusión, evitando que la pistola interfiera en tu campo de visión.

Recordatorio final

Recuerda que estamos profundizando en aspectos más avanzados de la soldadura TIG. No dudes en experimentar con diferentes configuraciones de toberas y sistemas de gas para encontrar la combinación que mejor se adapte a ti y a las exigencias de la tarea. Mantén siempre el enfoque en la seguridad, utilizando los EPIs adecuados, y asegúrate de que tu postura y ergonomía sean las correctas para evitar la fatiga y posibles errores durante la soldadura.

Protocolo de inspección del ICS para un cupón de tubo de 2" y 3 mm de espesor contra una placa de 3 mm

En el contexto de un examen de homologación de soldador, la inspección del cupón por parte del Inspector de Construcciones Soldadas (ICS) sigue un protocolo riguroso que tiene como objetivo garantizar que la soldadura cumpla con los estándares de calidad y seguridad establecidos. Como ya sabemos, este protocolo se basa en normas internacionales como la ISO 5817, que establece los criterios para la evaluación de soldaduras, así como en las especificaciones del código aplicable al proyecto en cuestión.

1. Inspección visual preliminar

Antes de realizar cualquier prueba destructiva o no destructiva, el ICS comenzará con una inspección visual exhaustiva del cupón soldado. Este examen inicial se enfoca en los siguientes aspectos:

- **Uniformidad del cordón de soldadura.** El inspector evaluará si el cordón de soldadura es uniforme en toda la circunferencia del tubo y en la unión con la placa. Se revisará que el cordón tenga un perfil regular, sin socavados, sobreespesor excesivo ni discontinuidades visibles.

- **Defectos superficiales.** Se buscarán defectos visibles como grietas, porosidad y falta de fusión en la superficie. En particular, se verificará que no haya poros abiertos o grietas en el cordón, ya que estos son defectos críticos que pueden comprometer la integridad de la soldadura.

- **Contaminación y limpieza.** Se comprobará que no haya restos de contaminantes en la soldadura, como óxidos o residuos de fundente, que puedan indicar una falta de limpieza adecuada antes o durante el proceso de soldadura.

2. Medición de dimensiones

El ICS procederá a medir las dimensiones del cordón de soldadura para verificar que cumplan con las especificaciones del procedimiento de soldadura (WPS) aprobado.

- **Ancho y altura del cordón.** Se medirá la anchura y la altura del cordón para asegurar que se encuentran dentro de los rangos permitidos. Un exceso de material de aporte o un socavado pueden ser motivos de rechazo del cupón.

- **Espesor del interior.** Si la soldadura está hundida en el interior del tubo, podría indicar un defecto en la técnica de soldadura, como un avance demasiado lento o un exceso de calor.

3. Pruebas no destructivas (NDT)

Dependiendo de los requisitos del examen de homologación, el ICS puede realizar pruebas no destructivas (NDT) adicionales, tales como.

- **Líquidos penetrantes.** Para detectar la presencia de grietas finas o porosidad que no sean visibles a simple vista.

- **Radiografía o ultrasonidos.** Estas técnicas permiten evaluar la integridad interna del cordón de soldadura y detectar defectos como falta de fusión, inclusiones de escoria o poros internos.

4. Prueba destructiva

En algunos casos, se puede requerir una prueba destructiva para evaluar la penetración y la fusión en la unión soldada.

- **Corte y macrografía.** Se cortará una sección del cupón y se realizará una macrografía para examinar la penetración del cordón de raíz y el *hot pass*. El

ICS buscará una fusión completa entre el tubo y la placa, sin signos de falta de fusión ni penetración incompleta.

- **Doblado guiado (Si es aplicable).** Se pueden llevar a cabo pruebas de doblado guiado para evaluar la ductilidad y la tenacidad de la soldadura. El cupón se doblará en diferentes ángulos para verificar que la soldadura no presente grietas o rupturas.

5. Evaluación final y clasificación

El ICS evaluará todos los resultados obtenidos durante las inspecciones visuales, las mediciones y las pruebas no destructivas o destructivas. Basándose en los criterios de aceptación definidos en la norma ISO 5817 u otras especificaciones aplicables, el inspector determinará si el cupón cumple con los estándares requeridos.

- **Clasificación.** La soldadura será clasificada según su calidad en niveles como B (alta calidad), C (calidad media) o D (calidad baja). Para la homologación, generalmente se requiere al menos un nivel de calidad C, aunque dependiendo del tipo de proyecto, se puede exigir un nivel B.

6. Registro de resultados

Finalmente, el ICS registrará todos los resultados de la inspección en un informe detallado. Este informe servirá como documento oficial para la homologación del soldador, y deberá incluir todas las observaciones, mediciones y resultados de las pruebas realizadas.

Conclusión

El proceso de inspección del ICS es meticuloso y exhaustivo, diseñado para asegurar que la soldadura realizada cumple con los más altos estándares de calidad y seguridad. La homologación de un soldador no solo depende de su habilidad técnica, sino también de su capacidad para adherirse a los procedimientos y estándares establecidos. Por lo tanto, es fundamental que el soldador se prepare adecuadamente y siga todas las recomendaciones para asegurar el éxito en el examen de homologación.

Si quieres practicar en un cupón a tamaño examen de homologación, las medidas mínimas (en milímetros) según UNE EN ISO 9606-1 son estas:

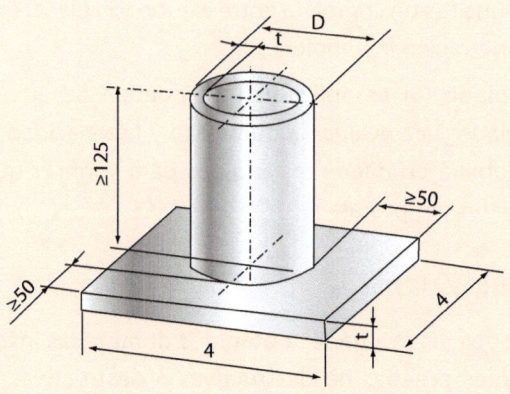

Fig. 2.27.

Soldadura de tubos de cinco pulgadas en posición cornisa PC (2G)

Material base	Dos tubos redondos de acero al carbono, diámetro 5" (una pulgada –"inch" en inglés– equivale a 2,54 cm), 6 mm de espesor y 40 mm de largo cada uno		
Electrodos a utilizar	A elegir según disponibilidad entre electrodo Ø 2,4 mm de torio (WTh20 Rojo), lantano (WLa 10/15 negro o dorado), cerio (WCe 20 gris) o tierras raras (E3 violeta).		
Tobera	N.º 5 o N.º 6 (diámetro de 8 y 10 mm respectivamente).	Varilla	Diámetro de 2 o 2,4 mm, tipo ER 70S-6.
N.º de cordones	Dos cordones (incluyendo un hot pass)	Intensidad	90-120 A
Caudal de gas	8-10 litros por minuto (1 litro por cada milímetro de diámetro interior de la tobera)		
Longitud del tungsteno fuera de la tobera		3-4 mm	

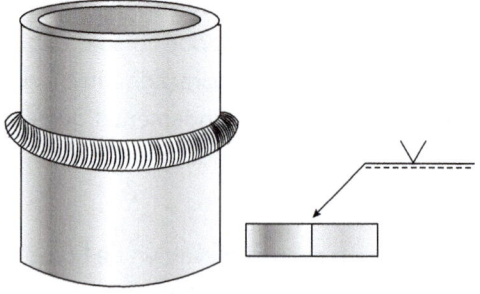

Fig. 2.28

Preparación y limpieza

- **Preparación de los tubos.** Antes de iniciar la soldadura, asegúrate de que los tubos estén correctamente biselados y que la separación entre ellos (entrehierro) sea la adecuada. Para esta práctica, un entrehierro de 2,5 mm es recomendable cuando se utiliza una varilla de aporte de 2,4 mm de diámetro, mientras que un entrehierro de 3,25 mm sería más adecuado para una varilla de 3,2 mm. Esta separación permitirá una correcta penetración en la raíz durante la soldadura.

- **Limpieza de las superficies a soldar.** Limpia los bordes biselados de los tubos y las superficies adyacentes con un cepillo de alambre, lija o desengrasante específico para metales. Asegúrate de que no haya rastros de óxido, aceite o suciedad que puedan afectar la calidad de la soldadura.

Punteado y posicionamiento

1. **Punteado de la pieza.** Coloca los tubos en la posición de soldadura cornisa (PC 2G) y realiza punteos en al menos cuatro puntos equidistantes alrededor de la circunferencia. Para mantener la separación entre tubos durante el punteado en 2,5 o 3,25 mm, puedes utilizar una varilla de electrodo (sin revestimiento) doblada en forma de "V" y colocarla temporalmente en el entrehierro. Esta herramienta sencilla te ayudará a mantener la separación constante hasta que los punteos estén listos. Los puntos deben ser lo suficientemente fuertes como para mantener los tubos en posición durante la soldadura, pero no tan grandes que interfieran con la fluidez del cordón de raíz.

2. **Posicionamiento del cupón.** Coloca el conjunto en una posición cómoda y ergonómica en tu mesa de trabajo. Asegúrate de que puedas rotar con facilidad alrededor de los tubos mientras realizas la soldadura, ya que necesitarás mover tu cuerpo para seguir el avance del cordón y mantener siempre el tungsteno a la vista.

Realización de la soldadura

1. **Aplicación de la técnica *walking the cup***

- **Posición de la cabeza y movimiento de rotación.** Durante la soldadura, es esencial que mantengas tu cabeza entre la pistola y la varilla de aporte para no perder de vista el tungsteno y el baño de fusión. A medida que avances con el cordón, rota alrededor del tubo manteniendo siempre el mismo ángulo de ataque. Si en algún momento sientes que no puedes continuar al ritmo adecuado, es mejor detenerte y reposicionarte antes de que la pistola avance por delante de tu campo visual.

- **Control del sobreespesor en la cara interior.** La raíz del cordón debe crear un pequeño sobreespesor en la cara interior del tubo. Si en lugar de esto la soldadura aparece hundida, es señal de que el avance es demasiado lento o de que la corriente está demasiado alta, lo que causa un calentamiento excesivo de los bordes de la unión. Ajusta tu técnica para evitar este defecto y asegurar un cordón de raíz con la penetración adecuada.

2. **Opciones de soldadura:** *walking the cup* vs. apoyo de la mano

- **Técnica *walking the cup*.** Esta técnica es la más común en soldaduras de tubería en posición cornisa. Mantén la tobera en contacto con los bordes del tubo mientras avanzas el cordón, realizando un movimiento oscilante lateral que facilita la fusión uniforme de los bordes. Esta técnica requiere práctica para mantener la amplitud y el ritmo constantes, especialmente en una posición como la cornisa.

- **Apoyo de la mano con *fingers*.** Si prefieres más control, puedes apoyar uno o varios dedos en la superficie del tubo utilizando una funda de dedos ignífuga (*fingers*). Esto te proporcionará mayor estabilidad y reducirá el temblor de la mano. Es una opción válida y útil, especialmente si sientes que la técnica *walking the cup* no te ofrece suficiente control en ciertos momentos.

3. **Diámetro de la varilla de aporte y su impacto**

- **Varilla de 2 o 2,4 mm para entrehierro de 2,5 mm.** Este es el diámetro recomendado para una separación más estrecha, ya que permite un aporte más controlado de material y una mayor precisión en la formación de la raíz.

- **Varilla de 2,4 o 3,2 mm para entrehierro de 3,25 mm.** Con una mayor separación, una varilla de mayor diámetro ayudará a rellenar el espacio sin causar un exceso de material en el baño de fusión, lo que podría llevar a un cordón con sobreespesor o a una fusión deficiente.

Consideraciones finales

Recuerda que la clave del éxito en este ejercicio es mantener el control constante sobre el baño de fusión y adaptarte a las condiciones que vayan surgiendo. El cambio de manos y la rotación adecuada alrededor del tubo son esenciales para mantener una soldadura uniforme y evitar defectos.

Si en algún punto sientes que el proceso se está volviendo difícil, detente, reposiciónate, y asegúrate de que tu campo visual siempre esté centrado en el tungsteno y el baño de fusión. Este enfoque te permitirá corregir errores antes de que se conviertan en problemas serios.

Por último, recuerda la importancia de la práctica constante para perfeccionar la técnica. Cada soldadura es una oportunidad para mejorar y adquirir mayor destreza.

Fig. 2.29.

El puente del aprendiz

En un remoto valle, existía un río caudaloso que separaba dos aldeas. Durante años, los habitantes soñaron con construir un puente que uniera ambas orillas, pero el río era traicionero, y el desafío parecía insuperable.

Un joven aprendiz de carpintero, ansioso por demostrar su valía, se ofreció para liderar la construcción. Los ancianos lo miraron con escepticismo, pero su determinación era inquebrantable. "No soy el más fuerte ni el más sabio, pero daré cada parte de mí para lograrlo", dijo.

Con cada tabla que colocaba, enfrentaba nuevas dificultades: los materiales no encajaban, las corrientes intentaban arrastrarlo, y sus propias dudas lo asediaban. Sin embargo, cada error le enseñaba algo valioso. Día tras día, sus manos se llenaron de astillas, su espalda se encorvó, pero su espíritu permaneció firme.

Finalmente, tras meses de esfuerzo, el puente estaba terminado. Los aldeanos se reunieron para cruzarlo por primera vez. Mientras lo hacían, el joven, agotado pero lleno de orgullo, notó algo extraordinario: las marcas de cada dificultad que enfrentó habían quedado grabadas en la madera. No eran defectos, sino los recuerdos de su esfuerzo, cada una de ellas testimonio de su crecimiento.

Un anciano le dijo: "No solo construiste un puente para nosotros, hijo. Construiste un puente dentro de ti mismo, uniendo tu voluntad con tu capacidad. Ese es el verdadero logro."

Enfrentar un desafío difícil, como la soldadura de tubos a tope, no solo mejora tu técnica; también construye algo dentro de ti. Cada cordón que traces, cada ajuste que hagas, es un paso hacia un puente que conecta quién eres ahora con quién puedes llegar a ser.

Práctica 15	Soldadura TIG en acero al carbono		
Soldadura de tubos de cinco pulgadas en posición vertical ascendente PF (5G)			
Material base	Dos tubos redondos de acero al carbono, diámetro 5" (una pulgada —"inch" en inglés— equivale a 2,54 cm), 6 mm de espesor y 40 mm de largo cada uno		
Electrodos a utilizar	A elegir según disponibilidad entre electrodo Ø 2,4 mm de torio (WTh20 Rojo), lantano (WLa 10/15 negro o dorado), cerio (WCe 20 gris) o tierras raras (E3 violeta).		
Tobera	N.º 5 o N.º 6 (diámetro de 8 y 10 mm respectivamente).	*Varilla*	Diámetro de 2 o 2,4 mm, tipo ER 70S-6.
N.º de cordones	Dos cordones (incluyendo un hot pass)	*Intensidad*	90-120 A
Caudal de gas	8-10 litros por minuto (1 litro por cada milímetro de diámetro interior de la tobera)		
Longitud del tungsteno fuera de la tobera	3-4 mm		

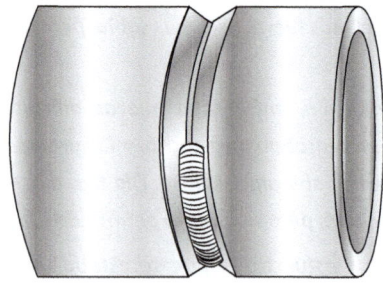

Fig. 2.30

– **Altura del tubo.** Posiciona el tubo de manera que el lado más alto esté a la altura de tus ojos. Esto facilitará el acceso tanto a la parte inferior como a la superior del tubo. Recuerda que, en un examen de homologación, no puedes ajustar la altura del cupón una vez que la prueba ha comenzado.

Cordón de raíz

- **Movimiento ascendente controlado.** Mantén un avance constante y preciso para evitar que el metal fundido se escurra hacia abajo. La clave es la eficiencia para evitar sobrecalentamientos en la unión mientras avanzas desde las 6 hasta las 12 en punto en ambas mitades del tubo.
- **Control del ángulo y la antorcha.** Mantén el ángulo de la antorcha constante, con el tungsteno siempre enfocado en el borde del baño de fusión, inclinando ligeramente hacia arriba para evitar que el baño se deslice.
- **Pausas para eliminar puntos.** Detente en los puntos de sujeción para eliminarlos con una radial, reduciendo así el riesgo de defectos en el cordón.
- **Sobreespesor.** Asegura un pequeño sobreespesor en la cara interior del tubo. Si la soldadura queda hundida, ajusta la velocidad de avance o reduce la corriente.

Hot pass

- **Aplicación del *hot pass*.** El *hot pass* debe realizarse con una intensidad ligeramente superior (como referencia, dentro del rango de 90-120 amperios) para asegurar una buena penetración y la eliminación de cualquier defecto que pudiera haber quedado en el cordón de raíz. Mantén el mismo ritmo y control que utilizaste en el cordón de raíz, pero con especial atención en evitar que el baño de fusión se deslice hacia abajo.

Consejos adicionales

- **Técnica *walking the cup*.** Puedes optar por utilizar la técnica *walking the cup* para mantener la antorcha en movimiento constante y uniforme. En esta técnica, la clave está en realizar un movimiento oscilante y controlado de la antorcha, apoyando la copa cerámica contra la superficie del tubo. Este movimiento permite distribuir el calor de manera uniforme y mantener un control preciso sobre el baño de fusión, evitando que se desplace o se deforme debido a la gravedad.
- **Posición y avance de la varilla.** Es crucial que la varilla de aporte esté siempre en contacto con el borde del baño de fusión, nunca en el centro de este. Esto asegura que el baño reciba un aporte constante de material sin que llegue a ser excesivo, evitando que se abran agujeros en la unión al fundirse los bordes

sin recibir el refuerzo necesario. A medida que avances, introduce la varilla en el borde del baño con un movimiento suave y controlado.

- **Técnica de aporte de varilla.** Para mantener un aporte constante y controlado, utiliza los dedos pulgar, índice y medio para empujar la varilla hacia el baño de fusión. La varilla debe deslizarse suavemente entre estos dedos, con el pulgar impulsando la varilla hacia delante y los otros dos dedos actuando como punto de apoyo. Este movimiento debe ser pequeño y preciso, permitiéndote regular la cantidad de material que se aporta en cada instante.

- **Apoyo de la mano con *fingers*.** Si encuentras difícil mantener un control preciso con la técnica *walking the cup*, puedes optar por apoyar la mano en el tubo utilizando una funda de dedo ignífuga (*fingers*). Este apoyo te ayudará a reducir el temblor de la mano y te proporcionará una mayor estabilidad. Asegúrate de que la antorcha y la varilla estén siempre alineadas correctamente, y que tu cabeza esté entre ambas para mantener una visión clara del tungsteno y del baño de fusión.

- **Selección del diámetro de la varilla.** Para un entrehierro de 2,5 mm, es recomendable utilizar una varilla de 2 o 2,4 mm, mientras que para un entrehierro de 3,25 mm, una varilla de 2,4 o 3,2 mm será más adecuada. Esto te permitirá controlar mejor el aporte de material y evitar la acumulación excesiva de metal en el baño de fusión.

Práctica 16	Soldadura TIG en acero al carbono		
Soldadura de tubos de cinco pulgadas en posición vertical HL-045 (6G)			
Material base	Dos tubos redondos de acero al carbono, diámetro 5" (una pulgada –"inch" en inglés– equivale a 2,54 cm), 6 mm de espesor y 40 mm de largo cada uno		
Electrodos a utilizar	A elegir según disponibilidad entre electrodo Ø 2,4 mm de torio (WTh20 Rojo), lantano (WLa 10/15 negro o dorado), cerio (WCe 20 gris) o tierras raras (E3 violeta).		
Tobera	N.º 5 o N.º 6 (diámetro de 8 y 10 mm respectivamente).	*Varilla*	Diámetro de 2 o 2,4 mm, tipo ER 70S-6.
N.º de cordones	Dos cordones (incluyendo un *hot pass*)	*Intensidad*	90-120 A
Caudal de gas	8-10 litros por minuto (1 litro por cada milímetro de diámetro interior de la tobera)		
Longitud del tungsteno fuera de la tobera	3-4 mm		

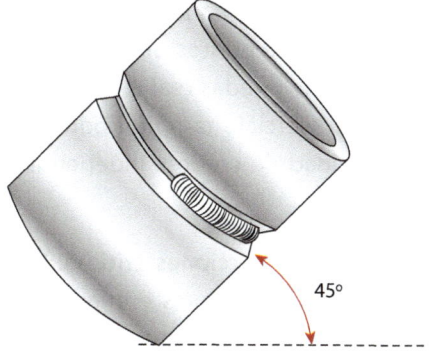

Fig. 2.31.

Indicaciones para la soldadura en posición 6G

1. Desafíos específicos de la posición 6G. La posición 6G, o HL-045, es una de las más desafiantes debido a que el tubo está inclinado a 45 grados y no puede rotarse, lo que significa que cada segmento del cordón se realizará en un ángulo diferente. Esto requiere un control aún mayor sobre el baño de fusión y la técnica de soldadura, así como una perfecta coordinación entre la antorcha y la varilla.

2. Movimiento y rotación continua. A medida que avances en la soldadura, deberás rotar continuamente alrededor del tubo para mantener el ángulo de ataque constante. A diferencia de las posiciones anteriores, aquí tendrás que ajustar constantemente tu postura y la inclinación de la antorcha para adaptarte a la inclinación del tubo. Recuerda que la clave es mantener siempre el tungsteno en el borde del baño de fusión y moverte de forma fluida, sin interrupciones bruscas.

3. Uso de la técnica *walking the cup*. La técnica *walking the cup* es especialmente útil en esta posición, ya que permite mantener un control preciso sobre el baño de fusión a medida que rotas alrededor del tubo. Apoya la copa cerámica contra la superficie del tubo y utiliza un movimiento oscilante para distribuir el calor de manera uniforme. Asegúrate de que la copa esté bien asentada en la superficie del tubo en todo momento, especialmente al soldar en los ángulos más incómodos.

4. Cambio de manos y ajuste de postura. En la posición 6G, los cambios de mano serán aún más frecuentes y cruciales. Deberás cambiar de mano con precisión y en el momento adecuado para evitar perder el control del baño de fusión. Planifica con antelación los puntos donde deberás cambiar de mano y ajusta tu postura de manera que puedas realizar el cambio sin comprometer la calidad de la soldadura. Este ejercicio también pondrá a prueba tu habilidad para mantener la misma calidad de cordón, independientemente de la mano que utilices.

5. Control del baño de fusión en secciones críticas. En la posición 6G, presta especial atención a las secciones superiores e inferiores del tubo. La gravedad jugará un papel más pronunciado en estas áreas, haciendo que el metal fundido tienda a escurrirse. Mantén un avance controlado y reduce la intensidad de corriente si notas que el baño de fusión se vuelve difícil de manejar. En las secciones inferiores, asegúrate de mantener un sobreespesor adecuado sin dejar que el metal se hunda, mientras que en las secciones superiores, evita el exceso de fusión ajustando el ritmo de avance y el ángulo de la antorcha.

6. Eliminación de puntos de sujeción. Al igual que en las posiciones anteriores, detente para eliminar los puntos de sujeción con una radial antes de soldar sobre ellos. Esto es crucial en la posición 6G, donde la visibilidad y el control son más limitados. Eliminar estos puntos reduce significativamente el riesgo de introducir defectos en el cordón.

7. Aplicación del *hot pass*. El *hot pass* en 6G debe realizarse con una intensidad ligeramente superior para asegurar una penetración uniforme y la eliminación de posibles defectos. Mantén la técnica *walking the cup* y sigue las recomendaciones de cambio de manos para asegurar que el *hot pass* se integre perfectamente con el cordón de raíz. Asegúrate de mantener la misma consistencia en el avance y la rotación alrededor del tubo.

Conclusiones

Soldar en la posición 6G es un verdadero desafío que pondrá a prueba todas las habilidades que has desarrollado hasta ahora. Requiere un control preciso, cambios de mano frecuentes y una atención constante a la postura y la rotación. La práctica y la paciencia son esenciales para dominar esta técnica. Si sigues las recomendaciones y mantienes un enfoque constante, podrás realizar una soldadura de alta calidad en esta posición tan exigente.

Fig. 2.32.

A modo de resumen final, aquí tienes la lista de dificultades junto con las acciones correctoras correspondientes para cada caso en la soldadura de tubos de acero al carbono en posición 5G y 6 G:

1. Gravedad y control del baño de fusión

- **Escurrimiento del baño de fusión**
  - **Acción correctora.** Mantén un ángulo de ataque adecuado (ligeramente hacia arriba) para contrarrestar la gravedad. Utiliza la técnica *walking the cup* o apoya la mano con un *"fingers"* para mantener el control del baño de fusión. Avanza con un ritmo constante y mide muy bien el aporte para evitar que el baño se descontrole.
- **Dificultad para mantener un baño de fusión controlado**
  - **Acción correctora.** Reduce ligeramente la intensidad de corriente si notas que el baño se vuelve inestable. Además, ajusta el ángulo de la antorcha para dirigir el calor donde más se necesita, evitando que el baño se expanda de forma incontrolada.

2. Visibilidad y ángulo de ataque

- **Pérdida de visibilidad del tungsteno**
  - **Acción correctora.** Mantén siempre tu cabeza entre la pistola y la varilla de aporte. Si en algún momento sientes que pierdes visibilidad del tungsteno, detén el avance y reposiciónate antes de continuar.
- **Dificultad para mantener un ángulo de ataque constante**
  - **Acción correctora.** Asegúrate de rotar tu cuerpo alrededor del tubo siguiendo la técnica de la manecilla del reloj para mantener un ángulo

constante. Si notas que el ángulo está cambiando, ajusta tu postura y rotación antes de continuar.

3. Ajuste de la postura corporal

- **Acción correctora.** Planifica tu soldadura anticipando los puntos de cambio de manos. Practica la rotación del cuerpo para minimizar el esfuerzo y evitar posturas incómodas. Reposiciona tu cuerpo según sea necesario para mantener la comodidad y el control.

4. Punteado

- **Eliminación de los puntos**
  - **Acción correctora.** Detén el avance cuando llegues a un punto de punteado, y utiliza una radial con disco de corte para eliminarlo antes de continuar soldando. Esto reducirá el riesgo de porosidad y defectos en la soldadura final.

5. Aporte de material

- **Exceso o falta de material de aporte**
  - **Acción correctora.** Introduce la varilla en el borde del baño de fusión, no en el centro, para evitar enfriamientos indeseados y controlar el aporte de material. Si el baño se vuelve incontrolable, ajusta la inclinación de la varilla para moderar el aporte de material.

- **Dificultad para mantener la varilla en el ángulo adecuado**
  - **Acción correctora.** Practica en seco para perfeccionar el ángulo de introducción de la varilla. Introduce la varilla en un ángulo diagonal para mejorar el control del aporte. Si observas que la varilla se funde demasiado rápido, ajusta la inclinación para limitar el contacto directo.

6. Calor y deformación

- **Acumulación de calor**
  - **Acción correctora.** Suelda en secciones cortas y alterna los lados del tubo para distribuir el calor de manera uniforme. Deja que el tubo se enfríe ligeramente entre secciones para evitar la acumulación de calor excesivo.

- **Deformación del tubo**
  - **Acción correctora.** Realiza punteos adicionales y usa técnicas de soldadura en cadena para minimizar la distorsión. Si la deformación es un problema, reduce la intensidad de corriente y aumenta el tiempo de enfriamiento entre secciones.

7. Acceso y movilidad

- **Restricciones de espacio**
  - **Acción correctora.** Asegúrate de que el entorno de trabajo esté despejado y de que tengas suficiente espacio para moverte alrededor del tubo. Si el espacio es limitado, planifica tu rotación y movimientos con anticipación para evitar obstáculos.

- **Postura incómoda**
  - **Acción correctora**. Ajusta la altura y la posición del tubo para que sea lo más cómoda posible. Si es necesario, realiza pausas para reposicionarte y evitar la fatiga. Practica posturas en seco para familiarizarte con los movimientos necesarios.

8. Defectos comunes

- **Falta de fusión**
  - **Acción correctora.** Asegúrate de mantener un ángulo de ataque adecuado y una velocidad de avance constante. Si notas que la fusión es insuficiente, ajusta la intensidad de corriente y el ritmo de avance para mejorar la penetración.

- **Porosidad y escoria**
  - **Acción correctora.** Limpia bien la superficie antes de comenzar y elimina los puntos de punteado antes de soldar sobre ellos. Si aparecen porosidad o escoria, detén la soldadura, limpia la zona y reanuda la soldadura con una técnica más cuidadosa.

Si quieres practicar en un cupón a tamaño examen de homologación, las medidas mínimas (en milímetros) según UNE EN ISO 9606-1 son estas:

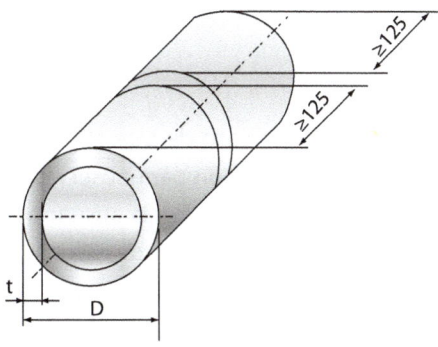

Fig. 2.33.

Protocolo de inspección del ICS para un cupón de tubo contra tubo de 5" y espesor de 6 mm

En el contexto de un examen de homologación de soldador, el protocolo de inspección para un cupón de tubo contra tubo de 5" y 6 mm de espesor en acero al carbono soldado con TIG seguiría un proceso muy similar al descrito para la inspección de un tubo contra placa. Sin embargo, debido a las características específicas de un tubo de mayor diámetro y espesor, podrían incorporarse algunos aspectos adicionales o variaciones en la inspección.

Aspectos comunes

1. Inspección visual

- **Defectos superficiales.** La inspección inicial sigue siendo visual, buscando defectos como grietas, porosidad, socavados, exceso de refuerzo o cualquier discontinuidad superficial tanto en la raíz como en el *hot pass*.

- **Perfil del cordón.** Se evaluará que el cordón de soldadura sea uniforme y que haya una transición suave entre el cordón y el material base. En tubos de mayor espesor, es crucial que el cordón no tenga socavados, ya que estos defectos pueden comprometer la integridad de la soldadura.

2. Medición dimensional

- **Ancho, altura y longitud del cordón.** La medición se realiza para asegurar que las dimensiones del cordón cumplen con las especificaciones del procedimiento de soldadura, especialmente en lo que respecta al refuerzo.

- **Verificación del entrehierro.** Asegurar que el espacio entre los bordes al inicio del proceso fue el correcto para evitar problemas como falta de penetración o defectos en la raíz.

3. Pruebas destructivas y no destructivas

- **Corte y fractura del cupón.** En caso de que el protocolo lo exija, se podría realizar un corte y fractura del cupón para observar la penetración y fusión. Se busca un refuerzo interno adecuado y la ausencia de defectos como falta de fusión, porosidad interna o inclusiones de escoria.

- **Pruebas no destructivas (NDT).** Métodos como la radiografía o la prueba de ultrasonidos pueden ser usados para evaluar la integridad interna de la soldadura, lo cual es especialmente importante en tubos de mayor espesor.

Aspectos adicionales para tubos más grandes

1. Control de la simetría

- Dado el mayor tamaño del tubo, es crucial que la soldadura se realice de manera simétrica alrededor de toda la circunferencia del tubo. Desviaciones o desalineaciones pueden generar tensiones internas que podrían comprometer la estructura.

2. Verificación de distorsión

- En tubos de mayor espesor, es importante verificar si ha habido distorsión durante la soldadura. Aunque menos común que en tubos más delgados, la distorsión puede ocurrir debido al calor, especialmente si la soldadura se realizó en múltiples pasadas con procesos combinados.

3. Evaluación del sobreespesor del cordón de raíz en la cara interna del tubo

- La evaluación del sobreespesor o refuerzo en la cara interna del tubo es crítica. Para tubos de 6 mm, un refuerzo adecuado es necesario para asegurar una unión sólida sin que el material base se debilite.

Resumen

En general, el protocolo de inspección sería muy similar, pero la complejidad del tubo más grande y más grueso puede requerir una atención adicional en términos de simetría, distorsión, y la necesidad de realizar más pruebas no destructivas para asegurar la calidad de la soldadura. Además, cualquier procedimiento específico del código o norma aplicable, como la ISO 5817 o la ASME Sección IX, se aplicará con rigor durante la inspección.

14. Prácticas de soldadura TIG en acero inoxidable austenítico

El acero inoxidable es un material ampliamente utilizado en la industria debido a su resistencia a la corrosión, que se debe principalmente a su contenido de cromo. Sin embargo, para mantener estas propiedades durante la soldadura, es crucial seguir una serie de precauciones y prácticas específicas.

Precauciones en la manipulación y soldadura del acero inoxidable

- **Corte y preparación.** Utiliza discos de corte y herramientas específicamente diseñados para acero inoxidable (discos etiquetados como "inox"). Esto evita la contaminación cruzada con otros materiales, especialmente el acero al carbono.

– **Almacenamiento.** Almacena el acero inoxidable separado del acero al carbono y otras aleaciones que puedan contaminarlo. Dedica herramientas exclusivamente al trabajo con inoxidable para evitar la transferencia de partículas de otros materiales.

– **Cepillado.** Para limpiar el acero inoxidable, usa cepillos de púas de acero inoxidable, que generalmente tienen púas plateadas. Los cepillos de púas de hierro (dorado) no son adecuados, ya que pueden transferir contaminantes que afecten la soldadura.

– **Punteado.** Asegúrate de puntear con al menos cinco puntos de soldadura para asegurar una fijación adecuada de las piezas, dado que el acero inoxidable tiene una menor conductividad térmica que el acero al carbono. La secuencia recomendada es. primero en el extremo derecho, luego en el izquierdo, seguido por el centro y finalmente dos puntos equidistantes entre el centro y los extremos.

– **Limpieza.** Antes de soldar, limpia las superficies con un desengrasante adecuado, como acetona, para evitar contaminantes que puedan afectar la calidad de la soldadura.

– **Protección de la cara trasera.** Durante la soldadura, especialmente en procesos como TIG y MAG, protege la cara trasera del acero inoxidable para evitar la formación de óxidos. Esto se puede hacer utilizando respaldos de cobre o respaldos cerámicos. Si no se protege adecuadamente, el cromo puede oxidarse, formando "cristales negros" que indican contaminación.

Purga de gas en la soldadura de tubos de acero inoxidable

La purga de gas es esencial cuando se sueldan tubos de acero inoxidable, ya que protege la cara interna de la soldadura del contacto con el oxígeno, evitando así la oxidación y otros defectos.

– **Aplicación de la purga de gas.** La purga se realiza introduciendo gas inerte (generalmente argón) en el interior del tubo antes y durante la soldadura. Es fundamental perforar los extremos del tubo para mantener el flujo de gas dentro y sacar el aire.

– **Tiempo y caudal de gas.** El tiempo necesario para purgar depende del diámetro y la longitud del tubo, así como del caudal de gas. Un caudal típico podría ser de 10-15 litros por minuto, y se debe mantener hasta que el interior del tubo esté completamente inertizado.

- **Detección de presencia de aire.** Para asegurar que el interior del tubo está purgado adecuadamente, se utilizan detectores de oxígeno que miden la concentración en partes por millón (ppm). Un nivel de oxígeno de 20 ppm o menos es generalmente aceptable para iniciar la soldadura, ya que minimiza el riesgo de oxidación.

Formación de óxidos de cromo y carburos de cromo

Durante la soldadura de aceros inoxidables, es necesario evitar la formación de óxidos de cromo y carburos de cromo, ya que ambos pueden comprometer la resistencia a la corrosión del material.

- **Óxidos de cromo**
  - **Formación.** Los óxidos de cromo se forman cuando el acero inoxidable se expone al oxígeno en altas temperaturas, como durante la soldadura. Este fenómeno es visible como una decoloración o una pequeña "coliflor negra" en la superficie soldada.
  - **Efecto.** Aunque una capa fina de óxido de cromo es protectora (forma parte de la capa pasiva del acero inoxidable), una oxidación excesiva debilita esta capa, reduciendo la resistencia a la corrosión.
  - **Prevención.** Para evitar la formación de óxidos de cromo, es fundamental utilizar una purga de gas adecuada para proteger tanto la cara delantera como la trasera de la soldadura. Además, reducir el tiempo de exposición a altas temperaturas y utilizar técnicas de soldadura adecuadas, como mantener un arco corto y un avance rápido, ayudará a minimizar la oxidación.
- **Carburos de cromo**
  - **Formación.** Los carburos de cromo se forman cuando el cromo reacciona con el carbono en el acero inoxidable a temperaturas entre 450 °C y 850 °C. Esta precipitación de carburos reduce la cantidad de cromo disponible para formar la capa pasiva, disminuyendo así la resistencia a la corrosión.
  - **Efecto.** La formación de carburos de cromo puede llevar a la corrosión intergranular, un tipo de corrosión que afecta los límites de grano del material, debilitando la estructura del acero inoxidable.

- **Prevención.** Para evitar la formación de carburos de cromo, es recomendable utilizar aceros inoxidables de bajo contenido en carbono, como el 304L o el 316L, que están específicamente diseñados para minimizar esta precipitación. Además, es importante controlar la temperatura durante el proceso de soldadura y enfriar rápidamente el material después de soldar.

Tipos de aceros inoxidables y su soldabilidad

El acero inoxidable se clasifica en varios tipos según su estructura y composición. Los más comunes son:

- **Austeníticos.** Son los más utilizados en la industria. Se caracterizan por su alta resistencia a la corrosión y son no magnéticos. Un ejemplo típico es el acero 304L, que se suelda comúnmente con material de aporte tipo ER308L. Estos aceros tienen una excelente soldabilidad y son menos propensos a la formación de grietas durante la soldadura.
- **Ferríticos.** Son magnéticos, más propensos a la corrosión por picaduras y al agrietamiento por corrosión bajo tensión. Se utilizan en aplicaciones donde la resistencia a la corrosión es menos crítica, como en algunos componentes automotrices. La soldabilidad es moderada.
- **Martensíticos.** Tienen alta resistencia y dureza, pero son más susceptibles a la corrosión que los otros tipos. Estos aceros se utilizan en aplicaciones donde se requiere alta resistencia, como en cuchillas y herramientas. La soldadura de estos aceros requiere un pre y post-calentamiento para evitar el agrietamiento.
- **Austenoferríticos (dúplex).** Combinan las propiedades de los aceros austeníticos y ferríticos, ofreciendo alta resistencia a la corrosión y mayor resistencia mecánica. Son comunes en aplicaciones marinas y petroquímicas. Se sueldan, por ejemplo, con material de aporte ER2209 para mantener la estructura dúplex.

Ampliación de habilidades: soldadura de tubería de 2 pulgadas y 3 mm de espesor

Una vez que hayas dominado las prácticas anteriores en soldadura TIG de tubos de 5 pulgadas y 6 mm de espesor, te animamos a que des un paso más en tu formación y te familiarices con la soldadura de tubería de menor diámetro y espesor. Específicamente, trabajar con tubos de 2 pulgadas de diámetro y 3 mm de espesor te permitirá ampliar tus habilidades y prepararte para obtener certificaciones en la soldadura de tubería de pequeño diámetro, una competencia altamente valorada en el sector industrial.

Particularidades de la soldadura en tubería de 2 pulgadas y 3 mm de espesor

1. **Soldadura íntegra con TIG.** A diferencia de los tubos de 5 pulgadas y 6 mm de espesor, que normalmente requieren un proceso de soldadura combinado (iniciando con TIG para el cordón de raíz y continuando con electrodo revestido para los rellenos y la terminación), la soldadura de tubería de 2 pulgadas y 3 mm de espesor se puede resolver completamente con el proceso TIG. Esto significa que tanto el cordón de raíz como el *hot pass* se pueden realizar con TIG, logrando una unión de alta calidad y precisión.

2. **Ajustes y técnica.** Debido al menor espesor, es crucial ajustar la intensidad y el control del baño de fusión para evitar perforaciones o deformaciones del tubo. La soldadura de tubería de 2 pulgadas con TIG requiere un control aún más fino, especialmente durante el avance del cordón de raíz. La técnica *walking the cup* sigue siendo altamente efectiva para mantener un control constante sobre el baño de fusión, pero requerirá un toque más ligero y preciso.

3. **Desafíos y beneficios.** Soldar tubos de menor diámetro y espesor presenta desafíos únicos, como la tendencia del metal a sobrecalentarse rápidamente y la necesidad de mantener un ritmo constante para evitar quemaduras en la raíz. Sin embargo, dominar esta habilidad te permitirá abordar una gama más amplia de aplicaciones industriales, especialmente en trabajos que requieren precisión en espacios reducidos o en tuberías de alta presión.

Preparación para la certificación. Una vez que te sientas cómodo soldando tubos de 2 pulgadas y 3 mm de espesor, estarás bien preparado para buscar certificaciones específicas en la soldadura de tubería de pequeño diámetro. Este tipo de certificación es muy demandado en sectores como la industria química, petroquímica, alimentaria y farmacéutica, donde la tubería de pequeño diámetro es común.

Recuerda que la soldadura de tubería de 2 pulgadas es un excelente paso para perfeccionar tu técnica y ampliar tu capacidad de trabajo en diferentes proyectos. Aprovecha esta oportunidad para fortalecer tu perfil profesional y abrirte a nuevas oportunidades en el campo de la soldadura especializada.

Práctica 17	Soldadura TIG en acero inoxidable E-304-L

Soldadura "a tope" de dos tubos milimétricos en posición horizontal (rotando) PA (1G)

Material base	Tubo de 2 pulgadas x 100 x1,5 mm austenítico 304L		
Electrodos a utilizar	A elegir según disponibilidad entre electrodo Ø 2,4 mm de torio (WTh20 Rojo), lantano (WLa 10/15 negro o dorado), cerio (WCe 20 gris) o tierras raras (E3 violeta).		
Tobera	N.º 5 o N.º 6 (diámetro de 8 y 10 mm respectivamente).	*Varilla*	Sin aporte
N.º de cordones	Un cordón	*Intensidad*	45-70 A
Caudal de gas	8-10 litros por minuto (1 litro por cada milímetro de diámetro interior de la tobera)		
Longitud del tungsteno fuera de la tobera	3-4 mm		

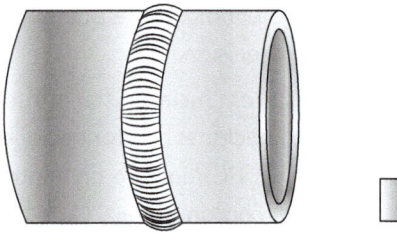 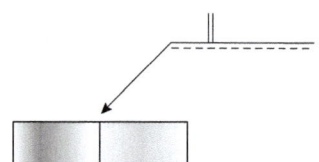

Fig. 2.34.

1. Protocolo de limpieza

Recuerda

Antes de iniciar cualquier proceso de soldadura, la limpieza del material es esencial para evitar defectos y asegurar una soldadura de alta calidad.

- **Limpieza del exterior del tubo.** Usa un trapo limpio empapado en acetona para limpiar bien la superficie del tubo a lo largo de la zona de la unión y sus alrededores. La acetona elimina cualquier residuo de grasa o suciedad que pueda interferir con la soldadura si se deja secar antes de empezar.

- **Limpieza del interior del tubo.** Asegúrate de que el interior del tubo esté libre de contaminantes, ya que estos pueden comprometer la calidad de la purga de gas y afectar la cara trasera de la soldadura. Utiliza un cepillo adecuado para acero inoxidable y, si es necesario, limpia también el interior con acetona.

2. Montaje y punteado del tubo

El montaje y punteado adecuados son cruciales para mantener una alineación precisa durante la soldadura.

- **Montaje.** Alinea los tubos cuidadosamente en un soporte adecuado para asegurar que estén en la posición correcta (PA, horizontal). Verifica que el entrehierro sea nulo, dado que no usarás varilla de aporte y deseas un pequeño sobreespesor en la cara interior.

- **Punteado.** Realiza al menos cuatro puntos de punteado distribuidos equitativamente alrededor de la circunferencia del tubo. Esto asegurará que los tubos mantengan su alineación durante el proceso de soldadura. Recuerda que el acero inoxidable es menos conductor térmicamente, por lo que el calor se concentrará más en las áreas cercanas al baño de fusión.

3. Purga de gas de la cara interior

La purga de gas en la soldadura de acero inoxidable es esencial para evitar la oxidación y asegurar que la cara interna del tubo esté protegida desde el punteado y durante la soldadura.

- **Aplicación de la purga.** Con los extremos del tubo sellados, introduce gas inerte (argón) en el interior del tubo a un caudal constante de aproximadamente 10 litros por minuto. Mantén la purga durante todo el proceso de soldadura, asegurándote de que el interior esté completamente inertizado. La tapa del lado contrario debe estar perforada en su punto más alto para permitir la salida del aire mientras purgamos y durante la soldadura.

- **Detección de aire residual.** Utiliza un detector de oxígeno para asegurar que la concentración de oxígeno en el interior del tubo sea inferior a 20 ppm antes de iniciar la soldadura. Esto minimizará la formación de óxidos de cromo en la cara interna.

4. Realización de la soldadura

En esta práctica, soldarás los tubos sin varilla de aporte, lo que requerirá un control preciso del baño de fusión para lograr un cordón con un pequeño sobreespesor.

Técnica walking the cup

- **Iniciando la técnica**
  - Coloca la antorcha en el punto inicial de la soldadura, aproximadamente a las "3 en punto" del tubo. La posición de la antorcha es clave; debes

mantenerla con una inclinación de 10 a 15 grados respecto a la superficie del tubo, de manera que el tungsteno esté ligeramente inclinado hacia la dirección de avance.

- **Movimiento oscilante de la antorcha**

  - La técnica *walking the cup* implica un movimiento oscilante de la antorcha, donde la copa cerámica toca la superficie del tubo y se desliza de un lado a otro de la junta de soldadura. Este movimiento es clave para distribuir el calor de manera uniforme y mantener un control preciso sobre el baño de fusión.

  - Imagina que estás "dibujando" pequeños arcos o círculos con la antorcha, donde cada movimiento cubre un área ligeramente superpuesta al anterior. Este patrón asegura que la soldadura se fusiona de manera continua y uniforme, sin dejar huecos ni sobrecalentar una parte específica del tubo.

- **Control del ritmo y la cadencia**

  - Es esencial mantener un ritmo constante durante la aplicación de la técnica *walking the cup*. Un movimiento demasiado rápido puede dar como resultado un cordón inconsistente o incompleto, mientras que un movimiento demasiado lento puede causar sobrecalentamiento y deformación del material.

  - Si notas que la antorcha tiende a resbalar sobre la superficie del tubo, lo que podría causar una pérdida de control, ajusta ligeramente el ángulo de la antorcha hacia adelante (reduciendo la inclinación) para aumentar la fricción entre la copa cerámica y el tubo. Este pequeño ajuste puede ayudarte a recuperar el control sin interrumpir el movimiento oscilante.

- **Prevención de paradas no deseadas**

  - Es importante evitar que la antorcha se quede parada en un punto durante la soldadura. Esto podría causar una acumulación excesiva de calor en una zona, lo que puede dar como resultado un cordón con un perfil inconsistente o incluso quemaduras en el material.

  - Para evitar paradas, asegúrate de que el movimiento oscilante sea fluido y continuo. Mantén una presión moderada hacia adelante con la antorcha, y ajusta la velocidad de tu mano para que el ritmo del movimiento esté en sincronía con la velocidad de fusión del material.

- **Avance y control del baño de fusión**
  - A medida que avances con la técnica *walking the cup*, observa el baño de fusión para asegurarte de que está bien controlado. El objetivo es mantener un baño de fusión lo suficientemente pequeño para que forme un cordón con un ligero sobreespesor en la cara interna del tubo, pero sin sobrepasar el grosor del material.
  - Si en algún momento el baño de fusión parece descontrolarse, reduce la intensidad de la corriente o ajusta el ritmo de movimiento para volver a estabilizarlo. Recuerda que el control del baño es especialmente crítico en un espesor de 1,5 mm sin varilla de aporte.

- **Progresión en cuartos**
  - Una vez que hayas completado el primer cuarto de tubo (de las 3 a las 12 en punto), detén el avance, inspecciona el cordón para asegurar que está uniforme y libre de defectos, y luego gira el tubo 180 grados para soldar el cuarto opuesto. Repite el mismo proceso, manteniendo siempre el mismo nivel de control sobre el movimiento y el baño de fusión.

- **Rotación y soldadura del tubo**
  - Una vez soldado el segundo cuarto de tubo (de las 3 a las 12 en punto), repite el proceso para los dos cuartos restantes, asegurando siempre una alineación correcta y una aplicación constante de la técnica *walking the cup*.
  - Control final del baño de fusión. A medida que avanzas en la soldadura, vigila constantemente el baño de fusión. Dado que no estás utilizando varilla de aporte, el control del calor es crítico para evitar quemaduras o una penetración excesiva.

Consideraciones adicionales

- **Temperatura y enfriamiento.** Durante la soldadura, monitorea la temperatura del tubo. Si sientes que se calienta demasiado, permite que se enfríe ligeramente antes de continuar. Un sobrecalentamiento podría afectar la calidad del cordón.
- **Prueba de estanqueidad.** Una vez completada la soldadura, es recomendable realizar una prueba de estanqueidad para asegurar que no haya poros ni fisuras que puedan comprometer la integridad de la soldadura.

- **Inspección visual.** Finalmente, inspecciona visualmente la soldadura. Asegúrate de que el cordón tenga un pequeño sobreespesor uniforme y que no haya decoloración excesiva, lo que indicaría una posible oxidación del cromo.

Próximos desafíos: soldadura en posiciones cornisa, 5G y 6G

Una vez que hayas completado con éxito la soldadura en posición horizontal, te animamos a llevar tus habilidades al siguiente nivel realizando el mismo ejercicio en posiciones más desafiantes: cornisa (PC), 5G, y 6G. Estas posiciones te exigirán un control aún mayor sobre el baño de fusión, el movimiento de la antorcha, y la técnica de purga de gas. Aquí te recordamos algunos aspectos clave que debes tener en cuenta al abordar estas nuevas posiciones:

1. Control del baño de fusión

En las posiciones cornisa, 5G y 6G, el control del baño de fusión es más crítico debido a la influencia de la gravedad. Es fundamental que mantengas un ángulo constante de la antorcha y ajustes la intensidad de la corriente para evitar que el baño de fusión se descontrole y cause defectos en el cordón. Recuerda:

- **Posición Cornisa (PC)/Posición 5G.** Trabaja en secciones y mantén un movimiento constante de la antorcha, prestando especial atención al ángulo para que el baño de fusión no se deslice a medida que avanzas.

- **Posición 6G.** Este es el desafío máximo. En esta posición, debes rotar tu cuerpo alrededor del tubo para mantener un control constante del baño de fusión mientras avanzas desde la parte inferior hasta la superior del tubo.

2. Técnica *walking the cup*

La técnica *walking the cup* sigue siendo tu aliada en estas posiciones, pero será más exigente. Mantén un movimiento oscilante y constante, asegurando que la copa cerámica toque siempre la superficie del tubo, especialmente en las posiciones más verticales (5G y 6G). Recuerda que en estos casos, un desliz o un parón puede dar como resultado una acumulación de calor indeseado o en un avance irregular del cordón. En caso de sentir que estás perdiendo control, detente, ajusta tu postura, el amperaje o la inclinación de la antorcha, y continúa cuando te sientas seguro.

3. Aplicación de la purga de gas

En la soldadura de acero inoxidable austenítico 304L, la purga de gas es esencial para evitar la formación de óxidos y mantener la integridad del cromo en la soldadura. Recuerda las siguientes prácticas clave:

- **Caudal y tiempo de purga.** Ajusta el caudal de gas de purga adecuadamente (generalmente desde 3-4 litros por minuto) y permite el tiempo suficiente para asegurarte de que el interior del tubo esté completamente inertizado. Un detector de partes por millón (ppm) es ideal para confirmar que el nivel de oxígeno ha bajado a niveles seguros antes de comenzar la soldadura (menos de 20 ppm).
- **Monitorización continua.** Especialmente en posiciones más complejas como 5G y 6G, donde el movimiento puede perturbar la purga, asegúrate de que la purga se mantenga estable durante toda la soldadura para evitar defectos internos.

4. Cambio de manos y control corporal

En posiciones como 5G y 6G, cambiar de manos y rotar tu cuerpo para mantener el control del baño de fusión es vital. Planifica tu soldadura anticipando los cambios de posición y de mano, y practica estos movimientos en seco si es necesario antes de realizar la soldadura real. Recuerda que tu cabeza debe estar siempre por delante de la antorcha y el baño de fusión para una mejor visibilidad y control.

5. Manejo del Calor

El acero inoxidable tiene una baja conductividad térmica, lo que puede llevar a una acumulación de calor en la zona de soldadura. Mantén secciones cortas y permite un enfriamiento intermitente si es necesario para evitar la deformación del tubo. Si estás soldando en la posición 6G, ten especial cuidado en la parte superior, donde la acumulación de calor es más probable.

Al dominar estas técnicas en las posiciones avanzadas, estarás un paso más cerca de convertirte en un soldador altamente cualificado y capaz de enfrentar los retos más complejos de la industria. ¡Buena suerte en tu práctica y sigue perfeccionando tu habilidad!

Protocolo de inspección del ICS para la soldadura de una tubería de acero inoxidable austenítico 304L de 1,5 mm

El protocolo de inspección del ICS para la soldadura de una tubería de acero inoxidable austenítico 304L de 1,5 mm de espesor seguiría en gran medida los mismos principios que el protocolo para la tubería de 5" x 6 mm de acero al carbono, pero con algunas diferencias clave debido a las propiedades del material y el espesor del tubo. A continuación, te explico esas diferencias:

1. Inspección visual

Similitudes

- La inspección visual sigue siendo esencial para detectar defectos superficiales como grietas, porosidad, socavados, y cualquier discontinuidad superficial en el cordón de soldadura.

- El perfil del cordón debe ser uniforme, con una transición suave entre el cordón y el material base.

Diferencias

- En el caso del acero inoxidable 304L de 1,5 mm, es imprescindible evaluar la ausencia de oxidación o decoloración en la zona de soldadura. La presencia de colores como azul, púrpura o marrón indica una exposición prolongada al calor y posible oxidación, lo que podría comprometer la resistencia a la corrosión del material.

- Dado que se trata de un espesor más delgado, se presta especial atención a evitar la quemadura en el borde (sobrecalentamiento que puede llevar a la fusión del borde del tubo).

2. Medición dimensional

Similitudes

- Se realizan mediciones para asegurar que las dimensiones del cordón cumplen con las especificaciones del procedimiento de soldadura.

Diferencias

- La evaluación del entrehierro inicial es crítica para garantizar que no haya sobrecalentamiento o falta de penetración en este material más delgado.

- El sobreespesor del cordón de raíz y la cara exterior deben ser mínimos y uniformes para evitar debilitamiento estructural debido al mayor riesgo de distorsión en un material tan delgado.

3. Pruebas destructivas y no destructivas

Similitudes

- El corte y fractura del cupón puede realizarse para observar la penetración, fusión y verificar la ausencia de defectos internos.
- Pruebas no destructivas como radiografía o ultrasonidos son aplicables para evaluar la integridad interna.

Diferencias

- Debido al menor espesor, la probabilidad de distorsión y sobrecalentamiento es mayor, por lo que se debe prestar especial atención durante las pruebas destructivas y no destructivas a posibles señales de debilitamiento estructural o deformación.
- En el acero inoxidable 304L, se debe verificar la resistencia a la corrosión, asegurando que no haya signos de contaminación con otros metales o materiales que puedan provocar corrosión galvánica.

Aspectos adicionales para tubos de 1,5 mm

Control de la temperatura en la ZAT

- Debido al bajo espesor del material, se debe evitar la concentración de calor en la Zona Afectada Térmicamente (ZAT). Esto implica que el soldador debe utilizar técnicas que minimicen el aporte térmico, como el uso de arco pulsado o la soldadura en tramos cortos con enfriamiento intermedio.

Purga de gas

- En la soldadura de acero inoxidable, es fundamental asegurar una purga de gas adecuada en el interior del tubo para evitar la oxidación del cordón de raíz. El gas de purga debe mantenerse durante todo el proceso hasta que el cordón haya enfriado suficientemente para evitar oxidación.

Resumen

El protocolo de inspección del ICS para la soldadura de una tubería de 304L de 1,5 mm sigue los mismos pasos fundamentales que el de una tubería de acero al carbono de 5" y 6 mm, pero se adapta a las particularidades del acero inoxidable, como la prevención de la oxidación, el control de la temperatura y la necesidad de un control de calidad más riguroso debido al menor espesor del material.

15. Prácticas de soldadura TIG en aluminio

En los ejercicios que abordaremos a continuación, nos enfocaremos en la soldadura TIG de aluminio, específicamente utilizando la serie 5086, una aleación con magnesio que es ampliamente empleada en la industria aeronáutica y automotriz debido a su combinación de ligereza y resistencia.

Particularidades del aluminio y su soldadura

El aluminio presenta varios desafíos en comparación con el acero al carbono o el acero inoxidable. Un aspecto fundamental a tener en cuenta es la existencia de la alúmina (óxido de aluminio) que cubre su superficie. La alúmina tiene un punto de fusión cercano a los 2.000 °C, mucho más alto que el del propio aluminio, que funde alrededor de los 660 °C. Esta diferencia drástica, sumada a la naturaleza cerámica de la alúmina, la cual es refractaria y aislante, dificulta la soldadura si no se elimina adecuadamente.

Corriente alterna y su efecto en la soldadura

Para la soldadura TIG de aluminio, utilizamos corriente alterna (CA), que ofrece la ventaja de "limpiar" la alúmina durante el proceso de soldadura. El ciclo positivo de la CA elimina la alúmina, mientras que el ciclo negativo permite la penetración del arco en el material. Este efecto de limpieza es esencial para asegurar una soldadura de calidad y libre de inclusiones de óxido.

Conductividad térmica del aluminio

El aluminio es un excelente conductor térmico, lo que significa que disipa el calor rápidamente. Esto requiere el uso de intensidades más altas durante la soldadura para mantener un baño de fusión adecuado. Sin embargo, esta misma propiedad también implica que el material se sobrecalienta fácilmente, lo que puede afectar negativamente las propiedades mecánicas de la Zona Afectada Térmicamente (ZAT). Para mitigar este riesgo, se recomienda soldar en tramos cortos y permitir que el material enfríe entre pasadas, o bien utilizar un arco pulsado para controlar mejor la entrada de calor.

Importancia de la limpieza y el uso de gases nobles

Antes de soldar, es imprescindible limpiar las piezas de aluminio con un desengrasante adecuado o acetona, que es eficaz y se evapora sin dejar residuos. Además, es fundamental utilizar gases nobles inertes (como argón puro o mezclado con helio) para proteger el baño de fusión de la contaminación atmosférica. A diferencia de otros materiales, el aluminio requiere un caudal de gas protector más alto para garantizar que la soldadura no se contamine.

Seguridad en el manejo del aluminio

El polvo de alúmina, además de ser inflamable, es tóxico si se inhala. Es crucial mantener limpio el área de trabajo, usar ropa ignífuga y una mascarilla adecuada para protegerse de estos riesgos. La eliminación de la alúmina antes de soldar, aunque se utilice corriente alterna, sigue siendo una práctica obligatoria para garantizar una soldadura sin defectos.

Control de la temperatura en la ZAT

Debido a la alta conductividad térmica del aluminio, el control de la temperatura en la ZAT es esencial para preservar sus propiedades mecánicas. El uso de técnicas como el arco pulsado o la soldadura en tramos cortos, permitiendo enfriar entre pasadas, son estrategias efectivas para minimizar la alteración de la ZAT y mantener la integridad del material.

Descripción del arco pulsado y el balance de onda cuadrada: qué son y por qué todo el mundo los confunde

Cuando se habla de soldadura TIG, es común escuchar términos como "arco pulsado" y "balance de onda cuadrada". Aunque estos términos pueden sonar complicados, voy a explicártelos de una manera sencilla para que entiendas qué son y por qué a veces se confunden.

1. **Arco pulsado**

   - **¿Qué es el arco pulsado?**

     • El arco pulsado es una técnica en la soldadura TIG que alterna entre un nivel de corriente alto y otro bajo, muy rápidamente, mientras sueldas. Es como si estuvieras acelerando y desacelerando un coche constantemente, pero de manera controlada.

- **¿Por qué usarlo?**

  - Esta técnica te permite controlar mejor la cantidad de calor que aplicas a la pieza, lo que es especialmente útil cuando trabajas con materiales delgados que se pueden deformar o quemar fácilmente si reciben demasiado calor de golpe.

  - Al usar el arco pulsado, puedes reducir el riesgo de perforar el material y mejorar el control sobre la forma y tamaño del baño de fusión (la parte derretida del metal que estás soldando).

- **Ejemplo:**

  - Imagina que estás soldando una lata de aluminio. Si usas demasiada corriente de una sola vez, podrías derretir la lata. El arco pulsado ayuda a evitar eso, porque te da más control sobre la cantidad de calor que aplicas.

2. Balance de onda cuadrada

- **¿Qué es el balance de onda cuadrada?**

  - En la soldadura TIG con corriente alterna (AC), la corriente cambia de dirección constantemente (de positivo a negativo y viceversa). El "balance de onda cuadrada" es la forma en que se ajusta el tiempo que la corriente pasa en cada dirección. Se usa principalmente cuando se suelda aluminio.

- **¿Por qué es importante?**

  - Cuando la corriente está en el lado positivo (tungsteno positivo), ayuda a limpiar la superficie del aluminio, eliminando el óxido que se forma naturalmente (la alúmina). Cuando está en el lado negativo (tungsteno negativo), concentra el calor en el material y permite que el metal se derrita para formar el baño de fusión.

  - Ajustar el balance de onda cuadrada te permite encontrar el equilibrio adecuado entre limpieza y fusión. Si el balance no está bien ajustado, podrías tener problemas para mantener el arco estable o para limpiar correctamente la superficie del aluminio.

- **Ejemplo**

  - Es como cuando lavas un coche con una manguera. Necesitas suficiente presión para limpiar la suciedad (tungsteno positivo), pero no tanta como para dañar la pintura (tungsteno negativo). El balance de onda cuadrada te ayuda a ajustar esa "presión".

3. **¿Por qué se confunden?**

 – **Similitudes y confusión**

   • La confusión surge porque tanto el arco pulsado como el balance de onda cuadrada implican ajustes en la corriente durante la soldadura. Ambos afectan cómo se comporta el calor en el material, pero de maneras diferentes.

   • El arco pulsado es sobre el cambio de intensidad (sube y baja de corriente), mientras que el balance de onda cuadrada trata sobre cómo se distribuye la corriente cuando cambia de dirección durante la soldadura de aluminio.

 – **Cómo diferenciarlos**

   • Arco pulsado: controla el "ritmo" de la soldadura, alternando entre más y menos calor.

   • Balance de onda cuadrada: controla cómo se reparte la corriente entre limpieza y fusión en la soldadura de aluminio.

En resumen, ambos son ajustes que puedes usar para mejorar tu soldadura, pero tienen propósitos diferentes. Entender la diferencia te ayudará a usarlos correctamente y mejorar tus resultados en la soldadura TIG.

Efecto de variar la frecuencia de los pulsos empleando el arco pulsado

Cuando hablamos de "frecuencia de los pulsos" en la soldadura TIG con arco pulsado, nos referimos a la velocidad con la que la corriente cambia de un nivel alto a un nivel bajo. Imagínate que estás jugando con un interruptor de luz, encendiéndolo y apagándolo rápidamente; la frecuencia de los pulsos sería la cantidad de veces que haces eso en un segundo.

1. **Frecuencia baja de pulsos**

 – **¿Qué pasa cuando la frecuencia es baja?**

   • Si ajustas la máquina para que los pulsos sean lentos, significa que la corriente estará en su nivel alto por más tiempo antes de bajar al nivel bajo y viceversa. Esto se traduce en un ritmo de soldadura más lento y un control más preciso del baño de fusión (la parte del metal que se derrite y forma la soldadura).

 – **¿Cuándo es útil?**

   • Usar una frecuencia baja es útil cuando estás trabajando en piezas más gruesas o cuando necesitas un control muy detallado sobre la cantidad de calor que aplicas. Te da más tiempo para ver cómo se forma el baño de fusión y ajustar tu movimiento en consecuencia.

- También es útil cuando estás aprendiendo a soldar con arco pulsado, ya que el ritmo más lento te permite familiarizarte con el proceso.

– **Ejemplo**

- Imagina que estás pintando un dibujo y quieres asegurarte de que las líneas sean precisas. Pintar lentamente te ayuda a mantenerte dentro de las líneas y a hacer un trabajo más detallado.

2. Frecuencia alta de pulsos

– **¿Qué pasa cuando la frecuencia es alta?**

- Si aumentas la frecuencia de los pulsos, la corriente cambiará rápidamente entre los niveles alto y bajo. Esto significa que el calor se aplica en ráfagas cortas y rápidas, lo que puede ayudar a concentrar el calor y mantener el baño de fusión más pequeño.

– **¿Cuándo es útil?**

- Una frecuencia alta es útil cuando trabajas con materiales más delgados que pueden deformarse o quemarse fácilmente. Al mantener el baño de fusión más pequeño y controlado, reduces el riesgo de dañar la pieza.

- También es útil cuando necesitas avanzar más rápido, ya que el proceso de soldadura se acelera con una frecuencia alta.

– **Ejemplo**

- Volviendo a la analogía de la pintura, una frecuencia alta es como usar un pincel pequeño para pintar rápidamente muchas áreas pequeñas. Te permite cubrir más terreno sin perder el control, pero requiere más práctica y destreza.

3. ¿Cómo elegir la frecuencia adecuada?

– **Decide en función del material y el grosor**

- Si estás trabajando con un material grueso y necesitas un control detallado, elige una frecuencia baja.

- Si el material es delgado y necesitas evitar que se queme o deforme, una frecuencia alta puede ser más adecuada.

- **Ajusta según tu comodidad**
  - Si sientes que estás perdiendo el control del baño de fusión o que la soldadura se está acelerando demasiado, prueba a bajar la frecuencia.
  - Si necesitas acelerar el proceso sin perder precisión, aumentar la frecuencia podría ayudarte.

En resumen, la frecuencia de los pulsos te da la posibilidad de controlar mejor cómo y dónde aplicas el calor durante la soldadura. Ajustarla correctamente puede hacer una gran diferencia en la calidad y la precisión de tu soldadura.

Efecto de variar el balance de onda

En la soldadura TIG con corriente alterna (AC), especialmente en materiales como el aluminio, ajustar el balance de onda es fundamental para controlar el comportamiento del arco y, en consecuencia, la calidad de la soldadura.

1. **¿Qué es el balance de onda?**

- **Entender la onda**
  - En soldadura TIG con corriente alterna, la corriente cambia de dirección constantemente, representada como una "onda". En una parte del ciclo, la corriente fluye desde el electrodo de tungsteno hacia la pieza de trabajo (tungsteno negativo), y en la otra parte, la corriente fluye desde la pieza hacia el electrodo (tungsteno positivo).

- **¿Qué hace el balance de onda?**
  - El balance de onda permite ajustar el tiempo que la corriente pasa en cada parte del ciclo: más tiempo en tungsteno negativo o más tiempo en tungsteno positivo. Esto tiene efectos importantes en la soldadura.

2. **Balance de onda hacia el tungsteno positivo (más limpieza)**

- **¿Qué pasa si ajustas el balance para que pase más tiempo en tungsteno positivo?**
  - Cuando el balance de onda está más hacia el tungsteno positivo, la corriente pasa más tiempo viajando desde la pieza de trabajo hacia el electrodo de tungsteno. Esto tiene un efecto de limpieza sobre la superficie del material, eliminando la capa de óxido (alúmina) que se forma en metales como el aluminio.

- Sin embargo, esto también significa que el electrodo de tungsteno se calentará más y podría desgastarse más rápidamente.

- ¿Cuándo es útil?

  - Este ajuste es ideal cuando trabajas con materiales que necesitan una limpieza intensa durante la soldadura, como el aluminio, y donde es fundamental eliminar la capa de óxido para asegurar una soldadura limpia.

- Ejemplo

  - Imagina que estás limpiando una superficie sucia antes de pintar. Pasar más tiempo limpiando asegura que elimines toda la suciedad, dejando la superficie lista para trabajar.

3. Balance de onda hacia el tungsteno negativo (más penetración)

- ¿Qué pasa si ajustas el balance para que pase más tiempo en tungsteno negativo?

  - Cuando el balance de onda se ajusta hacia el tungsteno negativo, la corriente pasa más tiempo fluyendo desde el electrodo hacia la pieza de trabajo. Esto proporciona una mayor penetración en el material, permitiendo que la soldadura sea más profunda.

  - Sin embargo, este ajuste reduce la capacidad de limpieza, ya que la corriente pasa menos tiempo eliminando óxidos de la superficie del material.

- ¿Cuándo es útil?

  - Este ajuste es ideal cuando la pieza ya está limpia y necesitas una penetración profunda en la soldadura. Es especialmente útil para trabajos que requieren una unión fuerte y duradera.

- Ejemplo:

  - Esto sería como usar un martillo para clavar un clavo más profundamente en la madera, asegurándote de que esté firmemente sujeto.

4. ¿Cómo elegir el balance de onda adecuado?

- Para más limpieza:

  - Ajusta el balance hacia el tungsteno positivo. Esto es necesario cuando trabajas con materiales que tienen una capa de óxido o contaminantes en la superficie.

- **Para más penetración:**
  - Ajusta el balance hacia el tungsteno negativo. Esto te ayudará a obtener una soldadura más profunda y sólida, ideal para piezas gruesas o trabajos que requieren una unión fuerte.

En resumen, el balance de onda es clave para optimizar tanto la limpieza de la pieza como la penetración de la soldadura. Ajustarlo correctamente según las necesidades del trabajo te ayudará a lograr una soldadura de alta calidad.

Material de aporte: 5356 vs. 4043, ¿qué esperar de uno u otro y cómo elegirlos para evitar poros y grietas?

Cuando se suelda aluminio, elegir el material de aporte adecuado es esencial para lograr una buena soldadura. Los dos tipos de material de aporte más comunes son el 5356 y el 4043. A continuación, te explico de manera sencilla qué puedes esperar al usar cada uno y cómo elegir el adecuado para evitar problemas como poros y grietas.

1. **Aleación 5356**

- **¿Qué es?**
  - El 5356 es un material de aporte que contiene magnesio. Es conocido por ser fuerte y resistir bien la corrosión, especialmente en ambientes húmedos o marinos.
- **Cuándo usarlo:**
  - Si estás soldando aleaciones de aluminio que también contienen magnesio (como las series 5xxx), el 5356 es una buena opción.
  - Es ideal si la pieza que estás soldando necesita ser anodizada (un proceso que protege la superficie del metal y le da color), porque mantiene mejor el color.
- **Ventajas y desventajas**
  - Ventaja: menos porosidad en la soldadura.
  - Desventaja: puede ser un poco más difícil de trabajar que el 4043 en algunos casos.

2. Aleación 4043

– ¿Qué es?

- El 4043 es un material de aporte que contiene silicio. Tiene un punto de fusión más bajo, lo que significa que se derrite más fácilmente y fluye mejor en la soldadura.

– Cuándo usarlo

- Es bueno para soldar aleaciones de aluminio que contienen silicio (como las series 6xxx) y cuando necesitas que el material de aporte fluya bien para llenar espacios.

- Es menos adecuado si piensas anodizar la pieza, porque puede cambiar el color del acabado.

– Ventajas y desventajas

- Ventaja: menos probabilidades de grietas, especialmente si estás soldando aleaciones que suelen agrietarse.

- Desventaja: puede ser más propenso a formar porosidad si no se controla bien el proceso.

3. Cómo elegir entre 5356 y 4043

– Para evitar poros

- Si la resistencia a la corrosión y un buen acabado tras anodizar son importantes, elige el 5356. Pero asegúrate de limpiar bien las superficies y usar el gas de protección adecuado.

- Si no necesitas anodizar y quieres que la soldadura fluya mejor, puedes usar el 4043, pero asegúrate de que todo esté limpio para evitar poros.

– Para evitar grietas

- El 4043 es mejor para evitar grietas, especialmente en aleaciones que se agrietan fácilmente durante la soldadura.

- El 5356 es más probable que cause problemas de grietas en general, no es tan fluido y dúctil como el 4043.

En resumen, si estás buscando resistencia y durabilidad en ambientes duros, el 5356 es tu mejor opción. Si lo que necesitas es una soldadura que fluya bien y que sea menos propensa a agrietarse, entonces el 4043 es el material adecuado.

Práctica 18	Soldadura TIG en aluminio 5086		
Ángulo en horizontal PA (1G)			
Material base	Dos chapas de aluminio al magnesio a 150 x 40 x 3 mm		
Electrodos a utilizar	A elegir según disponibilidad entre electrodo Ø 2,4 puro (WP verde), aleado con circonio (WZr3 marrón) o con tierras raras (E3 violeta).		
Tobera	N.º 7-8	*Varilla*	De 2-4 mm de aluminio 5356.
N.º de cordones	Un cordón depositado con movimiento recto	*Intensidad*	60-90 A
Caudal de gas	10-13 litros (adaptar el caudal al diámetro de la tobera) de argón puro.		
Longitud del electrodo fuera de la boquilla		5-6 mm	

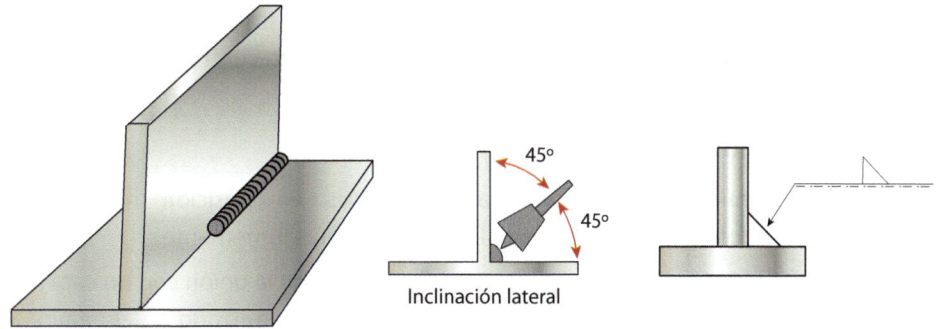

Inclinación lateral

Fig. 2.35.

Protocolo de soldadura

1. Preparación de las chapas

– **Desengrasado.** Usa un desengrasante específico para aluminio o acetona para limpiar las chapas. Es importante que la superficie esté libre de aceites y contaminantes que puedan interferir en el proceso de soldadura.

2. Configuración del equipo de soldadura

– **Función de pre-gas.** Ajusta la máquina para aplicar pre-gas de 1 segundo. Esto permite que el área de soldadura esté purgada de oxígeno antes de que comience el arco, reduciendo la posibilidad de oxidación.

– **Función de post-gas.** Configura el post-gas a 10 segundos. Esto protege el tungsteno y la soldadura mientras se enfrían, evitando la oxidación.

- **Rampa de corriente previa.** Programa una rampa de corriente que vaya del 150 % al 100 % en 3 segundos. Esto es esencial para vencer la alta conductividad térmica del aluminio y lograr que se forme el baño de fusión de manera controlada.

- **Rampa de corriente final.** Configura una rampa de corriente de 3 segundos desde el 100 % al 30 % para evitar cráteres y reducir el riesgo de fisuras al finalizar la soldadura.

- **Modo 4 tiempos.** Usa el modo 4 tiempos para tener un control más preciso sobre el inicio y final del arco.

- **Arco pulsado.** Configura la máquina con una frecuencia de 150 pulsos por minuto (ppm) y un balance de onda de 75 % en tungsteno negativo y 25 % en tungsteno positivo (empieza con 45 A para la corriente de base y 75 para corriente de pico, ve ajustándolo a tu gusto). Este ajuste optimiza la limpieza de la superficie del aluminio mientras mantiene cierto control del calor en la soldadura.

3. Procedimiento de soldadura

- **Posicionamiento inicial.** Coloca las chapas en posición horizontal, asegurándote de que estén bien alineadas y sujetas firmemente.

- **Limpieza.** Justo antes de empezar, cepilla la zona de la unión con un cepillo de púas de acero inoxidable para eliminar la alúmina (óxido de aluminio). Este paso es vital, ya que la alúmina, con su punto de fusión mucho más alto que el aluminio (aproximadamente 2.000 °C frente a 660 °C), puede provocar defectos en la soldadura si no se elimina adecuadamente.

- **Inicio de la soldadura.** Comienza el arco usando la rampa de corriente previa para asegurarte de que el baño de fusión se forme rápidamente y de manera controlada.

- **Movimiento de la antorcha.** En lugar de aplicar la técnica *walking the cup*, deberás llevar la pistola al aire, avanzando de forma meticulosa y controlada. Para ello:

  • Detén el avance de la pistola y espera a que se forme el baño de fusión.

  • Una vez formado el baño, introduce la varilla en el borde del baño para mantener un control del aporte de material.

  • Retira la varilla y avanza la pistola unos milímetros.

  • Repite este proceso, teniendo en cuenta que, a medida que avances y aumente la temperatura de las chapas, el baño de fusión se formará más rápidamente. Ajusta la intensidad de la corriente si sientes que el proceso se está acelerando demasiado.

– **Control de la temperatura.** Es crucial detenerse y ajustar la intensidad si notas que el baño de fusión se forma más rápido de lo que puedes controlar. Esto evitará el sobrecalentamiento y la distorsión de las chapas.

4. Finalización de la soldadura

– **Aplicación de la rampa de corriente final.** Al llegar al final de la junta, utiliza la rampa de corriente final para reducir la potencia del arco de manera gradual, lo que evitará la formación de cráteres y defectos en el extremo del cordón.

– **Enfriamiento controlado.** Deja que las chapas se enfríen de manera controlada antes de manipularlas. Esto minimiza la posibilidad de distorsiones debido a la rápida disipación del calor.

Consideraciones finales

Este ejercicio es un desafío debido a la alta conductividad térmica del aluminio y la dificultad para mantener el control del baño de fusión. La clave para el éxito es un control preciso de la temperatura y un avance meticuloso con la antorcha. A medida que te familiarices con la soldadura del aluminio, notarás que el dominio de estos aspectos es fundamental para obtener cordones de soldadura de alta calidad.

Práctica 19	Soldadura TIG en aluminio 5086		
Pletinas achaflanadas en "V" posición horizontal PA (1G)			
Material base	Dos chapas de aluminio al magnesio a 150 x 40 x 3 mm		
Electrodos a utilizar	A elegir según disponibilidad entre electrodo Ø 2,4 puro (WP verde), aleado con circonio (WZr3 marrón) o con tierras raras (E3 violeta).		
Tobera	N.º 7-8	*Varilla*	De 2-4 mm de aluminio 5356.
N.º de cordones	Un cordón depositado con movimiento recto	*Intensidad*	60-90 A
Caudal de gas	10-13 litros (adaptar el caudal al diámetro de la tobera) de argón puro.		
Longitud del electrodo fuera de la boquilla	5-6 mm		

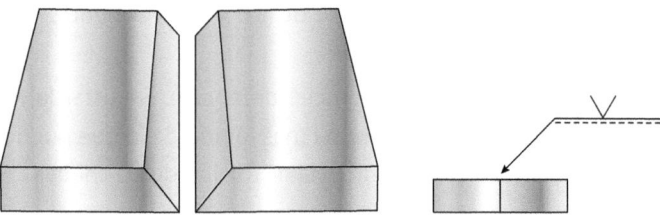

Fig. 2.36.

1. Preparación de las piezas

Posicionamiento de las chapas

- **Chapas a tope.** Si decides posicionar las chapas a tope sin entrehierro, no será necesario proteger la cara trasera de la soldadura. La alúmina (óxido de aluminio) en la cara trasera actuará como una barrera protectora, impidiendo que el baño de fusión entre en contacto con el aire y evitando la contaminación de la soldadura.

- **Chapas con bisel y entrehierro.** Si optas por biselar las chapas a 35° y dejar un entrehierro (por ejemplo, de 2,5 mm), debes proteger la cara trasera con un respaldo cerámico o de acero inoxidable. Este respaldo evitará que el cordón de raíz se contamine con óxidos de aluminio, los cuales se presentan como inclusiones negras en la soldadura. Además, para mantener el entrehierro constante durante la soldadura, deberás embridar la unión cada 5 cm con chapas auxiliares por la parte trasera. Esto ayudará a evitar que la dilatación cierre el entrehierro, lo que podría afectar la calidad de la soldadura.

Limpieza

- **Cepillado.** Justo antes de soldar, cepilla la unión con un cepillo de púas de acero inoxidable para eliminar cualquier traza de alúmina. Este paso es vital para asegurar una soldadura limpia y sin defectos.

- **Desengrasado.** Usa un desengrasante específico para aluminio o acetona para limpiar ambas caras de las chapas. Es importante que las superficies estén libres de aceites y contaminantes que puedan interferir en la calidad del cordón de soldadura.

2. Configuración del equipo de soldadura

- **Pre-gas y post-gas.** Usa los mismos parámetros de pre-gas (1 segundo) y post-gas (10 segundos) descritos en la práctica anterior.

- **Rampas de corriente.** Configura las rampas de corriente previa (3 segundos desde el 150 % al 100 %) y final (3 segundos desde el 100 % al 30 %) tal como se hizo en la práctica anterior.
- **Modo cuatro tiempos y arco pulsado.** Configura la máquina en modo cuatro tiempos, con arco pulsado a 150 ppm y un balance de onda del 75 % en tungsteno negativo y 25 % en tungsteno positivo.

3. Procedimiento de soldadura

Técnica de soldadura

- **Iniciar la soldadura.** Comienza aplicando el arco con la rampa de corriente previa para asegurar que el baño de fusión se forme rápidamente y de manera controlada.
- **Movimiento recto de la antorcha.** Dado que la técnica *walking the cup* no es ideal para esta práctica debido a la naturaleza blanda del aluminio bajo calor, lleva la pistola al aire utilizando un movimiento recto y controlado:
  - Detén el avance de la pistola justo cuando se forme el baño de fusión.
  - Introduce la varilla de aporte en el borde del baño, manteniendo un ritmo constante.
  - Retira la varilla y avanza la pistola unos milímetros para repetir el proceso.
- **Control de la temperatura.** A medida que avances, el calor en las chapas aumentará, acelerando la formación del baño de fusión. Si notas que se está acelerando más de lo que puedes controlar, detente y ajusta la intensidad de la corriente para mantener el control.
- **Mantén la pieza al aire.** Es muy recomendable que mantengas las chapas al aire mientras las sueldas, evitando el contacto de la unión con cualquier soporte o mesa. Debido a la alta conductividad térmica del aluminio, cualquier contacto con un cuerpo metálico podría provocar una fuga de temperatura, que "enfríe" la soldadura. Esto puede resultar en una falta de fusión, ya que el calor del baño podría no ser suficiente para fundir los bordes de la unión.

Finalización de la soldadura

- **Aplicación de la rampa de corriente final.** Al llegar al final de la soldadura, reduce la intensidad de la corriente usando la rampa de corriente final. Esto evitará cráteres y minimizará el riesgo de fisuras en el extremo del cordón.

- **Enfriamiento.** Deja que las chapas se enfríen de manera controlada antes de quitar todas las chapas auxiliares para evitar distorsiones.

4. Resultado esperado en la cara trasera

Si todo ha salido bien en la opción a tope sin bisel ni entrehierro, deberías observar en la cara trasera un cordón con un pequeño sobreespesor. El aspecto de este cordón es diferente del cordón de raíz típico.

- **Línea de la unión visible.** La línea de la unión todavía será visible en la "cresta" del cordón de penetración.

- **Aspecto "cubierto".** El cordón puede parecer como si "saliera de dentro", es decir, como si estuviera cubierto por una capa o "vinilo". Esto se debe a que, aunque el aluminio (con un punto de fusión de aproximadamente 660 °C) se ha fundido, la alúmina que cubre la cara posterior del cupón (con un punto de fusión superior a 2.000 °C) no lo ha hecho. Es como si hubieras llenado de agua una bolsa de plástico. el agua sería el aluminio fundido y la bolsa sería la alúmina.

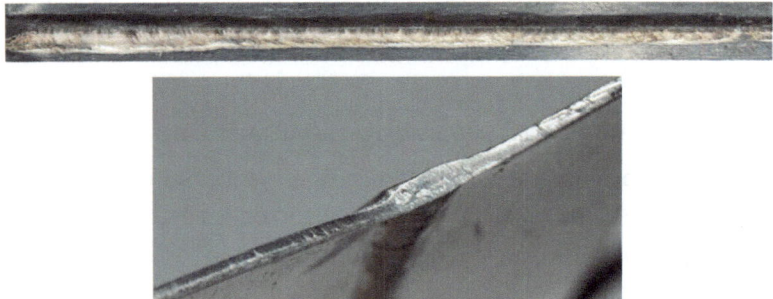

Fig.2.37.

Consideraciones finales

Este ejercicio te permitirá entender mejor las particularidades del aluminio en soldadura. La configuración del equipo es fundamental, pero el dominio del procedimiento de soldadura, el control de la temperatura, y la observación atenta del comportamiento del material durante la soldadura serán determinantes para lograr un cordón de calidad. Recuerda que perseverar y observar para aprender son requisitos esenciales cuando se trabaja con aluminio, debido a su alta conductividad térmica y su tendencia a deformarse bajo calor.

Si quieres practicar en un cupón tamaño homologación aquí tienes las medidas mínimas (en milímetros) según la UNE EN ISO 9606-2 de uniones a tope.

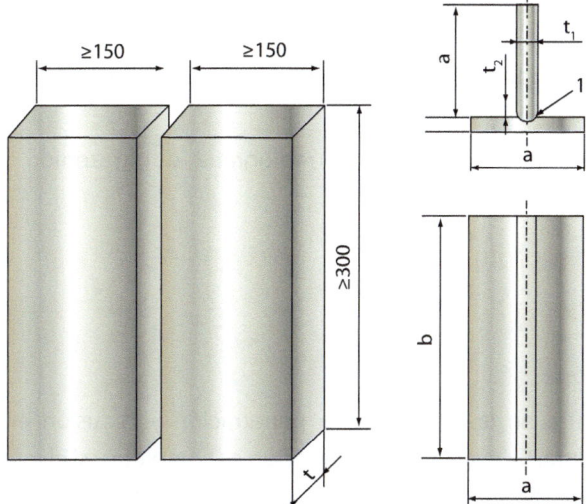

Fig. 2.38. Nota: para el cupón en ángulo el valor mínimo de "a" es 150 mm y de "b" es 300 mm

Protocolo de Inspección del ICS para Uniones con TIG en aluminio Serie 5086

El protocolo de inspección para una homologación de soldador en uniones a tope y en uniones en ángulo con soldadura TIG en aluminio 5086 es similar en muchos aspectos, ya que ambos tipos de uniones implican inspecciones visuales, mediciones dimensionales y, en algunos casos, pruebas destructivas y no destructivas. Sin embargo, hay diferencias clave debido a las características específicas de cada tipo de unión.

Aspectos comunes en ambos protocolos

1. Inspección visual inicial

- Evaluación de defectos superficiales (grietas, porosidad, óxidos).
- Uniformidad del cordón de soldadura.
- Verificación de la limpieza y la ausencia de contaminantes en la soldadura.

2. Medición dimensional

- Verificación del espesor del material base y del cordón de soldadura.
- Medición del ancho y altura del cordón.

3. Pruebas destructivas y no destructivas

−   Pruebas de doblado (bend test) para evaluar la ductilidad y resistencia de la soldadura.

−   Pruebas no destructivas como radiografía o ultrasonido para detectar defectos internos.

Diferencias en el protocolo

1. Configuración de la unión

−   **Unión a tope**

    •   Se centra en la calidad de la penetración y la fusión en la raíz de la soldadura. Se evalúa si la penetración es completa y si el refuerzo en la raíz es adecuado sin presentar hundimientos o excesos.

    •   Desalineación: es crítico que las piezas estén alineadas correctamente para evitar problemas de falta de fusión o penetración incompleta.

−   **Unión en ángulo**

    •   Se enfoca en la calidad de la fusión en el vértice del ángulo y la simetría del cordón en ambas caras de la unión.

    •   Verificación del ángulo de la unión: específicamente, se medirá el ángulo de 90° (o el ángulo especificado) para asegurar que la soldadura se realizó en la posición correcta.

    •   Refuerzo del cordón en el ángulo: la evaluación del refuerzo y la forma del cordón es crucial para asegurar que la unión tenga la resistencia estructural necesaria.

2. Evaluación del refuerzo

−   **Unión a tope**

    •   El refuerzo se evalúa tanto en la raíz como en la cara superior de la soldadura. Es importante que el refuerzo sea uniforme y no presente socavados ni excesos que puedan comprometer la integridad de la unión.

−   **Unión en ángulo**

    •   El refuerzo se evalúa principalmente en el vértice del ángulo, asegurando que no haya socavados o excesos en los bordes de la unión. La simetría del refuerzo en ambas caras del ángulo es crucial para la resistencia estructural.

3. Simetría y estabilidad de la unión

- **Unión a tope**
  - Se presta atención a la simetría del cordón a lo largo de la unión para evitar concentraciones de tensiones que podrían llevar a fallos estructurales.
  - Distorsión: se verifica la distorsión a lo largo de la unión debido a la contracción durante el enfriamiento.
- **Unión en ángulo**
  - Se presta atención a la simetría del cordón en ambas caras del ángulo y a la estabilidad estructural de la unión.

4. Evaluación de la distorsión

- **Unión a tope**
  - Se verifica que la contracción y la distorsión a lo largo de la unión no comprometan la alineación de las piezas.
- **Unión en ángulo**
  - Se verifica que la distorsión no afecte la integridad del ángulo ni la simetría de la unión.

Criterios de Homologación según UNE EN ISO 9606-2

A continuación, resumo algunos aspectos importantes que pueden ayudar a elegir el tipo de examen al que nos vamos a someter:

a) Elección del tipo de examen

Si la mayoría del trabajo de soldeo es en ángulo, el soldador también debe cualificarse mediante un ensayo de soldeo en ángulo. En los casos en que la mayoría del trabajo de soldeo es a tope, las soldaduras a tope cualifican a las soldaduras en ángulo. Esto es importante y debe ser tenido en cuenta a la hora de elegir el tipo de examen que debemos superar para certificarnos, ya que conocer este criterio puede ahorrar tiempo y dinero.

b) Material de aporte

Si el examen se realiza con material de aporte tipo AlMg (por ejemplo, el 5356 propuesto en la práctica), el soldador queda cualificado para soldar con aleaciones del tipo AlSi (como el 4043), pero no viceversa.

c) Espesores en uniones a tope

En exámenes en uniones a tope, si el espesor del cupón es mayor a 6 mm, el soldador queda homologado para soldar cualquier espesor mayor o igual a 6 mm. En los casos donde el espesor del cupón es igual o menor a 6 mm, los espesores cubiertos serán desde la mitad al doble (por ejemplo, un espesor de 3 mm homologa para espesores entre 1,5 y 6 mm).

d) Espesores en uniones en ángulo

En exámenes en uniones en ángulo, si el espesor del cupón es igual o mayor de 3 mm, el soldador queda homologado para soldar cualquier espesor mayor de 3 mm. En los casos donde el espesor del cupón es menor a 3 mm, los espesores cubiertos irán desde el espesor del examen hasta 3 mm (por ejemplo, un espesor de 1,5 mm homologa para espesores entre 1,5 y 3 mm).

e) Ensayos destructivos o no destructivos

Se debe realizar un ensayo radiográfico o de doblado o de rotura. Los ensayos de rotura se pueden sustituir por un examen macroscópico en dos secciones como mínimo.

f) Validez del certificado

El certificado de homologación de soldador tiene una validez máxima de dos años.

Aunque los aspectos fundamentales de la inspección en uniones a tope y en ángulo son similares, las técnicas específicas de evaluación y como se apliquen pueden variar debido a la naturaleza de la unión. En uniones a tope, la penetración y la alineación son críticas, mientras que en uniones en ángulo, la simetría y la calidad de la fusión en el vértice son más relevantes. Estos matices en el protocolo aseguran que la inspección sea exhaustiva y adecuada para cada tipo de unión, garantizando así la calidad y la seguridad de las soldaduras realizadas por el soldador en examen.

El resultado de la homologación es "No Aceptable", ¿y ahora qué?

Como decía un catedrático al que hice una consulta hace años "prefiero a mi señora cabreada que un problema con la soldadura de aluminio… y tú no sabes como es mi señora cuando se enfada". De esta forma tan natural esta persona me dio a entender que soldar aluminio es un reto donde su complejidad como material pueden originar con facilidad defectos que ocasionen que la homologación resulte "No Aceptable" aunque el soldador, a priori, lo esté haciendo todo bien. Esto, totalmente normal, se puede prevenir en la mayor parte de los casos. Veamos cómo hacerlo.

Poros: buenas prácticas para evitarlos

1. **Mantén el material limpio.** Antes de soldar, limpia bien el material para eliminar aceite, grasa, óxido, polvo u otras suciedades. Puedes usar productos de limpieza específicos o acetona para asegurarte de que la superficie esté libre de impurezas que puedan causar burbujas de aire (poros) en la soldadura.

2. **Cuida las varillas de aporte.** Asegúrate de que las varillas que uses estén limpias y secas. Si las varillas están sucias o húmedas, pueden introducir gases no deseados en la soldadura, lo que podría causar poros.

3. **Ajusta bien el gas de protección.** Ajusta correctamente la cantidad de gas que protege la soldadura, siguiendo las recomendaciones para el tamaño de la boquilla. Si el gas no es suficiente o excesivo, puede atrapar aire en la soldadura y formar poros. Usa gas de buena calidad y verifica que no haya fugas en el sistema.

4. **Revisa la tobera.** Usa la boquilla adecuada para el tipo de soldadura que estás haciendo. Revisa regularmente que no esté obstruida o dañada, ya que una mala distribución del gas protector puede provocar poros en la soldadura.

5. **Coloca bien la antorcha.** Mantén la antorcha en el ángulo correcto y asegúrate de que el gas protector cubra bien la zona de la soldadura. Evita movimientos bruscos que puedan permitir la entrada de aire y generar poros.

6. **Evita soldar con viento o corrientes de aire.** Si hay viento o corrientes de aire donde estás soldando, usa pantallas protectoras para que el gas de protección no se disperse y cause poros en la soldadura.

7. **Controla la humedad.** Trabaja en un ambiente seco y evita que las piezas, herramientas y varillas se mojen. El agua puede convertirse en vapor y causar poros en la soldadura.

8. **Usa una buena técnica de soldadura.** Mantén un ritmo constante y controlado al mover la antorcha. No vayas demasiado rápido ni hagas movimientos irregulares que puedan atrapar aire en la soldadura.

9. **Controla la temperatura.** Evita sobrecalentar el material. Si está demasiado caliente, puede liberar contaminantes que forman poros. Usa la cantidad de corriente y gas adecuados para el material y grosor que estás soldando.

10. **Evita la contaminación cruzada.** Si en el taller se sueldan diferentes materiales, asegúrate de que no se mezclen. Las partículas de otros metales pueden causar poros en la soldadura.

11. **Revisa tu equipo de gas.** Antes de soldar, verifica que todo el sistema de gas (reguladores, mangueras, conexiones) esté en buen estado y sin fugas. Un sistema de gas en mal estado puede introducir aire y causar poros.

 Facultad de Soldadura

El monje y la taza de té

Un joven monje llegó a la casa de un sabio maestro tibetano, buscando respuestas a sus fracasos en la meditación. Al llegar, el maestro le ofreció una taza de té. El joven aceptó, pero no pudo evitar empezar a hablar de sus preocupaciones.

"Maestro, he meditado durante años, siguiendo las instrucciones al pie de la letra, pero sigo fracasando. ¿Por qué no puedo alcanzar la paz que otros logran?"

El maestro empezó a servir el té. La taza del monje se llenó rápidamente, pero el maestro siguió vertiendo el líquido hasta que el té rebosó, mojando la mesa y las ropas del joven.

"¡Maestro! ¿No ve que la taza está llena? ¡No puede contener más té!", exclamó el monje.

El maestro sonrió y dijo: "Así es como estás ahora. Tu mente está tan llena de ideas preconcebidas y temores sobre el fracaso que no queda espacio para aprender algo nuevo. Vacía tu taza, joven monje, y el té podrá llenarla de nuevo. El fracaso no es el fin, sino una oportunidad para aprender y comenzar de nuevo con humildad y dedicación."

16. Prácticas en fudición de hierro

Práctica 20	Soldadura TIG en fundición de hierro		
Pletinas de fundición de hierro achaflanadas en "V" posición horizontal PA (1G)			
Material base	Dos piezas de fundición de hierro de 150 x 40 x 5 mm		
Electrodos a utilizar	A elegir según disponibilidad entre electrodo Ø 2,4 mm aleado con lantano (WLa 15 dorado) o tierras raras (E3 violeta).		
Tobera	N.º 7-8	*Varilla*	De 2 - 3,2 mm tipo ER Ni99 o ER NiFe-Cl, diseñadas para soldadura de fundición de acero.
N.º de cordones	Un cordón de raíz + un *hot pass*	*Intensidad*	70-110 A
Caudal de gas	10-12 litros por minuto (adaptar el caudal al diámetro de la tobera) de argón puro.		
Longitud del electrodo fuera de la boquilla		5-6 mm	
Precauciones adicionales	*Precalentamiento de la pieza a 150-250 °C según el espesor y enfriamiento controlado tras la soldadura para evitar grietas.*		

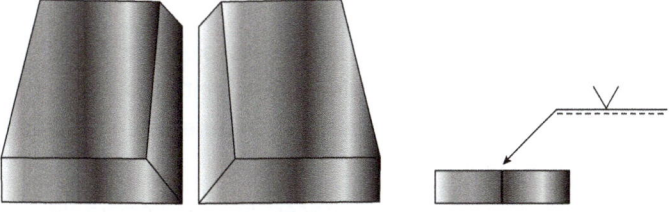

Fig. 2.39.

Diferencias entre la fundición de hierro y el acero al carbono

1. **Composición y estructura.** La fundición de hierro contiene un mayor contenido de carbono (generalmente entre 2-4 %) en comparación con el acero al carbono, lo que le da una estructura microcristalina más frágil y propensa a la formación de grietas. Esta diferencia fundamental afecta la forma en que se debe preparar y soldar el material.

2. **Soldabilidad.** La fundición de hierro es más difícil de soldar que el acero al carbono debido a su alta rigidez y baja ductilidad. Al soldarla, el material tiene una tendencia mayor a desarrollar grietas, por lo que es necesario controlar la temperatura y utilizar materiales de aporte diseñados específicamente para este propósito.

3. **Tratamientos térmicos.** A diferencia del acero al carbono, la fundición de hierro requiere tratamientos térmicos específicos antes y después de la soldadura para minimizar el riesgo de grietas y garantizar la integridad de la soldadura.

Proceso de preparación y limpieza

1. **Preparación de las superficies**

– **Precalentamiento.** Antes de soldar, precalienta las piezas de fundición de hierro a una temperatura entre 150 °C y 250 °C. Esto ayudará a reducir la diferencia de temperatura entre la zona de soldadura y el resto del material, minimizando el riesgo de grietas durante y después de la soldadura.

– **Biselado.** Bisela los bordes de las piezas a un ángulo de 45 grados y entrehierro de 2,5 mm para facilitar la penetración del cordón de soldadura. El biselado también ayuda a reducir la concentración de tensiones en la unión.

2. **Limpieza**

– **Eliminación de contaminantes.** Limpia las piezas a fondo para eliminar cualquier contaminante como óxido, grasa, pintura o polvo. La limpieza es indispensable para evitar la inclusión de impurezas en la soldadura, lo que podría debilitar la unión.

– **Cepillado.** Usa un cepillo de púas de acero inoxidable para eliminar cualquier residuo de la superficie. Aunque el hierro y el acero son compatibles, la presencia de partículas de hierro no supone un riesgo significativo de contaminación en términos de material base, pero puede afectar la calidad de la soldadura. Por ejemplo, si hay óxido en las partículas de hierro (herrumbre), esto podría introducir impurezas en la soldadura, generando defectos como poros o inclusiones.

Punteado

1. **Aplicación de puntos de soldadura**

– **Distribución de puntos.** Aplica varios puntos de soldadura alrededor de la unión para mantener las piezas en su lugar durante el proceso de soldadura. Los puntos de soldadura deben colocarse en intervalos regulares para asegurar una distribución uniforme de tensiones.

- **Control de la dilatación.** Durante el punteado, es importante que el precalentamiento se mantenga constante para evitar que la dilatación térmica cierre o deforme la unión.

Proceso de soldadura

1. Configuración del equipo

- **Electrodo.** Usa un electrodo aleado con lantano o tierras raras (Ø 2,4 mm). Estos tipos de tungstenos ofrecen mayor estabilidad de arco en el proceso TIG y son menos propensos a la contaminación.
- **Varilla de aporte.** Utiliza una varilla de aporte de tipo ER Ni99 o ER NiFe-Cl. Estas aleaciones están diseñadas para la soldadura de fundición de acero y son altamente resistentes a la formación de grietas.
- **Caudal de gas.** Ajusta el caudal de gas de protección (argón puro) entre 10-12 litros por minuto, adaptándolo al diámetro de la tobera.

2. Ejecución de la soldadura

- **Técnica de soldadura.** En este caso, no es recomendable el uso de la técnica *walking the cup* debido a la naturaleza rígida de la fundición de hierro. Es preferible llevar la antorcha al aire, controlando el avance manualmente para evitar la concentración excesiva de calor en un solo punto.
- **Depósito del cordón.** Realiza un primer cordón de raíz, asegurándote de que penetre adecuadamente en la unión. Luego, aplica un *hot pass* para reforzar la soldadura y corregir cualquier defecto que haya quedado en el cordón de raíz.
- **Control de la temperatura.** Durante la soldadura, monitorea constantemente la temperatura para evitar el sobrecalentamiento. Un exceso de calor podría causar distorsión o incluso grietas en el material.

Tratamientos térmicos posteriores

1. Enfriamiento controlado

- **Postcalentamiento.** Una vez completada la soldadura, realiza un postcalentamiento a aproximadamente 150 °C-200 °C y mantén las piezas a esta temperatura durante un período prolongado para aliviar las tensiones internas. Evita el enfriamiento rápido, que podría provocar la aparición de grietas.

- **Enfriamiento lento.** Permite que las piezas se enfríen lentamente en un horno o cubiertas con material aislante (como arena seca) para minimizar la formación de grietas durante el enfriamiento.

Tratamiento por estabilizado

Este proceso térmico se aplica después de la soldadura y antes del enfriamiento final para mejorar la estabilidad dimensional y la resistencia a la corrosión de la soldadura en la fundición de hierro.

1. **¿Qué es el tratamiento por estabilizado?**

El tratamiento por estabilizado consiste en mantener la pieza soldada a una temperatura elevada durante un período prolongado (generalmente entre 500 °C y 600 °C). Este proceso permite que las tensiones residuales internas generadas durante la soldadura se distribuyan de manera uniforme y que los carburos u otras fases endurecedoras se redistribuyan de manera homogénea en la estructura metálica.

2. **¿Cuál es el objetivo del tratamiento por estabilizado?**

- **Reducción de tensiones internas.** Al aplicar este tratamiento, se alivian las tensiones internas que podrían provocar deformaciones o grietas en la soldadura una vez que la pieza entra en servicio.

- **Mejora de la estabilidad dimensional.** El estabilizado ayuda a minimizar la distorsión dimensional que puede ocurrir debido a las tensiones acumuladas durante el enfriamiento de la soldadura.

- **Mejora de la resistencia a la corrosión.** En algunos tipos de fundición de hierro, el tratamiento por estabilizado ayuda a reducir la susceptibilidad a la corrosión intergranular, un fenómeno que puede debilitar la estructura del material en ambientes corrosivos.

3. **Aplicación del tratamiento.**

- **Temperatura y duración.** Mantén la pieza a una temperatura de entre 500 °C y 600 °C durante un período que puede variar de 1 a 2 horas, dependiendo del tamaño y grosor de la pieza.

- **Enfriamiento controlado.** Después del tratamiento, permite que la pieza se enfríe lentamente a temperatura ambiente para evitar la reintroducción de tensiones.

Este tratamiento es especialmente útil cuando se trabaja con piezas críticas donde la estabilidad dimensional y la resistencia a la corrosión son vitales. Aplicar este tratamiento garantiza una mayor durabilidad y fiabilidad de la soldadura en la fundición de hierro.

17. Defectos comunes en la soldadura TIG (GTAW)

1. **Porosidad**

   – **¿Qué es?**

   La porosidad en soldadura TIG aparece como pequeñas cavidades o burbujas atrapadas en el interior o superficie del cordón. Estas burbujas se forman cuando los gases quedan retenidos en el metal fundido antes de solidificarse.

   – **¿Por qué ocurre?**
   - Contaminación en el material base o en la varilla de aporte (óxido, grasa, aceite o humedad).
   - Flujo insuficiente o inadecuado del gas de protección (argón, helio o mezcla).
   - Corrientes de aire que desplazan el gas protector.
   - Demasiada longitud de arco, lo que expone el baño de fusión al ambiente.

   – **¿Cómo evitarla?**
   - Limpia cuidadosamente el material base y la varilla de aporte antes de soldar.
   - Ajusta el flujo de gas protector según el tamaño de la boquilla y las condiciones del entorno (generalmente entre 8-15 L/min).
   - Protege la zona de soldadura de corrientes de aire y usa pantallas si es necesario.
   - Mantén una longitud de arco corta y constante para garantizar una cobertura eficaz del gas.

2. **Contaminación por tungsteno**

   – **¿Qué es?**

   La contaminación ocurre cuando el electrodo de tungsteno entra en contacto con el baño de fusión o la varilla de aporte, dejando inclusiones en el cordón de soldadura.

- ¿Por qué ocurre?

  - Mala técnica al manipular el electrodo.

  - Uso de un electrodo de tungsteno incorrectamente afilado o desgastado.

  - Corriente demasiado alta, lo que derrite el extremo del tungsteno.

- ¿Cómo evitarla?

  - Mantén el electrodo a una distancia constante y evita que toque el baño de fusión o la varilla de aporte.

  - Afila el tungsteno en una dirección paralela y con un ángulo adecuado según el tipo de corriente (CC o CA).

  - Usa la corriente apropiada para el diámetro del electrodo.

3. **Falta de fusión**

- ¿Qué es?

  La falta de fusión sucede cuando el metal de aporte no se fusiona completamente con el material base o con pasadas previas, dejando uniones débiles.

- ¿Por qué ocurre?

  - Corriente insuficiente, lo que genera un calor inadecuado.

  - Avance demasiado rápido de la pistola o aporte excesivo.

  - Mala posición o ángulo de la pistola.

- ¿Cómo evitarla?

  - Ajusta la corriente según el espesor del material base.

  - Reduce la velocidad de avance para darle al arco el tiempo suficiente para fusionar los materiales.

  - Mantén un ángulo adecuado de la pistola (generalmente entre 10° y 15° hacia la dirección de avance).

4. **Oxidación del cordón**

- ¿Qué es?

  La oxidación del cordón ocurre cuando el metal fundido o la zona afectada por el calor no están completamente protegidos por el gas inerte, resultando en un cordón de color oscuro o defectuoso.

- ¿Por qué ocurre?

  - Flujo de gas insuficiente o interrumpido.

- Uso de boquillas pequeñas que no proporcionan cobertura adecuada.

- Falta de purga interna en materiales como acero inoxidable o aleaciones de níquel.

- ¿Cómo evitarla?

  - Asegúrate de que el flujo de gas sea constante y adecuado.

  - Usa una boquilla más grande o un difusor de gas para mejorar la cobertura.

  - Aplica una purga interna con gas inerte al soldar materiales sensibles a la oxidación.

5. **Inclusiones de óxido**

- ¿Qué es?

  Las inclusiones de óxido son partículas atrapadas en el cordón de soldadura debido a una limpieza deficiente o a una mala técnica de soldadura.

- ¿Por qué ocurre?

  - Material base o varilla de aporte con óxido o contaminantes.

  - Mala técnica al alimentar la varilla, permitiendo que esta toque zonas oxidadas.

  - Falta de protección de gas en los bordes del baño de fusión.

- ¿Cómo evitarlas?

  - Limpia meticulosamente las superficies y la varilla antes de soldar.

  - Alimenta la varilla de aporte únicamente en la zona protegida por el gas inerte.

  - Mantén una cobertura uniforme de gas sobre el baño de fusión.

Soluciones prácticas para prevenir y corregir defectos

1. **Ajuste de parámetros de soldadura**

- **Corriente.** Selecciona la corriente adecuada según el espesor del material base y el tipo de soldadura.

- **Flujo de gas.** Ajusta el caudal para asegurar una cobertura eficiente del baño de fusión.

- **Longitud de arco.** Mantén una distancia adecuada entre el tungsteno y el material base (normalmente de 2-3 mm).

2. **Técnica de soldadura**

- **Ángulo de la pistola.** Mantén la pistola inclinada hacia la dirección de avance para optimizar la cobertura del gas y facilitar la alimentación de la varilla.

- **Movimiento de la pistola.** Usa un movimiento uniforme y constante para evitar fluctuaciones en el baño de fusión.

- **Limpieza.** Retira cualquier óxido o contaminante antes de soldar para prevenir defectos en el cordón.

3. **Control ambiental**

- Usa pantallas para proteger la zona de soldadura de corrientes de aire.

- Trabaja en un entorno limpio y seco para minimizar la contaminación y la oxidación.

4. **Mantenimiento del equipo**

- Revisa regularmente la boquilla, el difusor y las mangueras de gas para detectar fugas o desgaste.

- Asegúrate de que el electrodo de tungsteno esté afilado y limpio.

Conclusión

La soldadura TIG requiere precisión y atención a los detalles para obtener resultados de alta calidad. Identificar y corregir los defectos más comunes, así como ajustar los parámetros y la técnica de soldadura, son pasos esenciales para garantizar cordones duraderos y estéticos. Con práctica y un enfoque constante en la limpieza y el control, puedes dominar este proceso y producir soldaduras de excelencia.

Soldadura TIG

Facultad de Soldadura

Capítulo 3
Soldadura MIG/MAG

Sabiduría. "La importancia de la calma"

El maestro le insistía a su discípulo una y otra vez en el sosiego.

- Deja que tu mente se remanse, se tranquilice, se sosiegue.

- Pero, ¿por qué consideras tan importante el sosiego?

- Acompáñame – le pidió el maestro.

Le condujo hasta un estanque y con un palo comenzó a agitar sus aguas. Entonces le preguntó:

- ¿Puedes ver tu rostro en el agua?

- ¿Cómo lo voy a lograr si el agua está agitada? Así es imposible – protestó el discípulo pensando que el maestro se burlaba de él.

- De igual manera, mientras estés agitado, no podrás ver el rostro de tu yo interior. En la reconfortante quietud de la mente, cuando el griterío de los pensamientos sea silenciado, brotará la voz del ser interior.

Yoga. El silencio es mi alimento. Autor: Vicente Moreno

No se trata de hacer callar la mente, eso es un imposible, se trata de no identificarse con lo que esta muestra. Solo en calma podemos pensar con claridad.

Introducción a la soldadura MIG/MAG

En este capítulo, abordaremos la soldadura MIG/MAG, también conocida como "soldadura semiautomática" o "soldadura de hilo". Este proceso es más complejo en comparación con la soldadura con electrodo revestido y TIG, lo que hace necesario comprender sus fundamentos, la parametrización adecuada del equipo y su mantenimiento.

1. Origen histórico de la soldadura MIG/MAG

Durante la década de 1950, la soldadura con electrodo revestido y TIG ya estaba bien establecida, pero presentaba ciertas limitaciones:

- **Electrodo revestido.** No era adecuado para producción en serie debido al tiempo invertido en reemplazar los electrodos consumidos y eliminar la escoria. Además, era difícil de automatizar.

- **Soldadura TIG.** Si bien era eficaz para materiales reactivos, no resultaba rentable para espesores superiores a 4-6 mm.

La solución a estas limitaciones fue la invención de la soldadura MIG (Metal Inert Gas), un proceso que reemplazó el electrodo de tungsteno por un alambre alimentado de forma continua desde una bobina. Este proceso no solo superaba las limitaciones del electrodo revestido, sino que también proporcionaba una mayor calidad en los cordones, especialmente en materiales sensibles a la contaminación. Además, era mucho más rápido y rentable para soldar espesores mayores en comparación con TIG.

Sin embargo, para soldar acero, el costo de los gases inertes como el argón y el helio resultaba elevado. Así nació el proceso MAG (Metal Active Gas), utilizando gases más económicos como el CO_2 puro o mezclado con argón.

2. Fundamentos del proceso MIG/MAG

El equipo necesario será:

- **Fuente de alimentación.** Equipada con un transformador-rectificador para trabajar con corriente continua. A diferencia de los equipos de electrodo revestido y TIG, aquí la corriente tiene una característica de tensión constante.

- **Sistema de alimentación del alambre.** Incluye una pistola, bobina de hilo y un sistema de refrigeración para equipo y pistola si es necesario.

- **Suministro de gas.** Para proteger el baño de fusión.
- **Electroválvulas y reguladores.** Sincronizan la refrigeración (si existe), el gas y la corriente.

3. Componentes del equipo MIG/MAG

El proceso MIG/MAG es semiautomático: el alambre se alimenta automáticamente, pero la soldadura la realiza manualmente el soldador. Aquí están los componentes clave:

- **Sistema de alimentación del hilo.** El alambre es alimentado automáticamente mediante rodillos accionados por un motor, sincronizado con el gatillo de la pistola. Estos rodillos pueden tener diferentes canales según el tipo de hilo utilizado (V para hilos macizos, U para hilos blandos). Es importante mantener este sistema limpio para evitar la contaminación del hilo y posibles defectos en la soldadura.
- **Tobera, punta de contacto y difusor.** La tobera guía el gas protector hacia el baño de fusión, la punta de contacto transmite la corriente al hilo y el difusor une la punta de contacto con la antorcha, distribuyendo el gas.
- **Soporte de bobina o "devanadora".** Sostiene la bobina de hilo y dispone de un freno para detener la inercia del carrete cuando se deja de soldar.
- **Manguera.** Protege el sistema de alimentación del hilo (la sirga), del gas, de la corriente y, en su caso, del circuito de refrigeración. Es importante manejarla con cuidado para evitar daños.
- **Gatillo y pistola.** El gatillo activa o detiene el proceso, mientras que la pistola dirige el hilo hacia la costura.

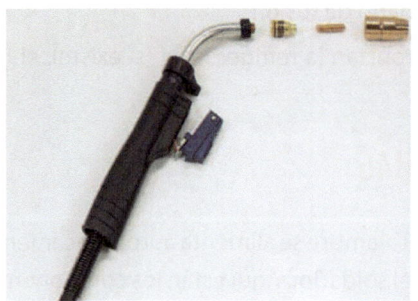

Fig. 3.1.

4. Conceptos clave de la soldadura MIG/MAG

Veamos algunos conceptos clave:

- **Intensidad.** Es la cantidad de electrones que pasa por un conductor en un tiempo determinado. Se mide en amperios (A).

- **Tensión o diferencia de potencial.** Es el "empujón" que pone en movimiento a los electrones hacia el polo positivo. Se mide en voltios (V).

- **Resistencia eléctrica.** Es la oposición al paso de los electrones en un conductor.

- **Efecto Joule.** El paso de corriente eléctrica por un conductor genera calor proporcional a la resistencia, tiempo e intensidad.

La soldadura MIG/MAG se diferencia por su tipo de fuente de alimentación.

- **Intensidad constante.** Se utiliza en soldadura con electrodos revestidos y TIG, donde la prioridad es mantener constante la intensidad.

- **Tensión constante.** Utilizada en soldadura MIG/MAG, donde la prioridad es mantener la tensión constante, independientemente de la distancia pistola-unión.

5. Modos de transferencia

Dependiendo de la corriente, la velocidad del hilo, el tipo de gas y el diámetro del hilo, el modo de transferencia varía.

- **Transferencia por cortocircuito.** Utilizada en espesores delgados o medios, donde el hilo toca la pieza y salta el arco, formando una gota en la punta que se deposita en el baño de fusión.

- **Transferencia globular.** Similar al cortocircuito, pero con gotas más grandes.
- **Transferencia tipo spray.** Para voltajes altos, donde el hilo se pulveriza en gotas pequeñas que se funden en la pieza, proporcionando mayor penetración.
- **Transferencia por arco pulsado.** Un método que combina las ventajas del modo spray en alternancia con el modo cortocircuito, con mejor control y acabado del cordón.

6. Otros conceptos clave en la soldadura MIG/MAG

La **altura de arco** es la distancia entre la punta del hilo y el baño de fusión en el material base. Este parámetro es clave porque afecta directamente la forma y la penetración del cordón de soldadura.

- **Mayor altura de arco.** Si aumentas la altura del arco, la campana del arco se alarga, lo que disminuye la penetración del cordón. El calor se distribuye en una mayor superficie, lo que genera un cordón más ancho y con menor penetración.
- **Menor altura de arco.** Si reduces la altura del arco, la campana se acorta, concentrando el calor en una superficie menor. Esto aumenta la penetración del cordón, dando como resultado un cordón más estrecho y profundo.

Cómo regularlo. En algunos equipos se puede regular la altura de arco desde el panel de control.

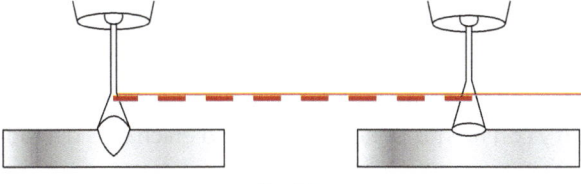

Fig. 3.2.

7. Ley de Ohm aplicada a la soldadura MIG/MAG

La Ley de Ohm es una relación fundamental en electricidad que establece que:

Voltaje (V) = Intensidad (I) × Resistencia (R)

La Ley de Ohm aplicada a la soldadura MIG/MAG:

- **Aumento de la longitud del hilo libre (o stick out).** Si alargas la distancia entre la pistola y la pieza, la resistencia del circuito aumenta. Según la Ley de

Ohm, si la resistencia sube, la intensidad disminuye para mantener el voltaje constante. Esto reduce la penetración del cordón, ya que llega menos energía al baño de fusión.

- **Reducción de la longitud del hilo libre.** Acortar la distancia reduce la resistencia y, por tanto, aumenta la intensidad, lo que incrementa la penetración del cordón.

Cómo aplicar este concepto. Si necesitas más penetración, mantén el hilo lo más corto posible sin que la punta de contacto toque el material. Si necesitas menos penetración, alarga la distancia del hilo libre.

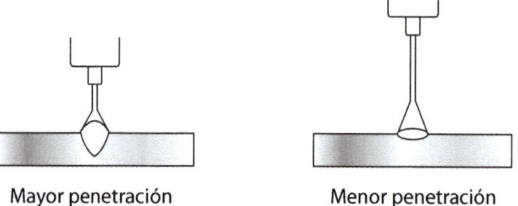

Mayor penetración   Menor penetración

Fig. 3.3.

8. Empujar vs. arrastrar la pistola

Empujar la pistola. Cuando, al soldar, orientas la pistola hacia adelante en la dirección del avance de la soldadura:

- **Afecta a la forma del cordón.** Tiende a generar un cordón más ancho y menos profundo, ya que el gas de protección cubre el baño de fusión de forma más eficiente, pero el calor se distribuye sobre un área mayor.
- **Aplicaciones.** Ideal para soldaduras que requieren un acabado superficial más limpio y con menos penetración, como en chapas delgadas.

Arrastrar la pistola. Cuando orientas la pistola hacia atrás en la dirección opuesta al avance de la soldadura.

- **Afecta a la forma del cordón.** Produce un cordón más estrecho y profundo, ya que el calor se concentra en un área menor, aumentando la penetración.
- **Aplicaciones.** Es mejor para soldaduras que requieren una mayor penetración, como en materiales más gruesos.
- **Cómo aplicar estos conceptos.** Dependiendo del grosor del material y de la necesidad de penetración, elige empujar la pistola para un acabado más superficial con un cordón más plano, o arrastrar para una lograr una penetración más profunda.

9. Impacto de la velocidad de avance

Concepto de velocidad de avance. La velocidad de avance es la rapidez con la que el soldador mueve la pistola de soldadura a lo largo de la junta durante el proceso. Este parámetro afecta significativamente la calidad del cordón de soldadura, incluyendo la penetración, la forma del cordón y la posibilidad de defectos como porosidad o socavados.

Ejemplos prácticos

- **Velocidad de avance rápida.** Si el soldador avanza la pistola demasiado rápido, el arco no tiene suficiente tiempo para calentar adecuadamente el material base, lo que puede dar como resultado una falta de penetración y un cordón estrecho y frío. Esto es especialmente problemático en materiales más gruesos, donde la falta de fusión puede comprometer la resistencia de la soldadura.

- **Velocidad de avance lenta.** Si la velocidad es demasiado lenta, el material base puede sobrecalentarse, lo que puede causar socavados (erosión de los bordes de la junta), excesiva penetración y, en algunos casos, deformación del material. Además, un avance lento aumenta el riesgo de que se generen porosidad e inclusiones debido a la sobreexposición del baño de fusión a los gases atmosféricos.

Recomendaciones

- Ajusta la velocidad de avance según el grosor del material y la configuración del equipo. Practica en piezas de prueba para encontrar la velocidad óptima que permita un cordón uniforme con buena penetración sin causar defectos.

- Presta atención al sonido del arco y al comportamiento del baño de fusión. Un sonido estable y uniforme generalmente indica una velocidad de avance adecuada.

10. Inductancia (también llamada "dinámica")

La inductancia es un parámetro que regula cómo responde la corriente a los cambios bruscos de demanda durante la soldadura MIG/MAG. Este concepto afecta directamente a la fluidez del cordón y a la cantidad de proyecciones que se generan:

- **Alta inductancia.** Hace que la corriente aumente o disminuya más suavemente. Esto produce un cordón de soldadura más fluido y con menos proyecciones. Sin embargo, puede reducir ligeramente la penetración.

- **Baja inductancia.** Hace que la corriente responda de manera más rápida y brusca, lo que puede generar un cordón más áspero con más proyecciones, pero con mayor penetración.

Cómo aplicar este concepto. Si buscas un acabado más suave y limpio, ajusta la inductancia a un nivel más alto. Si necesitas mayor penetración y no te preocupan tanto las proyecciones, ajusta la inductancia a un nivel más bajo.

11. Longitud de hilo fuera de la punta de contacto (stick-out)

En la soldadura MIG/MAG, es fundamental mantener una longitud constante del hilo desde la punta de contacto hasta el punto de soldadura. Si esta longitud varía de forma rápida y aleatoria, pueden surgir problemas, como que el hilo llegue "frío" a la pieza y no se funda adecuadamente, rebotando en lugar de formar un baño de fusión.

Concepto. A medida que aumenta la longitud del hilo fuera de la punta de contacto, también aumenta su resistencia al paso de la corriente. Esto causa una disminución de la intensidad, lo que puede llevar a defectos en la soldadura. Además, cuanto más alejado esté el hilo, menor será la protección efectiva del gas, lo que también puede afectar la calidad de la soldadura.

Práctica recomendada. Durante las prácticas, mantén una longitud de hilo constante entre 5 y 15 mm, dependiendo de la posición y el material a soldar (esto se especificará en cada ejercicio).

12. Gases de protección

En la soldadura MIG/MAG con hilos macizos, es esencial utilizar un gas que proteja tanto el arco como el baño de fusión del oxígeno y nitrógeno del aire. La presencia de estos gases puede provocar defectos como porosidad. Además, las corrientes de aire, un caudal inadecuado de gas (excesivo o insuficiente), también pueden causar problemas.

Tipos de gases y sus aplicaciones

- **Argón.** Proporciona estabilidad al arco y buena protección debido a su densidad (1,4 veces mayor que el aire). Genera pocas proyecciones y es menos sensible a las corrientes de aire. Los cordones tienden a ser regulares y más bien estrechos.

- **Helio.** Tiene alta conductividad térmica, lo que proporciona buena penetración y cordones más anchos. Sin embargo, su estabilidad es menor y, al ser menos denso que el argón, es más sensible a las corrientes de aire. Requiere un caudal mayor y es más caro.

- **Argón-helio.** En mezclas como 70-30 % o 50-50 %, se combinan las ventajas de ambos gases. Es una buena opción para soldar aluminio de más de 8 mm, disminuyendo el riesgo de falta de fusión en los lados de la junta.

- **CO_2.** Es más económico y se utiliza principalmente en la soldadura de aceros al carbono con hilos desoxidantes. Aunque el CO_2 puede introducir oxígeno, que es un problema en la mayoría de las soldaduras, su bajo costo y excelente penetración lo hacen útil en aplicaciones donde no se requiere una calidad extremadamente alta.

- **Mezclas argón-CO_2.** Para soldar aceros al carbono, es común usar mezclas como Ar 80 %-CO_2 15 % (también 82-18 % o 85-20 %) para mejorar la estabilidad del arco sin sacrificar la calidad del cordón.

- **Mezclas argón-CO_2-O_2.** Estas mezclas suelen usarse en la soldadura de aceros al carbono e inoxidables para mejorar la estabilidad del arco, la fluidez del cordón y reducir las proyecciones. El oxígeno, en pequeñas cantidades (generalmente 1-5 %), ayuda a estabilizar el arco y mejorar la fluidez del cordón (reduce la tensión superficial del baño), lo que da como resultado un acabado más suave.

Aplicaciones

- Argón. Aluminio y Magnesio.
- Argón + CO_2 (1-5 %). Aceros inoxidables, aceros aleados, y cobre.
- Argón + CO_2 (hasta 20 %). Aceros al carbono.
- CO_2. Aceros al carbono con hilos desoxidantes.
- Helio. Aluminio, magnesio, y cobre.
- Helio + Argón (20-80 % o 50-50 %). Aluminio, magnesio, y cobre.

13. Hilos de aportación

Los hilos macizos utilizados en MIG/MAG se suministran en varios diámetros: 0,6; 0,8; 1; 1,2; 1,4; 1,6; y 2,4 mm.

Tipos de hilo

- **Hilos de acero al carbono.** Estos hilos suelen tener un recubrimiento de cobre que mejora la conductividad, aumenta la resistencia a la corrosión y reduce el rozamiento durante la alimentación. Sin embargo, actualmente existen hilos sin recubrimiento de cobre, tratados con un pasivado especial para evitar la corrosión, lo que elimina el riesgo de incluir cobre en la soldadura.

- **Alambres tubulares.** Se dividen en los siguientes tipos:

  - **Hilos tubulares flux cored.** Son hilos huecos que contienen un flujo (flux) en su interior que, al fundirse, crea una escoria similar a la de los electrodos revestidos. A pesar de esto, requieren de un gas de protección adicional. Se clasifican en dos tipos.

    * **Tipo rutilo.** Apto para modos de transferencia por cortocircuito o spray. La escoria generada se despega fácilmente y se enfría rápidamente, siendo adecuados para soldar en todas las posiciones.

    * **Tipo básico.** Producen cordones de mayor resistencia y calidad. Aunque la escoria es un poco más difícil de retirar, estos hilos también son aptos para todas las posiciones de soldadura.

  - **Hilos tubulares autoprotegidos.** Contienen elementos que generan gases protectores durante la soldadura, eliminando así la necesidad de un gas de protección externo. Son ideales para aplicaciones en exteriores o en lugares con corrientes de aire. Sin embargo, la escoria que se forma puede requerir más limpieza, y el acabado no es tan limpio como con hilos macizos.

  - **Hilos tubulares metal cored.** Ofrecen una alta velocidad de deposición y buena penetración. Estos hilos son huecos y contienen polvo metálico en su interior, lo que permite una mejor transferencia de calor al material base, dejando más energía disponible para fundir la unión. Al igual que los hilos flux cored, necesitan gas de protección externo.

Selección del diámetro del hilo de aporte

- **Importancia del diámetro.** El diámetro del hilo de aporte es un factor clave en la soldadura MIG/MAG, ya que determina la cantidad de material que se deposita en el cordón de soldadura y cómo se comporta el arco durante el proceso. Un diámetro de hilo más pequeño es más fácil de controlar, lo que lo hace ideal para trabajos detallados o cuando se sueldan chapas delgadas.

En cambio, un diámetro de hilo más grande permite una mayor tasa de deposición, lo que es ventajoso para soldar materiales más gruesos o cuando se busca alta productividad.

Ejemplos prácticos

– **Hilos de 0,6 mm o 0,8 mm.** Son ideales para soldar chapas delgadas, de hasta 3 mm de espesor, donde se requiere una buena controlabilidad del arco y se desea evitar el exceso de penetración o deformación de la chapa. Este diámetro es común en aplicaciones automotrices o en trabajos de chapa y pintura.

– **Hilos de 1,0 mm o 1,2 mm.** Son los más utilizados en aplicaciones industriales generales, como la soldadura de estructuras de acero y tuberías de espesor medio (3-10 mm). Ofrecen un equilibrio entre control y velocidad de deposición, lo que los hace versátiles para una amplia gama de trabajos.

– **Hilos de 1,6 mm o más.** Son adecuados para soldar materiales gruesos, generalmente superiores a 10 mm, donde se requiere una alta tasa de deposición. Se utilizan en la fabricación de grandes estructuras metálicas, como en la industria naval o de construcción pesada, donde la velocidad y la penetración profunda son esenciales.

14. Sistemas de ayuda a la soldadura

Finalmente, algunos de los principales sistemas de ayuda en MIG/MAG son:

– **Modo "dos" y "cuatro" tiempos**
  • **Dos tiempos.** Al presionar el gatillo, se activan gas, corriente y alimentación de hilo. Al soltarlo, todo se detiene.
  • **Cuatro tiempos.** Al presionar el gatillo, solo se activa el gas, permitiendo purgar la zona antes de empezar a soldar. Al soltarlo, se activa la corriente y la alimentación del hilo, permitiendo soldar sin mantener el dedo en el gatillo. Para detenerse, se pulsa nuevamente, cortando corriente e hilo, pero dejando que el gas siga fluyendo para proteger el baño de fusión mientras se enfría.

– **Preflujo y postflujo de gas protector.** Permiten programar la salida del gas antes y después de que comience o termine la soldadura. El preflujo purga la zona de inicio, y el postflujo protege el baño de fusión mientras se enfría, reduciendo el riesgo de formación de cráteres.

- **Arranque lento y rellenado de cráter (*Burn-Back*).** Algunos equipos permiten que el hilo y la corriente comiencen de manera lenta durante unos segundos, lo cual es útil para empalmar cordones con mayor facilidad. La rampa de bajada o "rellena cráter" hace que la corriente y la alimentación de hilo disminuyan gradualmente al finalizar la soldadura, rellenando cráteres y mejorando el acabado del cordón.

15. Mantenimiento del equipo MIG/MAG

El mantenimiento regular del equipo MIG/MAG es fundamental para asegurar la calidad de la soldadura, prolongar la vida útil del equipo y evitar paradas inesperadas durante el trabajo. Un equipo bien mantenido permite un flujo constante de hilo y gas, una transferencia eficiente de corriente y una protección adecuada del baño de fusión.

Pasos de mantenimiento básico

- **Limpieza de la pistola y la tobera.** Es esencial limpiar la pistola y la tobera después de cada sesión de soldadura para eliminar las proyecciones y residuos que se acumulan durante el proceso. Esto asegura que el gas de protección fluya correctamente y que el hilo se alimente sin interrupciones.
- **Revisión de los rodillos de alimentación.** Los rodillos de alimentación deben estar libres de grasa, suciedad y desgaste. Si los rodillos están sucios o desgastados, pueden causar problemas de alimentación del hilo, como atascos o deslizamientos, lo que afecta directamente la calidad de la soldadura.
- **Inspección y limpieza de la manguera.** La manguera que conecta la pistola con la fuente de alimentación debe estar en buen estado, sin grietas ni obstrucciones. Es recomendable limpiar o reemplazar la sirga interna periódicamente, especialmente si se trabaja con hilos sucios o con recubrimiento de cobre.
- **Comprobación de las conexiones eléctricas y de gas.** Asegúrate de que todas las conexiones estén firmes y libres de corrosión. Las fugas de gas o las conexiones eléctricas flojas pueden reducir la eficiencia del proceso y aumentar el riesgo de defectos en la soldadura.

Consejo práctico

Implementa un calendario de mantenimiento regular, donde revises y limpies los componentes clave de tu equipo semanalmente o después de cada uso intensivo.

Esto no solo mejorará la calidad de tus soldaduras, sino que también reducirá la necesidad de reparaciones costosas.

16. Ergonomía en la soldadura

Es importante mantener una buena postura al soldar para evitar cansancio y posibles lesiones a largo plazo. Una buena ergonomía también permite manejar mejor la pistola, lo que se traduce en soldaduras más precisas y de mejor calidad.

Consejos prácticos

- **Posición del cuerpo.** Mantén tu cuerpo en una posición equilibrada y estable. Si es posible, apoya tus brazos en una superficie firme para evitar movimientos temblorosos que puedan afectar la precisión de la soldadura.

- **Altura de trabajo.** Ajusta la altura de la mesa o banco de trabajo para que puedas soldar cómodamente sin encorvarte. Si trabajas en posiciones incómodas durante largos periodos, considera usar soportes o almohadillas para reducir la tensión en la espalda y las piernas.

- **Uso de herramientas de apoyo.** Utiliza herramientas como soportes magnéticos o abrazaderas para mantener las piezas en su lugar. Esto te permite concentrarte en el control de la pistola sin preocuparte por la estabilidad de las piezas.

17. Seguridad en la soldadura

La soldadura MIG/MAG presenta riesgos como la exposición a la radiación ultravioleta, la inhalación de humos y el riesgo de quemaduras. Es fundamental seguir prácticas de seguridad rigurosas para proteger tu salud. Algunas recomendaciones de seguridad:

- **Equipo de protección personal (EPP).** Usa siempre guantes de soldadura, casco con filtro de oscurecimiento automático, ropa ignífuga y calzado de seguridad. Asegúrate de que la ropa cubra completamente la piel para evitar quemaduras por radiación o salpicaduras.

- **Ventilación adecuada.** Trabaja en un área bien ventilada para evitar la acumulación de humos de soldadura. Si trabajas en un espacio cerrado, utiliza sistemas de extracción de humos o mascarillas con filtro adecuado para partículas y gases.

–   **Manejo seguro del equipo.** Desconecta siempre la fuente de alimentación antes de realizar cualquier mantenimiento en la pistola o la máquina. Verifica regularmente que los cables y conexiones estén en buen estado para evitar cortocircuitos o descargas eléctricas.

18. Factores ambientales que afectan a la soldadura

La soldadura, como proceso industrial, no se realiza en un vacío ideal; está influenciada por diversas condiciones ambientales que pueden afectar la calidad del cordón de soldadura y la eficiencia del trabajo. Comprender estos factores y cómo gestionarlos es clave para asegurar resultados consistentes y de alta calidad. A continuación, se describen los principales factores ambientales que pueden influir en el proceso de soldadura.

1. **Temperatura**

–   **Influencia en la soldadura.** Las variaciones en la temperatura ambiente pueden afectar la capacidad del material base para mantener el calor durante el proceso de soldadura. En ambientes fríos, el material base puede enfriarse demasiado rápido, lo que puede provocar una contracción excesiva, tensiones residuales, y la formación de grietas. En ambientes muy calurosos, el material base podría calentarse demasiado, lo que podría resultar en un baño de fusión difícil de controlar y problemas como sobrecalentamiento o distorsión.

–   **Reducción de riesgos.** En climas fríos, es recomendable precalentar las piezas antes de soldar para reducir la velocidad de enfriamiento y evitar la formación de grietas. Esto es particularmente importante en materiales gruesos o cuando se trabaja con materiales propensos a agrietarse. En climas calurosos, se debe controlar cuidadosamente la entrada de calor y quizás trabajar en períodos más cortos para evitar el sobrecalentamiento.

2. **Humedad**

–   **Influencia en la soldadura.** La humedad en el aire puede tener un impacto negativo, especialmente en la soldadura MIG/MAG, donde el gas protector es fundamental para evitar la contaminación del cordón. La humedad puede introducir hidrógeno en el baño de fusión, lo que aumenta el riesgo de porosidad en la soldadura. Además, la humedad puede provocar oxidación en la superficie del material base y en los consumibles (como el alambre de soldadura), lo que podría deteriorar la calidad de la soldadura.

- **Reducción de riesgos.** Mantén el área de trabajo lo más seca posible. Si trabajas en un entorno húmedo, es recomendable almacenar los consumibles en condiciones secas y controlar la humedad en la medida de lo posible. También es útil limpiar el material base antes de soldar para eliminar cualquier rastro de humedad u óxido que pudiera haberse formado.

3. **Corrientes de aire**

- **Influencia en la soldadura.** Las corrientes de aire pueden desplazar el gas de protección en la soldadura MIG/MAG, exponiendo el baño de fusión a la atmósfera y provocando la formación de óxidos y porosidad en el cordón. Esto es un problema particularmente grave cuando se trabaja en exteriores o en áreas con ventilación intensa.

- **Reducción de riesgos.** Utiliza pantallas o cortinas para bloquear las corrientes de aire alrededor del área de soldadura. Ajusta el caudal de gas de protección para asegurar una cobertura adecuada. En condiciones de viento, aumenta el caudal de gas para compensar la pérdida causada por el desplazamiento del gas. También se puede considerar el uso de hilos tubulares autoprotegidos que no requieren gas de protección externo, aunque el acabado del cordón puede no ser tan limpio como con un gas protector.

Algunas medidas de reducción de riesgos generales:

- **Pantallas para el viento.** Una solución efectiva para proteger el área de soldadura de las corrientes de aire es utilizar pantallas o cortinas de soldadura. Estas barreras físicas reducen la exposición del baño de fusión al aire, manteniendo el gas protector en su lugar y mejorando la calidad de la soldadura.

- **Precalentamiento de piezas.** En ambientes fríos o cuando se trabaja con materiales susceptibles a agrietarse, el precalentamiento puede ser una técnica clave. Esto ayuda a mantener una temperatura constante durante la soldadura, reduce las tensiones térmicas y minimiza la posibilidad de grietas en el cordón de soldadura.

- **Control del caudal de gas.** Ajustar el caudal de gas de protección según las condiciones ambientales es fundamental. En condiciones de viento o corrientes de aire, es necesario aumentar el caudal de gas para asegurar que el baño de fusión esté adecuadamente protegido. Sin embargo, debe evitarse un caudal excesivo, ya que podría causar turbulencias y aspirar aire al baño de fusión, generando defectos.

- **Trabajo en ambientes controlados.** Siempre que sea posible, realiza la soldadura en un entorno controlado. Esto no solo incluye la temperatura y la humedad, sino también el control de las corrientes de aire. Trabajar en interiores o en un taller cerrado permite un mejor control sobre los factores ambientales y facilita la obtención de soldaduras de alta calidad.

Conclusión. Los factores ambientales, aunque a menudo se pasan por alto, tienen un impacto significativo en el proceso de soldadura. Ya sea la temperatura, la humedad o las corrientes de aire, cada uno de estos elementos puede alterar la calidad del cordón de soldadura si no se gestionan adecuadamente. Adoptar medidas de mitigación efectivas y comprender cómo cada factor afecta la soldadura te permitirá adaptar tu técnica a las condiciones del entorno, garantizando resultados consistentes y de alta calidad en cada trabajo.

Consideraciones finales

La soldadura MIG/MAG es versátil y efectiva, pero su complejidad requiere una comprensión sólida de los equipos y los procesos. Si bien existen equipos sinérgicos que automatizan algunos parámetros, es recomendable aprender con máquinas convencionales para desarrollar una comprensión completa del proceso.

El tesoro oculto

En lo alto de una montaña vivía un anciano guardián de un tesoro legendario. A muchos aventureros les hablaba de las riquezas escondidas bajo sus pies, pero ninguno lograba encontrarlas. Impacientes, cavaban en todos los lugares equivocados, y tras unos días se marchaban frustrados, diciendo que el tesoro no existía.

Un día, un joven aprendiz subió la montaña y se presentó ante el anciano. "Maestro, vengo en busca del tesoro, pero no sé por dónde empezar", dijo humildemente. El anciano sonrió y le entregó una pala, señalando un lugar aleatorio. "Cava aquí, pero recuerda: el tesoro no está solo en lo que buscas, sino en lo que aprenderás mientras lo buscas."

Día tras día, el joven cavó con esmero, enfrentándose a raíces, piedras y su propio cansancio. Aprendió a escuchar el sonido del suelo, a entender la fuerza de sus manos y a respetar la tierra. Pasaron semanas y, aunque no encontró monedas de oro, notó que algo en él había cambiado. Había crecido su paciencia, su enfoque y su calma interior.

Un día, el anciano regresó y vio al joven trabajando con serenidad. Le dijo: "Has encontrado el tesoro. Está dentro de ti, en cada golpe de la pala, en cada desafío que superaste. Ahora eres más sabio y fuerte que cuando llegaste. Recuerda: el verdadero tesoro no es el oro, sino lo que construyes mientras lo buscas."

Muy importante. Buenas prácticas en el taller de soldadura

- **Usa siempre gafas de protección:** el esmalte cobrizo del hilo de soldadura, especialmente en el acero al carbono, puede saltar inesperadamente cuando la soldadura se enfría. Protégete los ojos para evitar lesiones.

- **Detección de porosidad:** si observas la formación de porosidad en el baño de fusión (esos pequeños "puntos negros" en el cordón de soldadura), detén inmediatamente el trabajo. Usa la radial para eliminar completamente la parte contaminada antes de continuar. Si no eliminas los poros, es probable que toda la soldadura posterior también esté llena de porosidad.

- **Punta de contacto adecuada:** elige la punta adecuada al diámetro de hilo.

- **Mantenimiento de la tobera:** limpia regularmente la tobera y las partes internas de la antorcha para eliminar las proyecciones que puedan contaminar la soldadura y obstruir la salida del gas protector. Considera usar un spray antiproyecciones para retrasar la acumulación de residuos.

- **Cuidado con la manguera:** mantén la manguera lo más recta posible para evitar que el hilo se atasque en su interior. Evita dejar caer objetos sobre la manguera, pisarla o doblarla en exceso, ya que esto puede dañar la camisa interna que guía el hilo.

- **Presión adecuada en los rodillos de empuje:** utiliza siempre la mínima presión necesaria en los rodillos de empuje, ajustada a la posición de soldadura que estés realizando. Esto te ayudará a evitar atascos por aplastamiento del hilo.

- **Visibilidad y manejo de la antorcha:** si ya has practicado con electrodo revestido, encontrarás más fácil realizar estas prácticas. Sin embargo, ten en cuenta que el brillo del arco mig/mag no es tan intenso, lo que puede reducir tu visibilidad. Además, la tobera puede dificultar la visión del área de trabajo. Es crucial que te acostumbres a mirar por un lado de la antorcha sin perder de vista la punta del hilo.

- **Mantén una longitud de hilo constante:** procura mantener la longitud de hilo lo más constante posible desde la punta de contacto hasta la costura de soldadura. Si alejas la antorcha, la tensión disminuye; si la acercas, la tensión aumenta, lo que puede afectar la calidad del cordón.

- **Uso de herramientas para manipular piezas calientes:** usa siempre tenazas para manipular piezas calientes, nunca tus manos, aunque lleves guantes de soldador. Recuerda que las piezas pueden estar extremadamente calientes y podrían causar quemaduras.

- **Consulta al profesor:** si tienes alguna duda sobre cómo realizar una tarea, especialmente si implica el uso de herramientas como radiales, sierras, esmeriles, etc., No dudes en consultar al profesor. Estas máquinas requieren un uso respetuoso y con todas las precauciones necesarias.

- **Protección ocular:** nunca mires al arco de soldadura sin la protección adecuada de la pantalla de soldador. La exposición directa puede causar graves daños a tus ojos.

- **Equipo de protección personal (EPP):** nunca trabajes en soldadura sin guantes o en manga corta. Usa siempre las protecciones necesarias: delantal, manguitos, polainas, etc. ¡Es por tu seguridad! Y al final del día, devuelve el equipo de protección a su lugar. Considera también el uso de una mascarilla adecuada.

- **Cuidado del material y limpieza:** sé cuidadoso con el material y colabora con la limpieza de tu puesto de trabajo al finalizar la clase. Un entorno limpio y ordenado es clave para un trabajo seguro y eficiente.

19. Prácticas de soldadura MAG con acero al carbono

Práctica 1	Soldadura MAG con acero al carbono		
Primeros cordones en posición horizontal PA (1G)			
Material base	Chapa de acero al carbono 100 x 100 x 3 mm		
Diámetro hilo y designación	0,8 mm ER 70S-6 (AWS A5.18-05) G 46 3 M 2Mo (EN ISO 14341-A: 2008)		
Velocidad alimentación hilo	3 a 7 m/min	*Corriente de soldeo*	15-18 V
N.º de cordones	Nueve, con movimiento recto con la pistola orientada hacia delante (empujando)	*Longitud hilo libre*	10-15 mm (se mide desde la punta de contacto a la soldadura)
Caudal de gas	10-15 litros/minuto de argón (85 %)/CO_2(15 %), 1 litro por cada mm de diámetro interior de la tobera.		
Herramientas auxiliares	Regla, punta de trazar, metro, lima, radial, granete y martillo.		

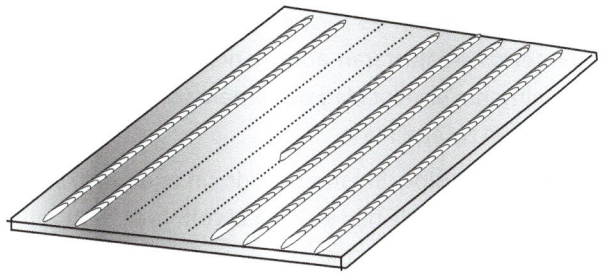

Fig. 3.4.

Preparación del material y herramientas

1. Corte y preparación de la pieza

– Medición y marcado. Comienza midiendo la pletina de acero al carbono con una regla o metro para asegurarte de que las dimensiones finales sean 100x100 mm. Marca las líneas de corte con una punta de trazar y resáltalas con un granete para definir claramente dónde realizarás el corte.

– Corte de la pieza. Usa una radial equipada con un disco adecuado para cortar la pletina siguiendo las marcas que trazaste previamente.

– Limpieza de la superficie. Después de cortar, elimina cualquier óxido, grasa o taladrina de la superficie utilizando la radial con un disco de lija o de repasado. Procura no quitar demasiado espesor de la chapa durante este proceso.

– Eliminación de rebabas. Una vez limpia la superficie, elimina las rebabas del corte y redondea las esquinas de la chapa utilizando una lima o la radial.

– Trazado de líneas guía. Con una punta de trazar, realiza una marca cada centímetro en dos lados opuestos del cuadrado. Utilizando una escuadra, une estas marcas con líneas rectas que serán tu guía para realizar los cordones de soldadura. Marca algunos puntos en estas líneas con un granete para mejorar la visibilidad durante la soldadura.

2. Regulación del equipo

– **Ajuste del caudal de gas.** Configura el caudal de gas a 10-15 litros por minuto de la mezcla de CO_2 y argón teniendo en cuenta el diámetro interior de la tobera.

– **Modo de operación.** Selecciona si vas a trabajar en modo "dos tiempos" o "cuatro tiempos", dependiendo de tu preferencia y comodidad. Si el equipo es sinérgico, la regulación es sencilla; selecciona un valor de voltaje y los demás parámetros se ajustarán automáticamente. Si no lo es, tendrás que ajustar manualmente la velocidad de alimentación del hilo y la corriente para encontrar el punto de equilibrio.

- **Ajuste manual del equipo.** Si estás usando un equipo no sinérgico, comienza con la máxima velocidad de hilo y ajusta el voltaje a 15-18 Voltios. Abre el arco sobre una pieza de chatarra y baja la velocidad del hilo hasta que el sonido cambie a un suave "ronroneo" característico de un equipo bien ajustado. Evita bajar demasiado la velocidad para que no se formen gotas grandes en la punta del hilo.

Procedimiento de soldadura

1. Posicionamiento inicial

- **Ubicación del soldador.** Para diestros, es recomendable soldar de derecha a izquierda, con la cabeza en el extremo izquierdo para "tener los ojos al final" del cordón y mantener siempre a la vista el avance del hilo. Si eres zurdo, realiza el movimiento de izquierda a derecha.

- **Prueba de posición.** Sin pulsar el gatillo, realiza una prueba moviendo la pistola a lo largo de las líneas trazadas. Asegúrate de que puedes mantener una inclinación y distancia constantes sin dificultad.

2. Realización de los cordones

- **Primer cordón.** Inicia la soldadura empujando la pistola hacia adelante, siguiendo la primera línea marcada. Mantén una inclinación de la pistola de unos 10º hacia atrás. Asegúrate de mantener una distancia constante de 10-15 mm entre la punta de contacto y la pieza.

- **Avance constante.** Avanza a una velocidad constante desde el inicio hasta el final del cordón. Esto es básico para mantener la uniformidad del cordón en cuanto a anchura y penetración.

- **Siguientes cordones.** Repite el proceso para los siguientes ocho cordones, siempre empujando la pistola y manteniendo la misma distancia y velocidad.

Evaluación de la práctica

1. Rectitud de los cordones

- El objetivo principal de esta práctica es conseguir cordones rectos, siguiendo las líneas graneteadas.

- Verifica que todos los cordones tengan una anchura uniforme, lo que indicará que la velocidad de avance fue constante.

2. Limpieza y mantenimiento

- Asegúrate de que la manguera esté lo menos retorcida posible durante toda la operación para evitar problemas de alimentación del hilo.
- Limpia la tobera y las partes internas de la pistola si es necesario para asegurar una correcta protección del gas y evitar la contaminación del cordón.

Práctica 2	Soldadura MAG con acero al carbono		
Recargue en posición plana. Cordones rectos y de peinado PA (1G)			
Material base	Chapa de acero al carbono 100 x 100 x 3 mm		
Diámetro hilo y designación	0,8 mm ER 70S-6 (AWS A5.18-05) G 46 3 M 2Mo (EN ISO 14341-A: 2008)		
Velocidad alimentación hilo	3 a 7 m/min	Corriente de soldeo	15-18 V
N.º de cordones	Seis con movimiento recto y tres con movimiento lateral con la pistola orientada hacia delante (empujando)	Longitud hilo libre	10-15 mm (se mide desde la punta de contacto a la soldadura)
Caudal de gas	10-15 litros/minuto de argón (85 %)/CO_2(15 %), 1 litro por cada mm de diámetro interior de la tobera.		
Herramientas auxiliares	Regla, punta de trazar, metro, lima, radial, granete y martillo.		

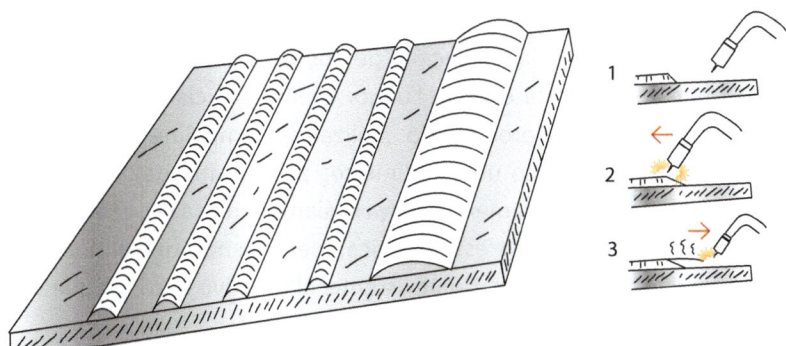

Fig. 3.5.

Preparación del material y herramientas

1. Medición y corte de la chapa

- **Medición.** Comienza midiendo la chapa de acero al carbono con una regla o metro para asegurar que las dimensiones finales sean 100x100 mm.

- **Marcado.** Marca la línea de corte con una punta de trazar y realiza pequeños puntos con el granete a lo largo de la línea para facilitar el corte.

- **Corte y limpieza.** Utiliza una radial para cortar la chapa siguiendo las marcas. Después, elimina las rebabas y redondea las esquinas de la chapa.

2. Trazado de líneas guía

- **Líneas guía.** Marca líneas rectas a un centímetro de distancia en la superficie de la chapa, tal como hiciste en la práctica anterior. Estas líneas serán tu referencia visual para la ejecución de los cordones.

Regulación del equipo

1. Ajuste del caudal de gas y velocidad de hilo

- Configura el caudal de gas a 10-15 litros por minuto y ajusta la velocidad del hilo según el voltaje indicado. Si estás utilizando un equipo sinérgico, selecciona el voltaje adecuado y el equipo se encargará del resto.

Procedimiento de soldadura

1. Realización de cordones rectos

- **Posicionamiento.** Alinea la pistola con la primera línea guía trazada en la chapa.

- **Empalmes.** Durante la ejecución de los seis cordones rectos, detente aleatoriamente y corta el arco. Luego, vuelve a iniciar la soldadura sobre el cordón detenido, procurando realizar un empalme suave. Para ello, comienza el nuevo arco unos milímetros por delante del final del cordón anterior. Retrocede lentamente y lleva el alambre hasta el punto más alto del cordón (ver ilustración de esta práctica), permitiendo que el nuevo cordón cubra la rampa final del cordón existente. El objetivo es evitar que se noten interrupciones o discontinuidades en el cordón.

– **Evaluación de los empalmes.** Un buen empalme debe ser casi imperceptible, con una transición suave entre el cordón anterior y el nuevo tramo. Si el empalme es visible o presenta una pequeña cavidad, es posible que la pistola no haya estado bien alineada o que la parada haya sido demasiado larga.

2. Realización de cordones de peinado con patrones

– **Patrones de movimiento.** El peinado se refiere a un movimiento lateral mientras avanzas con la soldadura, lo que permite cubrir un área más ancha. Existen varios patrones de movimiento que puedes utilizar, como.

  • **Zig-zag.** Un movimiento en línea recta con desviaciones laterales.

  • **Forma de "U".** Similar al zig-zag, pero con curvas suaves.

  • **Circular.** Movimientos circulares continuos mientras avanzas.

  • **Triangular.** Movimientos en forma de triángulos.

  • **Forma de "8".** Movimientos que imitan el trazo del número ocho.

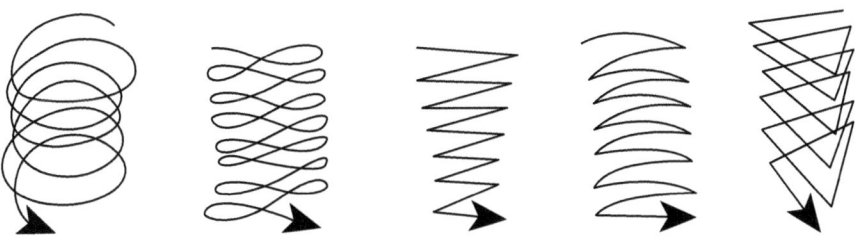

Fig. 3.6.

– **Detenciones en patrones simples.** Cuando uses patrones simples como el zig-zag o la "U", detente un instante en cada extremo del patrón antes de cambiar de dirección. Esta pausa permite que el material cubra uniformemente la superficie, evitando puntos débiles o áreas desiguales.

– **Patrones continuos.** En los movimientos circulares, triangulares y en forma de "8", no es necesario detenerse. El movimiento debe ser fluido y continuo, asegurando una cobertura homogénea.

Práctica 3	Soldadura MAG con acero al carbono		
Aprendiendo a realizar puntos de soldadura			
Material base	Chapa de acero al carbono 100 x 100 x 3 mm		
Diámetro hilo y designación	0,8 mm ER 70S-6 (AWS A5.18-05) G 46 3 M 2Mo (EN ISO 14341-A: 2008)		
Velocidad alimentación hilo	3 a 7 m/min	*Corriente de soldeo*	15-18 V
N.º de cordones	Veinticinco	*Longitud hilo libre*	10-15 mm (se mide desde la punta de contacto a la soldadura)
Caudal de gas	10-15 litros/minuto de argón (85 %)/CO_2(15 %), 1 litro por cada mm de diámetro interior de la tobera.		

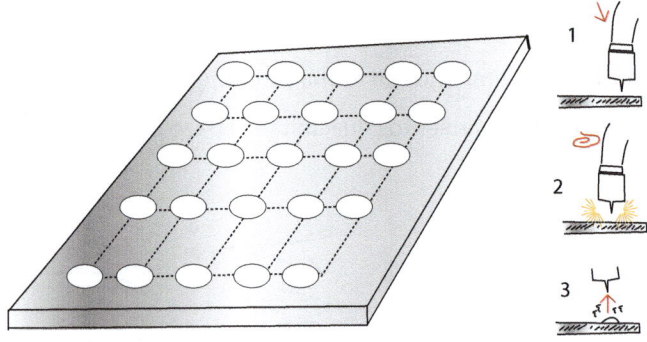

Fig. 3.7.

Importancia del punteado

El punteado es una operación fundamental en la soldadura. Consiste en realizar pequeños puntos de soldadura que mantienen las piezas inmovilizadas durante el proceso de soldadura principal. Estos puntos son esenciales para garantizar que las piezas no se muevan, asegurando que las medidas finales de la estructura se mantengan dentro de las tolerancias permitidas.

Además, los puntos de soldadura deben ser lo suficientemente fuertes como para soportar no solo el peso de la estructura, sino también el peso de las personas que se encargarán de soldarla. Esto convierte al punteado en una responsabilidad para el soldador, quien debe dar lo mejor de sí en cada unión, consciente de la importancia que estos puntos tienen en la seguridad y la calidad final de la estructura.

Preparación del material y herramientas

1. Medición y corte de las chapas

- **Medición.** Mide y marca las chapas de acero al carbono para asegurarte de que tienen las dimensiones correctas de 100 x 100 x 3 mm.

- **Corte.** Realiza los cortes necesarios siguiendo las marcas, asegurándote de que las piezas queden limpias y con bordes suaves.

2. Limpieza de las superficies

- **Pulido y cepillado.** Limpia las superficies a soldar utilizando una radial con disco de lija para eliminar cualquier óxido, grasa o contaminante. Cepilla las superficies con un cepillo de alambre para asegurar una superficie libre de impurezas antes de realizar los puntos de soldadura.

Procedimiento para aplicar los puntos de soldadura

1. Marcar las posiciones de los puntos

- **Trazado.** Con la ayuda de una punta de trazar, marca líneas horizontales y verticales en la chapa, creando una cuadrícula. En cada intersección de las líneas realizarás un punto de soldadura. Este patrón te ayudará a mantener una distribución uniforme de los puntos a lo largo de la chapa.

2. Realización de los puntos de soldadura

- **Técnica de punteado.** Para realizar un punto de soldadura efectivo, coloca la pistola sobre la intersección marcada y comienza a trazar una pequeña espiral de fuera hacia adentro. Completa una vuelta, realiza otra de menor diámetro dentro de la primera, y cuando llegues al centro, suelta el gatillo de la pistola.

- **Control del cráter.** Es vital que el punto no termine en un cráter. Para evitarlo, muchos equipos de soldadura disponen de una función llamada *"burn-back"*, que detiene la alimentación del hilo de manera gradual, permitiendo un aporte de material progresivo y evitando así la formación de cráteres al final del punto.

Evaluación de los puntos de soldadura

1. Aspecto del punto

- **Altura y forma.** Un buen punto de soldadura debe tener poca altura, ser ancho y plano, sin cráteres. Además, debe mostrar un pequeño resalte o sobreespesor en la cara trasera de la chapa de 3 mm, lo que indica que la soldadura ha penetrado correctamente.

2. Distribución y resistencia

- **Uniformidad.** Asegúrate de que los puntos estén distribuidos uniformemente según el patrón trazado. Verifica que la distribución sea adecuada para soportar el peso y las tensiones a las que se someterá la estructura.

- **Resistencia.** Revisa que los puntos de soldadura sean lo suficientemente fuertes para mantener las piezas en su lugar y soportar cualquier peso adicional durante el proceso de soldadura.

Consideraciones finales

El punteado es una operación aparentemente simple, pero de vital importancia en el proceso de soldadura. Estos puntos no solo inmovilizan las piezas, sino que también aseguran que la estructura final cumpla con los estándares de calidad y seguridad. Recuerda siempre dar lo mejor de ti en cada punto, ya que de ellos depende el éxito de todo el proceso de soldadura.

Práctica 4	Soldadura MAG con acero al carbono		
Ángulo acuñado en posición horizontal PA (1F)			
Material base	Chapa de acero al carbono 100 x 40 x 3 mm		
Diámetro hilo y designación	0,8 mm ER 70S-6 (AWS A5.18-05) G 46 3 M 2Mo (EN ISO 14341-A: 2008)		
Velocidad alimentación hilo	3 a 7 m/min	*Corriente de soldeo*	15-18 V
N.º de cordones	Seis cordones, todos con movimiento recto, con la pistola orientada hacia atrás (arrastrando) o hacia delante (empujando)	*Longitud hilo libre*	10-15 mm (se mide desde la punta de contacto a la soldadura)
Caudal de gas	10-15 litros/minuto de argón (85 %)/CO_2(15 %), 1 litro por cada mm de diámetro interior de la tobera.		
Modo de transferencia	Cortocircuito.		

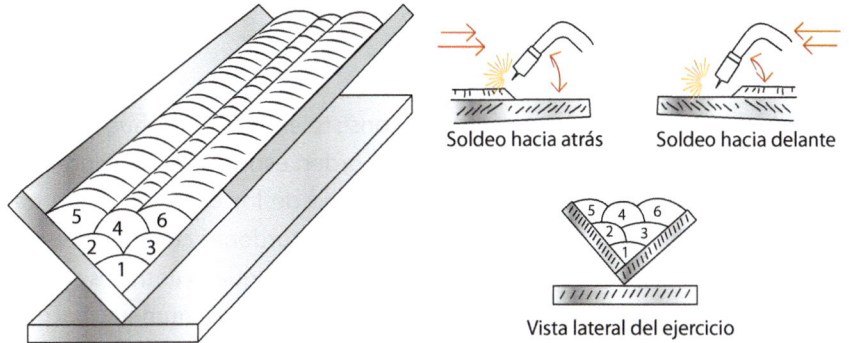

Soldeo hacia atrás

Soldeo hacia delante

Vista lateral del ejercicio

Fig. 3.8.

Preparación del material y herramientas

1. Medición y corte de las chapas

- **Medición.** Mide las dos chapas de acero al carbono para asegurarte de que tienen las dimensiones adecuadas de 100 x 40 x 3 mm.

- **Marcado y corte.** Marca las líneas de corte con una punta de trazar. Usa la radial para cortar las chapas siguiendo las marcas.

2. Limpieza de las superficies

- **Pulido.** Usa una radial con disco de lija para eliminar cualquier óxido, grasa o contaminante de las superficies que se van a soldar. También, redondea ligeramente los bordes para facilitar un ajuste perfecto en la unión en ángulo.

- **Cepillado.** Tras el pulido, cepilla las superficies con un cepillo de alambre para asegurar que estén completamente limpias antes de soldar.

Montaje y punteado

1. Montaje del ángulo

- **Alineación.** Coloca las dos chapas formando un ángulo de 90º. Utiliza una escuadra para asegurarte de que están perfectamente alineadas.

- **Punteado.** Puntea las chapas en los extremos para mantenerlas en su lugar durante la soldadura. Asegúrate de que los puntos de soldadura sean lo suficientemente fuertes para soportar el calor sin que se muevan las piezas.

Procedimiento de soldadura

1. Ejecución de los cordones rectos

- **Orden de las pasadas.** Este ejercicio consiste en rellenar el hueco de la "V" con seis cordones, que se aplican en un orden específico. Comienza con el primer cordón en la raíz del ángulo, seguido de los cordones dos y tres a ambos lados del primero. Después, realiza los cordones cuatro, cinco y seis, donde el cordón cuatro se aplica sobre la línea que queda entre los cordones dos y tres, y los cordones cinco y seis sobre los lados del número cuatro.

- **Inclinación de la antorcha.** Mantén la antorcha inclinada hacia atrás unos 75º-70º en el sentido del avance. No la tumbes lateralmente, ya que esto afectaría la cobertura del gas protector.

- **Velocidad de avance.** Desplaza la antorcha a una velocidad constante. En este caso, dado que estás rellenando un hueco, avanza un poco más despacio que en las prácticas anteriores para permitir que el hilo "rellene" adecuadamente la unión.

- **Movimientos de balanceo.** Acompaña el movimiento recto de la antorcha con un ligero balanceo de la misma delante-detrás o izquierda-derecha para facilitar la cobertura completa del hueco.

2. Limpieza entre pasadas

- **Eliminación de proyecciones.** Entre cada pasada, elimina las proyecciones (esas pequeñas "bolitas" que pueden formarse durante la soldadura) con un martillo y un cepillo de alambre.

- **Cepillado.** Antes de iniciar una nueva pasada, cepilla nuevamente la superficie para asegurar una buena adherencia del siguiente cordón.

Evaluación de la práctica

1. Uniformidad de los cordones

- **Alineación y llenado.** Revisa que cada cordón esté bien alineado con las guías visuales. La superficie de la soldadura debe ser uniforme, sin irregularidades ni zonas desiguales.

- **Transiciones entre cordones.** Asegúrate de que las transiciones en los empalmes sean suaves y no presenten cavidades ni sobreacumulaciones de material.

2. Limpieza final

- **Retiro de proyecciones.** Una vez completado el ejercicio, elimina todas las proyecciones que puedan haber quedado en la superficie.

- **Revisión general.** Revisa toda la unión para asegurarte de que no haya áreas donde falte material o donde la soldadura no haya penetrado correctamente.

Esta práctica te desafía a controlar mejor la velocidad de avance y la inclinación de la antorcha para rellenar un ángulo acunado. La clave está en que te concentres en mantener un movimiento constante y regular para asegurar que el relleno sea uniforme y que todos los cordones queden bien alineados y sin defectos.

Práctica 5	Soldadura MAG con acero al carbono		
Primeros cordones en posición cornisa PC (2G)			
Material base	Chapa de acero al carbono 100 x 100 x 3 mm		
Diámetro hilo y designación	0,8 mm ER 70S-6 (AWS A5.18-05) G 46 3 M 2Mo (EN ISO 14341-A: 2008)		
Velocidad alimentación hilo	3 a 7 m/min	*Corriente de soldeo*	15-18 V
N.º de cordones	Alrededor de veinte, todos con movimiento recto, con la pistola orientada hacia atrás (arrastrando) o hacia delante (empujando)	*Longitud hilo libre*	10-15 mm (se mide desde la punta de contacto a la soldadura)
Caudal de gas	10-15 litros/minuto de argón (85 %)/CO_2(15 %), 1 litro por cada mm de diámetro interior de la tobera.		
Modo de transferencia	Cortocircuito.		

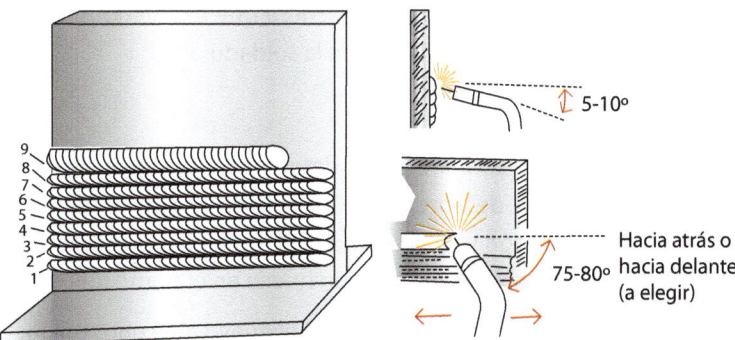

Fig. 3.9.

La posición cornisa, también conocida como PC(2G), es un reto significativo para cualquier soldador. Es la primera vez que enfrentarás la soldadura en esta posición, lo que te permitirá desarrollar un control preciso sobre la pistola, así como trabajar en la estabilidad y consistencia de tus cordones.

Procedimiento de soldadura

1. Posicionamiento y ajuste

- **Coloca la chapa de acero en posición vertical.** Asegúrate de que esté bien sujeta para evitar cualquier movimiento durante la soldadura.

- **Ajusta la pistola en la posición correcta.** si decides empujar el material, inclínala hacia adelante entre 75° y 80° respecto a la chapa; si optas por arrastrar, la inclinación será hacia atrás en el mismo ángulo.

2. Ejecución de los cordones rectos

- **Primer cordón.** Inicia la soldadura desde el borde inferior de la chapa dejando un centímetro libre. Asegúrate de que el primer cordón esté bien adherido al borde y que sea uniforme en toda su longitud.

- **Solape de cordones.** Para el segundo cordón, desplázate hacia arriba y asegúrate de que el cordón se solape con el primero al menos en un 50 %. Este solape es fundamental para garantizar una buena adhesión entre las capas y evitar defectos como la falta de fusión o porosidad.

- **Control de velocidad.** Mantén una velocidad de avance constante. Recuerda que si avanzas demasiado rápido, el cordón será demasiado estrecho y puede haber falta de fusión. Si avanzas demasiado lento, el cordón será demasiado ancho y es probable que se produzcan descuelgues de material. El objetivo es que cada cordón tenga la misma anchura que el anterior y que no haya variaciones notables en la apariencia de la soldadura.

3. Empalme de cordones

- Durante la soldadura, es importante detenerse en puntos aleatorios para practicar el empalme de cordones. Cuando detengas la soldadura, deja enfriar un poco el cordón y luego reanuda el trabajo justo donde terminaste. Asegúrate de que no haya un cráter o un hueco en el punto de empalme.

- **Reinicio del cordón.** Al reiniciar, comienza el nuevo arco unos milímetros por delante del final del cordón anterior. Retrocede lentamente y lleva el alambre hasta el punto más alto del cordón para asegurarte de que el calor de la nueva soldadura funda correctamente el final del cordón anterior. Esto garantiza una continuidad sólida y uniforme.

4. Verificación de la soldadura

- **Evaluación visual.** Después de completar los veinte cordones, realiza una inspección visual. Busca consistencia en la anchura y altura de los cordones, y verifica que no haya descuelgues de material.

- **Verificación de solapes.** Asegúrate de que cada cordón esté bien solapado con el anterior, sin espacios vacíos ni falta de fusión entre las capas.

Movimientos recomendados

1. Cordones rectos

- **Avance constante.** Es fundamental que mantengas un avance constante de la pistola. Recuerda, la clave es que cada cordón se solape con el anterior y que todos mantengan la misma anchura.

2. Movimientos de balanceo

- **Pequeño balanceo lateral.** Puedes realizar un ligero movimiento lateral (arriba-abajo) si sientes que necesitas distribuir mejor el material a medida que avanzas. Este movimiento ayuda a mantener la uniformidad del cordón y evita que se formen "crestas" o "valles" en la soldadura.

- **Balanceo delante-detrás.** Otro movimiento útil es un pequeño balanceo adelante-atrás. Esto te permitirá concentrar el calor en la zona deseada y garantizar una buena fusión sin aplicar demasiado material en un solo punto.

Consideraciones finales

Soldar en posición cornisa no es solo una prueba de tu habilidad para controlar la pistola y mantener un avance constante, sino también un excelente ejercicio para desarrollar tu destreza en la aplicación de cordones que se solapen adecuadamente, garantizando una soldadura sólida y uniforme.

Cada cordón que aplicas en esta práctica es una oportunidad para mejorar tu precisión y consistencia. Concéntrate en mantener un ritmo constante, solapar correctamente los cordones, y ajustar la velocidad de avance según sea necesario. Con dedicación y práctica, dominarás esta técnica y estarás listo para desafíos más complejos en el futuro.

Práctica 6	Soldadura MAG con acero al carbono
Ángulo acunado en posición cornisa PC (2G)	

Material base	Chapa de acero al carbono 100 x 40 x 3 mm
Diámetro hilo y designación	0,8 mm ER 70S-6 (AWS A5.18-05) G 46 3 M 2Mo (EN ISO 14341-A: 2008)

Velocidad alimentación hilo	3 a 7 m/min	*Corriente de soldeo*	15-18 V
N.º de cordones	Seis cordones, todos con movimiento recto, con la pistola orientada hacia atrás (arrastrando) o hacia delante (empujando)	*Longitud hilo libre*	10-15 mm (se mide desde la punta de contacto a la soldadura)
Caudal de gas	10-15 litros/minuto de argón (85 %)/CO_2(15 %), 1 litro por cada mm de diámetro interior de la tobera.		
Modo de transferencia	Cortocircuito.		

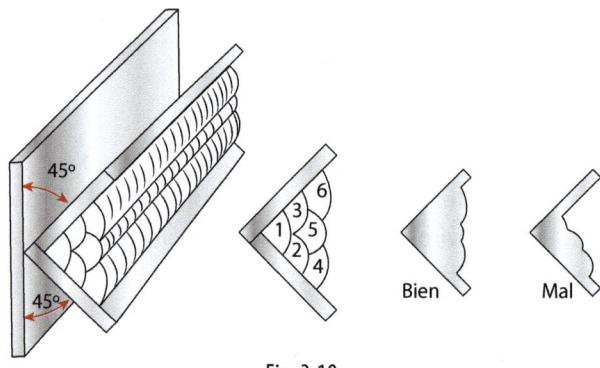

Fig. 3.10.

Objetivo de la práctica

En esta práctica, te enfrentarás a la soldadura de un ángulo acunado en posición cornisa, un ejercicio en el que aplicarás lo aprendido en los ejercicios anteriores. La correcta ejecución de este ángulo en cornisa te permitirá desarrollar habilidades en la soldadura de piezas en posiciones más complejas y mejorarás en la consistencia de tus cordones.

Procedimiento de soldadura

1. Preparación de la pieza y ajuste

- Coloca las chapas de acero en forma de "V" invertida, asegurándote de que estén perfectamente alineadas a 45° y firmemente sujetas para evitar cualquier movimiento durante la soldadura.

- Como en ejercicios anteriores, elige entre empujar o arrastrar la pistola según prefieras y ajusta la inclinación adecuada: entre 75° y 80°.

2. Ejecución de los cordones

- **Primer cordón.** Comienza soldando en la raíz del ángulo. Es importante que este primer cordón sea lo más recto y uniforme posible, ya que servirá como base para los siguientes cordones.
- **Segundo y tercer cordón.** Avanza aplicando los cordones 2 y 3, uno a cada lado del primer cordón, asegurándote de que queden bien solapados con el cordón central. Un buen solape garantizará una correcta fusión y evitará la aparición de defectos como la falta de fusión o inclusiones de escoria.
- **Cuarto, quinto y sexto cordón.** Estos cordones completan la soldadura, rellenando el ángulo acunado. Recuerda siempre verificar el solape de cada cordón con el anterior. La clave es mantener la uniformidad en la altura y anchura de todos los cordones.

3. Empalmes de cordones

- Durante la soldadura, detente de manera controlada en ciertos puntos para practicar el empalme de cordones. Al detenerte, deja que el cordón se enfríe un poco antes de reanudar. Cuando reinicies, apunta la pistola unos milímetros antes del final del cordón anterior para asegurar una correcta fusión.
- **Verificación de empalmes.** Después de cada empalme, realiza una inspección visual para asegurarte de que no haya cráteres ni defectos en la unión.

4. Verificación de la soldadura

- **Evaluación visual.** Tras finalizar los seis cordones, realiza una inspección visual minuciosa. Verifica la uniformidad en la anchura y altura de los cordones, y asegúrate de que no haya defectos visibles como socavados o poros.
- **Verificación de solapes.** Revisa cada solape para asegurarte de que no haya huecos o falta de fusión entre los cordones.

Movimientos recomendados

1. Cordones rectos

- **Consistencia en el avance.** Mantén un avance constante durante la aplicación de cada cordón. El objetivo es que los cordones tengan una anchura y altura uniformes, y que no se presenten variaciones a lo largo del recorrido.

2. Balanceo en el avance

- **Pequeño balanceo lateral.** Si sientes que necesitas distribuir mejor el material, realiza un ligero movimiento lateral (izquierda-derecha) mientras avanzas. Este movimiento ayuda a asegurar que todo el hueco del ángulo esté bien cubierto.

- **Balanceo adelante-detrás.** Si prefieres concentrar más el calor en una zona específica, un pequeño balanceo adelante-detrás también puede ser útil.

Consideraciones finales

La soldadura en ángulo en posición cornisa es un desafío que pondrá a prueba tu habilidad para mantener la consistencia en tus cordones y garantizar una fusión adecuada en todas las partes de la unión. Esta práctica es esencial para desarrollar destrezas avanzadas en soldadura, y te preparará para afrontar trabajos más complejos con confianza.

En cada cordón, busca la perfección: uniformidad, solape adecuado, y control en la velocidad de avance. Con el tiempo y la práctica, dominarás esta técnica, y estarás un paso más cerca de convertirte en un experto en soldadura MAG.

Práctica 7	Soldadura MAG con acero al carbono		
Ángulo en horizontal PB (2F)			
Material base	Chapa de acero al carbono 150 x 40 x 8 mm		
Diámetro hilo y designación	1 mm ER 70S-3 (AWS A5.18-05) G 46 3 M 2Mo (EN ISO 14341-A: 2008)		
Velocidad alimentación hilo	6 a 12 m/min	*Corriente de soldeo*	22-24 V (cortocircuito) o 26-28 V (spray)
N.º de cordones	Tres cordones, todos con movimiento recto, con la pistola orientada hacia atrás (arrastrando) o hacia delante (empujando)	*Longitud hilo libre*	5-10 mm para arco cortocircuito, 10-15 para arco spray
Caudal de gas	10-15 litros/minuto de argón (85 %)/CO_2(15 %), 1 litro por cada mm de diámetro interior de la tobera.		
Modo de transferencia	Cortocircuito, spray o arco pulsado.		

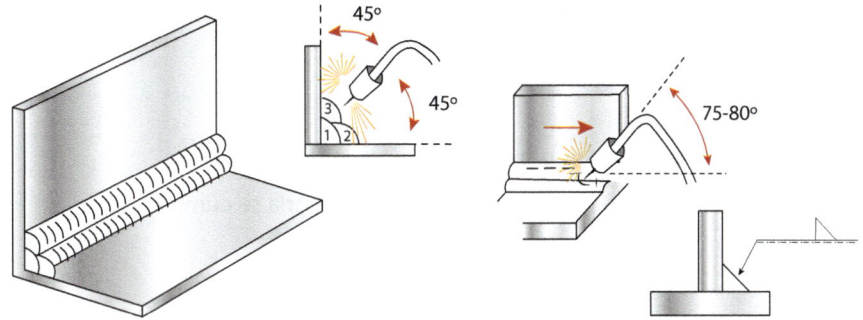

Fig. 3.11.

Introducción a la práctica

En esta práctica volvemos a trabajar con soldadura en posición horizontal, pero esta vez aumentamos el espesor del material a 8 mm. Esto nos permitirá realizar una serie de experimentos para observar cómo ciertos parámetros, que hasta ahora hemos visto en teoría, afectan realmente la penetración y la calidad del cordón de soldadura.

El objetivo principal es lograr la máxima penetración en la unión mientras verificamos si los ajustes teóricos se reflejan en los resultados prácticos. Al final, compararemos los resultados para ver si las teorías que hemos discutido realmente ayudan a mejorar el proceso de soldadura.

Experimento 1: avance de la pistola (hacia atrás vs. hacia adelante)

En teoría, avanzar con la pistola hacia atrás debería proporcionar una mayor penetración en la soldadura. Para comprobar esto, soldaremos dos uniones en ángulo utilizando los mismos parámetros en ambas, pero con la diferencia de que en una avanzaremos la pistola hacia adelante y en la otra hacia atrás.

1. Preparación

- Configura el equipo para modo cortocircuito con los parámetros indicados.
- Asegúrate de que las chapas estén limpias y alineadas correctamente en ángulo.

2. Ejecución

- Realiza un solo cordón en la primera unión avanzando con la pistola orientada hacia adelante.

- Realiza un solo cordón en la segunda unión avanzando con la pistola orientada hacia atrás.

3. Evaluación

- Fractura ambas uniones para observar la penetración.
- Compara los resultados para determinar si la teoría se cumple.

Experimento 2: altura de arco y su efecto en la penetración

Sabemos que el calor del arco se concentra en la punta del hilo, por lo que reducir la altura del arco debería concentrar más calor en la raíz de la soldadura, aumentando así la penetración. En este experimento, comprobaremos si una mayor altura de arco reduce la penetración.

1. Preparación

- Configura el equipo para modo cortocircuito con los parámetros indicados.
- Ajusta la altura del arco a dos niveles diferentes: una muy baja y otra alta.

2. Ejecución

- Suelda un cordón en la primera unión con la altura de arco baja.
- Suelda un cordón en la segunda unión con la altura de arco más alta.

3. Evaluación

- Fractura las uniones y observa si la penetración cambia con la variación en la altura del arco.

Experimento 3: distancia de hilo libre (*Stick-Out*)

La distancia del hilo libre también podría afectar la penetración. En este experimento, veremos si mantener una distancia de hilo más corta o más larga cambia los resultados.

1. Preparación

- Configura el equipo para modo cortocircuito con los parámetros indicados.

2. Ejecución

- Realiza un cordón de raíz en la primera unión con una distancia de hilo de 5 mm.

- Realiza un cordón de raíz en la segunda unión con una distancia de hilo de 15 mm.

3. Evaluación

- Fractura ambas uniones y compara la penetración.

Experimento 4: modo de transferencia y su efecto en la penetración (cortocircuito vs. arco spray)

En este experimento, vamos a comprobar cómo el modo de transferencia, es decir, cortocircuito versus arco spray, afecta la penetración en la soldadura.

1. Preparación

- Configura el equipo para modo cortocircuito con una tensión de 22 a 24 V y ajusta la velocidad de alimentación del hilo para equilibrar la corriente.
- A continuación, configura el equipo para modo arco spray con una tensión de 26 a 28 V y ajusta nuevamente la velocidad de alimentación del hilo para equilibrar la corriente.

2. Ejecución

- Realiza un cordón en la primera unión utilizando el modo cortocircuito.
- Realiza un cordón en la segunda unión utilizando el modo arco spray.

3. Evaluación

- Fractura ambas uniones y observa las diferencias en la penetración.

Evaluación final y fractura de las probetas

Una vez completadas las soldaduras en los experimentos, es hora de romper las probetas para medir la penetración. Este proceso no solo te ayudará a evaluar la calidad de la soldadura, sino que también es una técnica esencial para cualquier examen de homologación.

1. Preparación para la fractura

- Elimina los puntos de soldadura en los extremos utilizando una radial.
- Realiza un corte profundo en el cordón de raíz, sin llegar al vértice de la unión.

2. Fractura

- Coloca el ángulo en una prensa hidráulica o un tornillo de banco.

- Aplica fuerza en los extremos del ángulo para cerrarlo y partir la soldadura.

3. Medición de la penetración

- Observa el borde roto y mide la parte arrancada por el cordón.

- La fusión debe mostrar una rugosidad y un color más claro en la zona afectada.

- Utiliza un calibre para medir la profundidad de la penetración.

Conclusiones

Si no logras la penetración deseada, ajusta los parámetros de tensión y velocidad del hilo hasta alcanzar una profundidad de penetración adecuada. Para una pieza de 8 mm, una penetración de 1 mm es razonable. Recuerda que la norma UNE EN ISO 9606-1 establece que la penetración mínima no debe bajar de 0,5 mm en toda la unión.

Durante un examen de soldadura, se espera que hagas al menos una pausa en cada cordón. Es importante que estas pausas no estén todas en el mismo lugar, porque eso podría crear puntos débiles donde podrían aparecer defectos, como falta de fusión o agujeritos (poros).

Si quieres practicar este ejercicio en un cupón tamaño homologación, las medidas mínimas (en milímetros) según UNE EN ISO 9606-1 son estas:

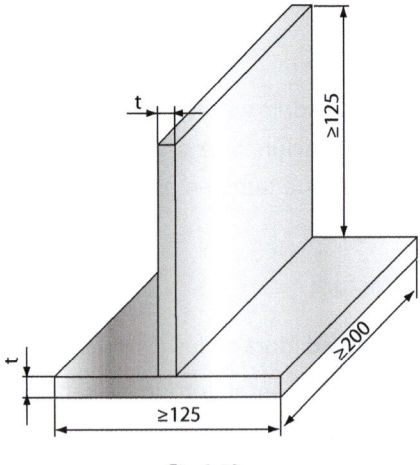

Fig. 3.12.

Protocolo de inspección del ICS para uniones en ángulo con MAG en acero al carbono

Antes de empezar, es importante recordar qué es la homologación de soldadores y cuál es su finalidad. La homologación es un proceso mediante el cual un soldador demuestra su competencia para realizar un tipo específico de soldadura según los estándares establecidos. Este proceso es fundamental para garantizar que los cordones de soldadura cumplen con los requisitos de seguridad, calidad y resistencia necesarios en la industria. La certificación obtenida tras superar una prueba de homologación no solo valida las habilidades del soldador, sino que también abre puertas a nuevas oportunidades laborales en diversos sectores.

El protocolo de inspección que debe seguir un Inspector de Control de Soldadura (ICS) cuando se realiza una prueba de homologación de soldadores en uniones en ángulo de acero al carbono con el proceso MAG es, en esencia, muy similar al que se aplica en los procesos de electrodo revestido y TIG. Sin embargo, es importante destacar algunos puntos clave específicos del proceso MAG.

1. Inspección visual inicial

- **Superficies de soldadura.** Antes de iniciar la soldadura, el ICS revisará que las superficies de las piezas estén adecuadamente limpias, sin óxidos, aceites o contaminantes que puedan afectar la calidad del cordón.

- **Preparación de bordes.** Verificará que la preparación de los bordes de las piezas sea la adecuada para una unión en ángulo, asegurando un contacto perfecto y una raíz bien definida.

2. Control de parámetros de soldadura

- **Configuración del equipo.** El ICS comprobará que los parámetros del equipo de soldadura estén ajustados conforme a las especificaciones del procedimiento, especialmente los valores de tensión, velocidad de alimentación del hilo, caudal de gas, y modo de transferencia (cortocircuito, spray o pulsado).

- **Control del gas protector.** Asegurará que se utilice la mezcla de gas adecuada (por ejemplo, Argón/CO_2 en las proporciones correctas) y que no haya fugas en el sistema que puedan comprometer la protección del arco y el baño de fusión.

3. Inspección durante el proceso

- **Observación del cordón.** Durante la soldadura, el ICS prestará especial atención a la estabilidad del arco, la regularidad del cordón, la ausencia de defectos superficiales visibles como porosidad, socavados, o inclusiones.

- **Control de la penetración.** Aunque la penetración no es visible durante la soldadura, la técnica y los parámetros utilizados deben alinearse con los estándares para asegurar una penetración adecuada. Este aspecto es crítico en la soldadura MAG y puede ser verificado posteriormente a través de una fractura controlada o mediante radiografía, si se requiere.

4. Inspección final y pruebas destructivas

- **Inspección visual final.** Una vez completada la soldadura, el ICS realizará una inspección visual para detectar posibles defectos externos, como grietas, porosidad superficial, o socavados.

- **Corte y fractura.** Como en otros procesos, se puede realizar un corte y fractura de la pieza para verificar la penetración y la fusión de las partes. Este paso es idéntico al procedimiento de inspección utilizado en TIG y electrodo revestido para uniones en ángulo.

- **Medición de la penetración.** Se utilizará un calibre para medir la penetración del cordón de raíz, buscando que cumpla con los estándares (generalmente entre 0,5 mm y 2 mm de penetración, dependiendo de la normativa aplicable).

5. Conclusión

- **Informe de inspección.** Al finalizar, el ICS debe redactar un informe detallado que incluya todos los parámetros controlados, observaciones sobre la ejecución del ejercicio y los resultados obtenidos. Este informe es crucial para la validación o no de la prueba de homologación del soldador.

Resumen

El protocolo de inspección para uniones en ángulo soldadas con MAG es muy similar al que se sigue para TIG y electrodo revestido. No hay diferencias significativas en los pasos fundamentales del control de calidad. Para una descripción más detallada de los procedimientos de inspección y evaluación, puedes consultar los capítulos dedicados a electrodo revestido o TIG en la parte de uniones en ángulo para acero al carbono.

La piedra y el escultor

En un remoto pueblo del Tíbet, vivía un escultor conocido por sus hermosas estatuas de Buda. Cada figura que creaba irradiaba una paz y perfección que conmovía a todos los que la contemplaban. Un joven aprendiz quiso aprender su arte y se presentó en su taller.

"Maestro", dijo el joven, "enséñame a crear una estatua tan perfecta como las suyas".

El escultor le entregó un gran bloque de piedra y le dijo: "Es sencillo. Solo debes tallar con paciencia, golpe a golpe, hasta liberar al Buda que ya está dentro de la piedra".

El joven trabajó durante días, pero la piedra no parecía tomar forma alguna. Agotado y frustrado, volvió al escultor y le dijo: "Maestro, la piedra es demasiado dura. No encuentro al Buda en su interior".

El escultor lo miró y dijo: "La piedra es como nosotros: lleva impurezas, pero dentro de ella existe una perfección esperando a ser revelada. Cada golpe que le das no solo esculpe la piedra, también pule tu mente y fortalece tu espíritu. No te rindas. Sigue tallando, y tanto el Buda como tú emergerán transformados".

El joven regresó a su labor. Con cada golpe, su determinación creció, y con el tiempo, la estatua apareció, brillante y perfecta, como si siempre hubiera estado esperando ser liberada.

Este cuento refleja maravillosamente la importancia de perseverar en el camino del aprendizaje, incluso cuando parece que no estamos avanzando. Cada pequeño esfuerzo, cada error y cada intento contribuyen a revelar no solo la habilidad, sino también la grandeza que habita en quien se atreve a intentarlo.

Práctica 7

 Facultad de Soldadura

Práctica 8	Soldadura MAG con acero al carbono
Primeros cordones + recargue en vertical ascendente PF (3G)	

Material base	Chapa de acero al carbono 150 x 150 x 8 mm		
Diámetro hilo y designación	1 mm ER 70S-3 (AWS A5.18-05) G 46 3 M 2Mo (EN ISO 14341-A: 2008)		
Velocidad alimentación hilo	3 a 7 m/min	*Corriente de soldeo*	16 a 21 V
N.º de cordones	Cuatro con movimiento recto y dos con movimiento lateral con la pistola orientada hacia delante (empujando)	*Longitud hilo libre*	5-10 mm
Caudal de gas	10-15 litros/minuto de argón (85 %)/CO$_2$(15 %), 1 litro por cada mm de diámetro interior de la tobera.		
Modo de transferencia	Cortocircuito.		
Herramientas auxiliares	Regla, punta de trazar, metro, lima, radial, granete y martillo.		

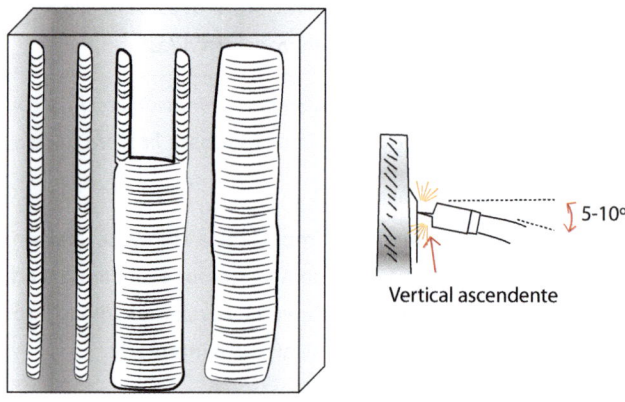

5-10°

Vertical ascendente

Fig. 3.13.

1. Preparación de la pieza y seguridad

En esta práctica, vas a realizar tu primera soldadura en posición vertical ascendente. Trabajar en esta posición requiere de un control preciso y una buena técnica, ya que la gravedad juega en tu contra y puede afectar la calidad del cordón de soldadura. A continuación, te explico los pasos detallados para llevar a cabo esta práctica con éxito.

Antes de empezar, asegúrate de que la pieza esté limpia de cualquier tipo de contaminante, como óxidos, aceite o suciedad. Usa una radial con disco de lija para darle un pulido superficial. Asegúrate de que el área donde vas a soldar esté libre de polvo y que el equipo esté en condiciones óptimas para trabajar.

En cuanto a la seguridad, es necesario que uses todos los Equipos de Protección Individual (EPIs) adecuados. Para esta práctica en particular, te recomiendo que utilices una capucha ignífuga para proteger tu cabeza y cuello de las proyecciones, además de tus guantes de soldador, delantal de cuero y una máscara de soldadura. Recuerda que las proyecciones en soldadura vertical son más propensas a caer sobre ti, por lo que la protección adicional es esencial.

2. Posicionamiento de la pieza y de la pistola

Coloca la chapa en una posición vertical en el banco de trabajo, asegurándote de que esté bien sujeta para evitar cualquier movimiento durante la soldadura. El ángulo de inclinación de la pistola con respecto a la pieza debe ser de aproximadamente 5 a 10 grados hacia atrás.

3. Realización de los cordones rectos

El primer paso es realizar cuatro cordones rectos en vertical ascendente:

- **Movimiento recto con ligera oscilación.** Para los cordones rectos, realiza un pequeño movimiento de zig-zag en la raíz del cordón, asegurándote de mantener un avance constante. Esto te ayudará a controlar mejor el baño de fusión y a evitar que se deslice hacia abajo.

- **Mantén la distancia de hilo libre.** Asegúrate de mantener una longitud de hilo libre de 10 a 15 mm. Entender y aplicar esto es clave, lo contrario podría generar falta de penetración o inestabilidad en el arco.

4. Realización de los cordones de peinado

Una vez realizados los cordones rectos, es momento de hacer los cordones de peinado. Aquí es donde debes prestar atención a los patrones de movimiento:

- **Uso del patrón zig-zag o "U".** Para los cordones de peinado en vertical ascendente, utiliza un movimiento en zig-zag o en forma de "U". Estos patrones te permiten detenerte brevemente en los laterales del cordón, lo que facilita la fusión uniforme del material y previene la formación de poros o falta de fusión en los extremos.

- **Evita patrones complejos.** A diferencia de las posiciones horizontales o planas, en vertical ascendente es mejor evitar patrones como el circular, "8" o triangular, ya que no proporcionan la misma estabilidad y control del material fundido.

5. Aplicación de la teoría de la inductancia

La inductancia es un ajuste que puedes realizar en tu equipo para controlar cómo responde la corriente eléctrica durante la soldadura. Este parámetro es clave para reducir o aumentar las proyecciones, pero también afecta la estabilidad del arco y la forma del cordón.

- **Alta inductancia.** Si ajustas la inductancia a un nivel alto, la corriente responderá de manera más suave a los cambios, lo que reducirá las proyecciones y producirá un cordón más fluido y limpio. Este ajuste es útil para lograr un acabado más suave en posiciones difíciles como la vertical ascendente.
- **Baja inductancia.** Por otro lado, una inductancia baja hará que la corriente responda más rápidamente a los cambios, lo que puede generar más proyecciones, pero también una penetración más profunda. Utiliza este ajuste si estás priorizando la penetración sobre el acabado superficial.

6. Verificación del trabajo

Una vez finalizados todos los cordones, inspecciona visualmente la soldadura para detectar cualquier imperfección. Un cordón bien hecho en vertical ascendente debe ser uniforme, sin excesivas proyecciones, y debe tener una buena penetración visible desde el lado opuesto de la chapa. Si encuentras algún defecto, ajusta los parámetros y repite la práctica hasta obtener un resultado satisfactorio.

Con esta práctica, habrás dominado uno de los desafíos más grandes en la soldadura MAG: el control del baño de fusión en posición vertical ascendente. Es un gran paso hacia la maestría en este proceso, y la aplicación correcta de la inductancia te ayudará a obtener resultados consistentes y de alta calidad.

¡Adelante, y a seguir practicando hasta que te sientas completamente cómodo en esta posición!

Práctica 9	Soldadura MAG con acero al carbono
Ángulo en vertical ascendente PF (3F)	

Material base	Chapa de acero al carbono 150 x 40 x 8 mm		
Diámetro hilo y designación	1 mm ER 70S-3 (AWS A5.18-05) G 46 3 M 2Mo (EN ISO 14341-A: 2008)		
Velocidad alimentación hilo	4 a 8 m/min	Corriente de soldeo	17 a 21 V (cortocircuito)
N.º de cordones	Dos cordones (raíz y peinado)	Longitud hilo libre	5-10 mm
Caudal de gas	10-15 litros/minuto de argón (85 %)/CO_2(15 %), 1 litro por cada mm de diámetro interior de la tobera.		
Modo de transferencia	Cortocircuito o arco spray.		

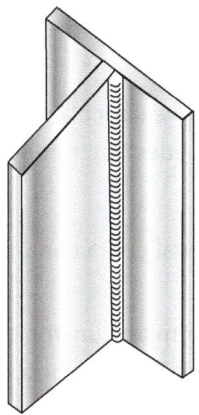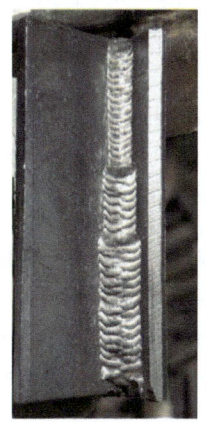

Fig. 3.14.

Cordón de raíz

Para realizar este ejercicio, coloca la pieza de manera que el punto más alto de la unión esté a la altura de tus ojos. Esto te permitirá tener un mejor control visual del proceso y asegurar que el cordón quede uniforme.

En esta práctica, vamos a centrarnos en realizar el cordón de raíz utilizando diferentes patrones de movimiento. Este cordón es clave porque establece la base de la soldadura y, por lo tanto, debe penetrar correctamente y ser uniforme.

1. Movimiento en zig-zag. Realiza pequeños movimientos de lado a lado mientras asciendes. Este método es excelente para cordones en los que quieres mantener la forma del cordón más estrecha pero con una buena penetración.

2. Movimiento circular. Realiza pequeños círculos en lugar de líneas rectas. Esto puede hacer que el cordón quede un poco más redondeado. Si tu equipo permite ajustar la inductancia, recuerda lo aprendido en el ejercicio anterior. ajustarla adecuadamente puede ayudarte a controlar mejor el cordón y reducir las proyecciones.

3. Movimiento triangular. Forma un triángulo mientras avanzas hacia arriba. Detente brevemente en los vértices inferiores para garantizar que el material se distribuya uniformemente. Si te sirve como referencia una propuesta: en la punta del triángulo cuenta hasta 1, en los vértices inferiores cuenta hasta 3.

4. Movimiento en forma de flecha. Forma una flecha, moviéndote rápidamente en la punta y deteniéndote más en los laterales. Este método ayuda a mantener el cordón plano, ideal para una penetración uniforme.

Cordón de peinado

Una vez completado el cordón de raíz, vamos a realizar el cordón de peinado para darle un acabado final a la soldadura. Aquí, puedes optar por uno de los patrones mencionados anteriormente.

- **Zig-zag.** Ideal para asegurar que el material cubra completamente los lados de la soldadura.
- **"U" o "U" invertida.** Estos patrones permiten un mejor control sobre la distribución del material, especialmente cuando se busca un acabado liso y uniforme.

En ambos casos, asegúrate de detenerte brevemente en los laterales para garantizar una cobertura uniforme.

Arco pulsado

Si tu equipo permite la opción de arco pulsado, es un buen momento para probarlo. Recuerda que el arco pulsado alterna entre una corriente alta (pico) y una baja (base), lo que te permite controlar mejor el calor y la penetración sin comprometer la calidad del cordón.

Para configurar el arco pulsado, utiliza la corriente que te funcionó en cortocircuito (por ejemplo, 18 voltios) y realiza un cálculo simple. suma y resta el 20 % de ese valor para obtener los voltajes de pico y base. En nuestro ejemplo, el pico sería

21,6 voltios y la base 14,4 voltios. Esta configuración te permitirá mantener un buen control del calor y minimizar las proyecciones.

Seguridad

Recuerda usar todos los EPIs necesarios para protegerte de las proyecciones y del calor. Asegúrate de llevar una capucha ignífuga que cubra tu cabeza por completo para evitar quemaduras.

Fractura y penetración

El protocolo de fractura del ángulo, así como la medida mínima de penetración que debe alcanzarse (1 mm), es la misma que en la práctica anterior. Si no se alcanza esta penetración, deberás ajustar los parámetros de soldadura hasta conseguirlo.

Conclusión

Este ejercicio te ayudará a dominar la técnica de soldadura en vertical ascendente, una de las posiciones más desafiantes en soldadura. Recuerda que la clave está en mantener un control constante sobre la pistola, ajustar correctamente los parámetros del equipo y practicar los diferentes patrones de movimiento hasta encontrar el que mejor se adapte a tu estilo y a las necesidades del trabajo.

Práctica 10	*Soldadura MAG con acero al carbono*		
Ángulo bajo techo PD (4F)			
Material base	Chapa de acero al carbono 150 x 40 x 8 mm		
Diámetro hilo y designación	1 mm ER 70S-3 (AWS A5.18-05) G 46 3 M 2Mo (EN ISO 14341-A: 2008)		
Velocidad alimentación hilo	4 a 8 m/min	*Corriente de soldeo*	19 a 23 V (cortocircuito)
N.º de cordones	Tres cordones, todos con movimiento recto, con la pistola orientada hacia atrás (arrastrando) o hacia delante (empujando)	*Longitud hilo libre*	5-10 mm
Caudal de gas	10-15 litros/minuto de argón (85 %)/CO_2(15 %), 1 litro por cada mm de diámetro interior de la tobera.		
Modo de transferencia	Cortocircuito o arco pulsado.		

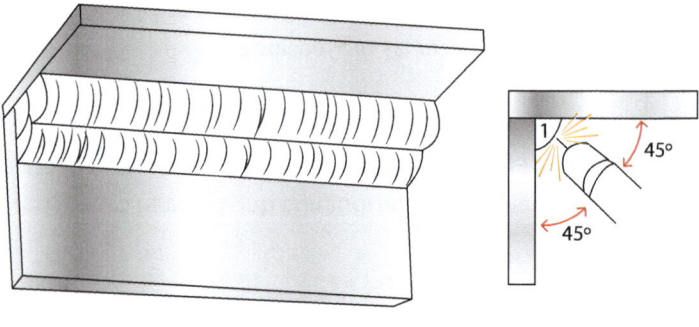

3.15.

Introducción

Este ejercicio, aunque puede parecer complicado al principio, es una excelente oportunidad para aplicar todo lo aprendido hasta ahora, tanto en términos de técnica como de mentalidad. Soldar bajo techo en posición PD (4F) exige una gran concentración y control, pero también es un escenario ideal para aprender a manejar los desafíos mentales que presenta la soldadura.

En este tipo de trabajo, es fácil que la mente anticipe el fracaso, pero es crucial no permitir que esos pensamientos te dominen. Si algo sale mal, tómalo como una oportunidad para aprender. Analiza los fallos, acepta tus limitaciones y trabaja en superarlas en cada intento. Esta es la clave para mejorar continuamente y alcanzar tus objetivos.

Preparación y posicionamiento

Antes de comenzar, asegúrate de posicionar la pieza de manera que el punto más alto de la unión esté a la altura de tus ojos cuando estás con los pies juntos. Luego, separa ligeramente los pies para obtener una buena visión de la zona de trabajo, minimizando el riesgo de quemaduras. Recuerda utilizar todos los EPIs necesarios, incluyendo una capucha ignífuga, para protegerte de las proyecciones y el calor.

Soldadura en cortocircuito

- **Cordón de raíz (Cordón n.º 1).** El primer cordón es crítico. Al iniciar, asegúrate de que la línea de unión divida el baño de fusión en dos partes iguales. Esto es fundamental para lograr una buena penetración y evitar que el cordón se desplace hacia la pieza inferior, lo que podría generar problemas en los cordones siguientes.

  Avanza con un ángulo de 45° respecto a la unión y de 80° en el sentido del avance. Puedes optar por un movimiento recto, un vaivén delante-detrás o un pequeño zig-zag para repartir el material uniformemente. Mantén la pistola sujeta firmemente pero sin rigidez, permitiendo un avance suave y constante.

Al llegar al final del cordón, lleva el hilo hasta la chatarra que hayas punteado al final de la pieza y corta el arco. Si te sientes más seguro, con el tiempo puedes intentar acabar directamente al final de la costura, deteniéndote brevemente y retrocediendo unos milímetros antes de cortar el arco.

- **Cordones de recubrimiento (Cordones 2 y 3).** El segundo cordón debe superponerse ligeramente al primero para asegurar una buena fusión entre ambos. Asegúrate de que la penetración sea uniforme en ambas pletinas. Para este y para el tercer cordón, puedes reducir ligeramente la corriente, ya que la pieza estará más caliente.

Soldadura con arco pulsado

El arco pulsado puede ser una gran ventaja en esta posición. Reduce el aporte de material, lo que facilita un control más preciso del baño de fusión y permite trabajar de manera más cómoda. Tanto con un avance recto como con un ligero movimiento lateral, es algo más sencillo conseguir un cordón liso y bien fundido.

- **Cordón 1.** Configura el equipo en modo pulsado. La referencia propuesta es la siguiente: toma el voltaje que haya funcionado bien en cortocircuito, súmale un 20 % para obtener la corriente de pico y réstale un 20 % para obtener la de base. Establece una altura de arco de -7, lo que proporcionará un arco más penetrante. Orienta la pistola hacia atrás para favorecer la penetración y utiliza un fino movimiento en zig-zag, reteniendo solo en la parte superior del patrón.
- **Cordones 2 y 3.** Ajusta el voltaje siguiendo la misma referencia y mantén la altura de arco en 0 o +7 para ensanchar los cordones. Continúa con la pistola orientada hacia atrás y el movimiento en zig-zag, asegurándote de detenerte brevemente solo en la parte superior de los cordones para lograr un acabado uniforme.

Consideraciones finales

Recuerda que el protocolo de fractura del ángulo y la medida mínima de penetración exigida (0,5 mm) son los mismos que los descritos en prácticas anteriores. Si no logras la penetración deseada, ajusta los parámetros y vuelve a intentarlo hasta alcanzar el objetivo. Trabaja con paciencia y concentración, y no te desanimes por los errores. Cada fallo es una oportunidad para aprender y mejorar.

Práctica 11	Soldadura MAG con acero al carbono	
Tubo contra placa en posición horizontal PB (2F)		
Material base	Pletina de acero al carbono de 100 x 100 x 3 mm. Tubo de 50,8 mm (2 pulgadas) x 35 x 3 mm	
Diámetro hilo y designación	0,8 - 1 mm ER 70S-3 (AWS A5.18-05) G 46 3 M 2Mo (EN ISO 14341-A:2008)	
Velocidad alimentación hilo	4 a 8 m/min	*Corriente de soldeo* — 18 a 22 V
N.º de cordones	Uno con movimiento recto, con la pistola orientada hacia atrás (arrastrando) o hacia delante (empujando)	*Longitud hilo libre* — 5-10 mm para arco cortocircuito, 10-15 para arco pulsado
Caudal de gas	10-15 litros/minuto de argón (85 %)/CO_2(15 %), 1 litro por cada mm de diámetro interior de la tobera.	
Modo de transferencia	Cortocircuito o arco pulsado.	

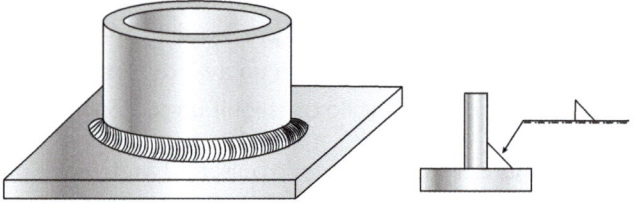

Fig. 3.16.

Desarrollo de la práctica

En esta práctica, y en las siguientes, vamos a trabajar con un tipo de unión que presenta un desafío adicional: una de las piezas es circular. Este tipo de unión es común en muchos tipos de estructuras y requiere una técnica precisa y controlada.

Preparación de la pieza

Para comenzar, es fundamental preparar bien las piezas. Asegúrate de eliminar cualquier óxido, suciedad o restos de taladrina usando una radial con disco de lija, una grata o un disco de repasar. Es crucial que no quede ninguna separación entre el tubo y la placa, ya que cualquier espacio puede comprometer la calidad de la soldadura. La luz no debe pasar entre las dos piezas en ningún punto de la unión.

Punteado de la unión

El punteado es esencial para mantener las piezas en su lugar mientras realizas la soldadura. Realiza puntos firmes y bien distribuidos alrededor del tubo, asegurándote de que no haya movimiento durante el proceso de soldadura. Los puntos deben ser lo suficientemente fuertes para soportar el peso y las tensiones de la soldadura, pero también deben ser fáciles de eliminar con la radial antes de completar el cordón final.

¿Cuántos puntos y donde darlos? Coloca el tubo centrado con la placa y dale tres puntos.

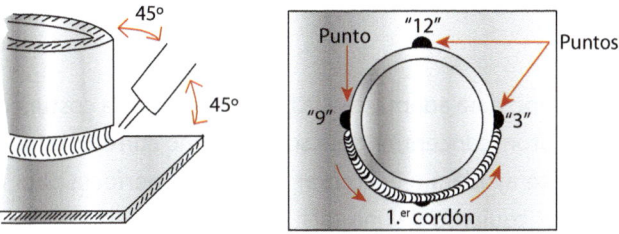

Fig. 3.17.

Posicionamiento y técnica de soldadura

1. Altura de la pieza: coloca la unión de modo que esté aproximadamente a la altura de tu pecho. Esta altura es ideal porque te permitirá mantener el codo del brazo que sostiene la pistola en una posición cómoda y estable, sin tener que elevarlo mucho. Esto ayudará a mantener un mejor control del avance y la inclinación de la pistola.

2. Posicionamiento corporal. Si eres diestro, colócate frente al lado sin puntear de la unión, con la pistola a la derecha. Imagina que el tubo es la esfera de un reloj; en este caso, comenzarás a soldar a las 3.

3. Inclinación de la pistola. Mantén una inclinación de 75-80° en el sentido del avance y 45° de inclinación lateral. A medida que avances, es importante que ajustes la inclinación de la pistola con un suave giro de muñeca para mantener la consistencia del cordón.

4. Sentido de avance. Para esta práctica, comenzaremos soldando hacia delante. En un segundo intento, prueba soldar con la pistola hacia atrás, comenzando desde las 9 hasta las 3.

5. Movimiento y coordinación. Es fundamental que mantengas la misma inclinación de la pistola durante toda la soldadura para no perder la protección del gas y asegurar una penetración uniforme. Desplázate hacia la izquierda a medida que avanzas, asegurándote de que tu cabeza se mantenga siempre por delante de la pistola para una mejor visibilidad.

Eliminación de puntos y preparación para el siguiente cordón

Una vez que completes la soldadura, usa la radial y el disco de repasar para:

1. Eliminar los puntos de punteado. Los puntos suelen ser susceptibles a defectos porque se hacen rápidamente y con corriente alta. Es importante no refundir estos puntos con el cordón principal.

2. Esmerilar el inicio y final del cordón. Prepara una rampa en el inicio y el final del cordón para facilitar el arranque y la terminación en el siguiente pase.

Consejos finales

- Tómate tu tiempo para adaptarte a la técnica. Recorre la costura con la pistola sin pulsar el botón, concentrándote solo en cómo corregir la inclinación de la muñeca. Esto te ayudará a encontrar la posición perfecta para completar el lado derecho e izquierdo de una sola vez.

- Concéntrate en cada cordón como si fuera el único intento que tienes. Esto te ayudará a enfocarte y a abordar la práctica con la seriedad necesaria cuando te sientas preparado.

Práctica 11

Facultad de Soldadura

Práctica 12	Soldadura MAG con acero al carbono		
Tubo contra placa en vertical ascendente PH=PF para tubo (2FR)			
Material base	Pletina de acero al carbono de 100 x 100 x 3 mm. Tubo de 50,8 mm (2 pulgadas) x 35 x 3 mm		
Diámetro hilo y designación	0,8-1 mm ER 70S-3 (AWS A5.18-05) G 46 3 M 2Mo (EN ISO 14341-A: 2008)		
Velocidad alimentación hilo	3-8 m/min	*Corriente de soldeo*	16 a 20 V
N.º de cordones	Uno con movimiento recto, con la pistola orientada hacia atrás (arrastrando) o hacia delante (empujando)	*Longitud hilo libre*	5-10 mm para arco cortocircuito, 10-15 para arco pulsado
Caudal de gas	10-15 litros/minuto de argón (85 %)/CO_2(15 %), 1 litro por cada mm de diámetro interior de la tobera.		
Modo de transferencia	Cortocircuito o arco pulsado.		

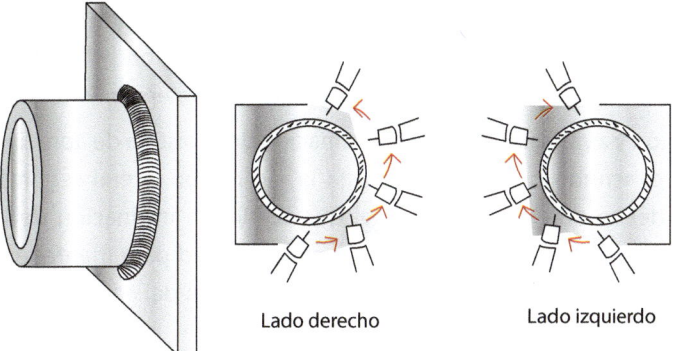

Lado derecho   Lado izquierdo

Fig. 3.18.

Desarrollo de la práctica

En este ejercicio vamos a realizar la soldadura de un tubo a una placa en posición vertical ascendente. Este tipo de unión es particularmente desafiante debido a la necesidad de controlar tanto el avance de la pistola como el ángulo de trabajo en un espacio limitado. Además, trabajar en una posición ascendente requiere que el soldador preste especial atención al control del baño de fusión y a la protección del gas.

Preparación de la pieza

Después de cortar y limpiar adecuadamente las piezas, realiza un punteado firme. Es recomendable realizar tres puntos en el lado derecho de la unión. Esto asegurará que las piezas se mantengan en su lugar durante la soldadura vertical ascendente. Asegúrate de que no haya separación entre el tubo y la placa; cualquier espacio podría comprometer la calidad de la soldadura.

Posicionamiento y soldadura

1. Altura de la unión. Coloca la unión de modo que el punto más alto quede a la altura de tus ojos. Esto te permitirá tener una buena visibilidad de la costura inferior sin necesidad de inclinar excesivamente el tronco o ponerte de rodillas. Es importante mantener esta altura constante durante todo el ejercicio para facilitar el control del cordón de soldadura.

2. Posicionamiento corporal. Comienza soldando el lado izquierdo del tubo. Colócate de manera que tu tronco también esté a la izquierda de la pieza. Sitúa la pistola en la parte inferior del tubo, a las 6. Antes de iniciar la soldadura, realiza una prueba en seco desplazando la pistola hacia arriba, simulando el movimiento de soldadura. Esto te permitirá ajustar la distancia del hilo libre y la inclinación de la pistola, identificando posibles dificultades antes de comenzar.

3. Inclinación y avance. Mantén una inclinación de la pistola de aproximadamente 75-80° en el sentido del avance y ajusta la inclinación lateral según lo necesite el avance del cordón. Es fundamental que corrijas la inclinación de la pistola a medida que avanzas, girando la muñeca con suavidad para mantener un ángulo constante. Esto asegura que no se pierda la protección del gas y que se mantenga una penetración adecuada.

4. Soldadura del lado izquierdo. Inicia la soldadura en la posición de las 6. A medida que avanzas hacia las 10, es probable que la pistola comience a interponerse en tu campo de visión. Aquí es donde pararás, esmerilarás el final del cordón y luego cambiarás de posición para abordar la parte final del cordón con el tronco situado al lado derecho del tubo, desde donde soldarás el tramo que va desde las 10 a las 12. Esto te permitirá mantener una postura cómoda y un control óptimo de la pistola mientras completas el cordón.

5. Soldadura del lado derecho. Primero, elimina con la radial los puntos de punteado ahora que ya no son necesarios. Esto evitará que cualquier defecto presente en los puntos se transfiera al cordón principal. Inicia la soldadura desde las 6, orienta la pistola también hacia adelante y avanza hasta las 2. Después, esmerila el final del cordón y vuelve a posicionarte en el lado izquierdo para completar la soldadura hasta las 12.

Soldadura con arco pulsado

Si decides utilizar el modo de arco pulsado, este ejercicio es una excelente oportunidad para ver los beneficios en acción. La soldadura en vertical ascendente con arco pulsado facilita un control más preciso del baño de fusión y ayuda a mantener la soldadura más limpia. Utiliza los mismos principios de ajuste de voltaje y altura de arco que se describieron en prácticas anteriores. Para ajustar la frecuencia te propongo dos opciones: 1. Frecuencia baja de 0,5 Hz (Hercios, la unidad de la frecuencia) avanzando cuando entre la base y parando cuando entre el pico de corriente. 2. Frecuencia máxima, que estrecha el cordón, la zona afectada por el calor y aumenta la penetración.

Consideraciones finales

Recuerda que la posición vertical ascendente demanda una buena técnica y concentración. Mantén una postura cómoda y no dudes en ajustar la altura o el posicionamiento si es necesario para mejorar tu control. La práctica y la paciencia son clave para dominar esta técnica.

Además, si encuentras dificultades, no te frustres. Cada intento te acerca a mejorar y a lograr un cordón de soldadura de calidad. Si es necesario, repite el ejercicio hasta que te sientas seguro con el resultado.

Práctica 13	Soldadura MAG con acero al carbono		
Tubo contra placa bajo techo PD (4F)			
Material base	Pletina de acero al carbono de 100 x 100 x 3 mm. Tubo de 50,8 mm (2 pulgadas) x 35 x 3 mm		
Diámetro hilo y designación	0,8-1 mm ER 70S-3 (AWS A5.18-05) G 46 3 M 2Mo (EN ISO 14341-A: 2008)		
Velocidad alimentación hilo	4-8 m/min	Corriente de soldeo	18 a 22 V
N.º de cordones	Uno con movimiento recto, con la pistola orientada hacia atrás (arrastrando) o hacia delante (empujando)	Longitud hilo libre	5-10 mm para arco cortocircuito, 10-15 para arco pulsado
Caudal de gas	10-15 litros/minuto de argón (85 %)/CO_2(15 %), 1 litro por cada mm de diámetro interior de la tobera.		
Modo de transferencia	Cortocircuito o arco pulsado.		

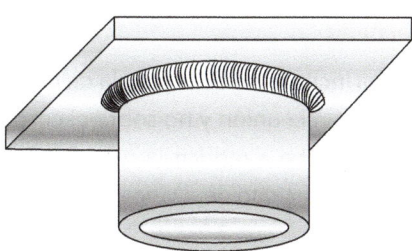

Fig. 3.19.

Este ejercicio, aunque puede parecer intimidante al principio, es muy similar a soldar en posición horizontal. La verdadera dificultad no radica en el material o en la técnica, sino en el factor psicológico. Es común pensar que la posición bajo techo complicará el acabado, pero es importante entender que este pensamiento puede interferir en tu desempeño. El baño de fusión, al final, es solo una gota que tiende a mantener su forma. Siempre que la corriente no sea excesiva y avances a una velocidad adecuada, no deberías tener problemas con el descuelgue del cordón.

Posicionamiento de la pieza

La pieza debe colocarse a la altura de los ojos. Si la sitúas demasiado alta, te cansarás rápidamente, y habrá un mayor riesgo de que las proyecciones te alcancen en la cabeza o los brazos. Si está demasiado baja, te resultará difícil ver claramente la unión.

Técnica de soldadura

Al soldar bajo techo, sigue las mismas recomendaciones de siempre: encuentra un punto de equilibrio para mantener una altura de arco pequeña. Esto concentra la energía del arco en un área más reducida, lo que aumenta la penetración. Vigila especialmente la longitud del hilo libre (stick out) y procura que no varíe, ya que esto afecta directamente la altura del arco y, por ende, la calidad del cordón.

- **Avance de la pistola.** Puedes elegir entre avanzar hacia adelante o hacia atrás. En teoría, se obtiene mayor penetración al avanzar hacia atrás, pero la mejor manera de comprobarlo es experimentarlo. Suelda un cuarto del tubo en una dirección, luego baja el cupón del posicionador y arranca el tubo de la placa para observar y medir la penetración. Repite el ensayo soldando en la dirección opuesta y compara los resultados. Usa un calibre para medir la penetración desde el borde interior hasta el punto más profundo alcanzado; la soldadura debería penetrar al menos 1 mm.

Consideraciones específicas

Es clave mantener la misma inclinación de la pistola de principio a fin. Asegúrate de que el hilo establece el arco en la unión y no sobre el cordón. Si notas que el arco se forma sobre el cordón, prueba a reducir la tensión, disminuir la velocidad de alimentación, o aumentar la velocidad de avance.

- **Ensayo del movimiento.** Antes de comenzar a soldar, ensaya el movimiento con la pistola sin encender el arco. Asegúrate de que puedes ver claramente el avance de la pistola y que te sientes cómodo con la posición elegida. La manguera puede ser pesada y tender a oscilar, por lo que una opción es apoyarla en el hombro. Sin embargo, antes de hacerlo, revisa el estado de la manguera para asegurarte de que los cables internos están bien aislados.

- **Cuidado con las proyecciones.** La tobera tiende a ensuciarse rápidamente en esta posición, por lo que es esencial limpiarla con frecuencia para evitar que las proyecciones obstruyan la salida del gas protector. Aumenta el caudal de gas a 15 litros/minuto para compensar la tendencia del argón a caer debido a su mayor densidad en comparación con el aire. Si, a pesar de estos cuidados, observas poros en el cordón, reduce la longitud del hilo libre.

Pausas y ajustes

En la posición bajo techo, puede ser necesario hacer pequeñas pausas para permitir que el material se enfríe ligeramente, especialmente si observas que el baño de fusión comienza a descontrolarse. Estas pausas también pueden ser útiles para ajustar la posición de tu cuerpo o de la pieza si notas que la postura o el ángulo de la pistola necesitan corrección.

Soldadura en modo pulsado

Si decides utilizar el arco pulsado para este ejercicio, te beneficiará una vez más en el control del baño de fusión y en la reducción del aporte de material, lo que es especialmente útil en esta posición. Como mencionamos en ejercicios anteriores, ajusta el voltaje para que el arco pulsado funcione de manera óptima, utilizando la misma referencia de calcular el 20 % por encima y por debajo del voltaje de cortocircuito que hayas utilizado.

Consideraciones finales

Aunque no es necesario al principio, tu objetivo debería ser lograr soldar el tubo completamente con dos cordones: uno de las 12 a las 6 pasando por las 3 y otro de las 12 a las 6 pasando por las 9 (o en el sentido inverso). Este ejercicio es excelente para desarrollar tu capacidad de mantener un control constante y perfeccionar tu técnica en esta posición desafiante.

Si quieres practicar en un cupón a tamaño examen de homologación, las medidas mínimas (en milímetros) según UNE EN ISO 9606-1 son estas:

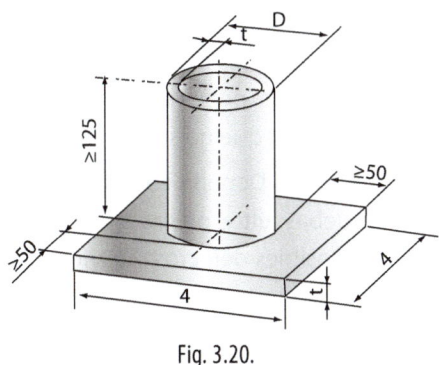

Fig. 3.20.

Protocolo de inspección del ICS para uniones de tubo contra placa en ángulo con MAG en acero al carbono

En cuanto al protocolo de inspección que sigue el Inspector de Construcciones Soldadas (ICS) para la homologación de un soldador en el caso de soldadura MAG de un cupón de examen formado por un tubo de 2" y 3 mm de espesor contra una placa de 100 x 100 x3 mm de acero al carbono, sigue siendo prácticamente el mismo que para el proceso TIG. Esto se debe a que los criterios de calidad para la inspección de la soldadura no varían significativamente entre estos dos procesos, ya que ambos tienen que cumplir con los mismos estándares de penetración, integridad, y acabado. Te lo resumo:

1. Inspección visual

- **Verificación de defectos externos.** El ICS realizará una inspección visual para identificar cualquier defecto externo en la soldadura, como porosidad, grietas, socavados, exceso de convexidad o concavidad del cordón, falta de alineación, y cualquier otro defecto superficial.

- **Acabado y uniformidad.** Se revisará que el cordón de soldadura sea uniforme y continuo, y que cumpla con las dimensiones especificadas sin desviaciones significativas. Se presta especial atención a la uniformidad en la transición entre el tubo y la placa.

- **Medición del cordón.** Se verificará que las dimensiones del cordón (ancho, altura, y longitud) estén dentro de los límites permitidos según la norma aplicable. La soldadura debe tener un acabado liso y no debe mostrar sobreespesor de material.

2. Pruebas no destructivas (NDT)

- **Líquidos penetrantes o partículas magnéticas.** En algunos casos, se puede utilizar la técnica de líquidos penetrantes o partículas magnéticas para detectar defectos superficiales que no son visibles a simple vista.

- **Ultrasonidos o radiografía.** Dependiendo de los requisitos específicos, se pueden realizar pruebas ultrasónicas o radiográficas para verificar la penetración y detectar posibles defectos internos como poros, inclusiones o falta de fusión.

3. Pruebas destructivas (si aplica)

- - **Fractura.** Se puede realizar una prueba de fractura en el cordón de soldadura para evaluar la ductilidad y la fusión completa de la unión. En esta prueba, se aplica fuerza sobre el tubo hasta que la soldadura se rompe y se arranca este de la placa, lo que permite examinar el interior de la soldadura para verificar la penetración y la fusión en la raíz.
- **Macrografía.** En algunos casos, se puede cortar una sección de la soldadura y someterla a un ataque químico que revela las estructuras internas del metal, lo que permite una evaluación detallada de la penetración, el tamaño y la distribución de los granos, y la posible presencia de inclusiones.

Conclusión

Dado que no existen diferencias significativas entre el protocolo de inspección de un cupón soldado con MAG y otro soldado con TIG en estas condiciones, te remito al capítulo correspondiente al proceso TIG para que puedas revisar el protocolo de inspección en detalle al final de los ejercicios de unión de tubo contra placa.

Práctica 14	Soldadura MAG con acero al carbono		
Pletinas achaflanadas en "V" posición horizontal PA (2G)			
Material base	Pletina de acero al carbono de 150 x 40 x 8 mm		
Diámetro hilo y designación	1,0 mm ER 70S-3 (AWS A5.18-05) G 46 3 M 2Mo (EN ISO 14341-A:2008)		
Velocidad alimentación hilo	Raíz: 3-5 m/min. Resto: 4 a 9 m/min	Corriente de soldeo	Raíz: 15 a 18 V. Resto cordones: 18 a 22 V
N.º de cordones	Raíz con movimiento recto, con la pistola orientada hacia atrás (arrastrando). Relleno y cierre con movimiento lateral	Longitud hilo libre	5-10 mm para arco cortocircuito, 10-15 para arco pulsado
Caudal de gas	10-15 litros/minuto de argón (85 %)/CO_2(15 %), 1 litro por cada mm de diámetro interior de la tobera.		
Modo de transferencia	Cortocircuito o arco pulsado.		
Biselado	35º en V		
Otras consideraciones	Talón: 1 mm. Entrehierro: 2,5 mm		

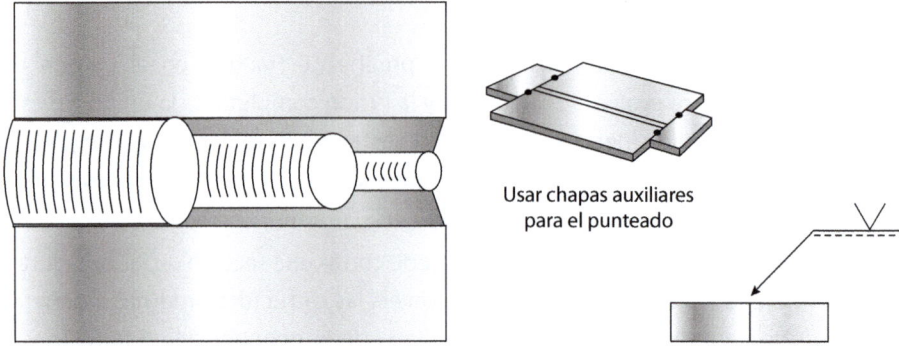

Usar chapas auxiliares
para el punteado

Fig. 3.21.

Preparación del material

1. Corte y biselado

–   Empieza por cortar las pletinas de 150 x 40 x 8 mm a las medidas exactas indicadas mientras realizas un biselado en "V" en cada pieza, asegurándote de que el ángulo sea de 35° y dejando un talón de 1 mm en el borde inferior. Este talón es necesario para evitar que el metal se funda demasiado rápido y no sea un soporte adecuado para el cordón de raíz.

2. Limpieza de las superficies

–   Limpia bien los bordes biselados y la superficie de las pletinas con una radial y un disco de lija. Es fundamental eliminar cualquier óxido, suciedad o impurezas que puedan interferir en la calidad de la soldadura.

3. Alineación y punteado

–   **Entrehierro.** Coloca las dos pletinas en posición de soldadura, asegurándote de que la separación entre ellas (entrehierro) sea de 2,5 mm. Puedes utilizar para ello una varilla de electrodo sin revestimiento de 2,5 mm, doblada en forma de "V" e introducida temporalmente entre las dos piezas mientras punteas.

–   **Punteado.** Puntea las pletinas en los extremos utilizando chapas auxiliares, asegurándote de que los puntos sean fuertes y mantengan las pletinas firmemente en su lugar durante todo el proceso de soldadura.

Manual de prácticas de soldadura y homologación de soldadores

Soldadura del cordón de raíz

4. Configuración inicial

- **Parámetros.** Configura la máquina para el cordón de raíz con 15 a 18 voltios, velocidad de alimentación del hilo entre 3 y 5 metros/minuto, y una longitud de hilo libre de 5 a 10 mm.

5. Técnica de soldadura

- **Arranque.** Comienza sobre la placa auxiliar y arrastra lentamente la pistola hasta la separación entre las piezas (entrehierro). Avanza unos centímetros para verificar la formación del "ojo de cerradura" o keyhole.

- **El ojo de cerradura.** Este keyhole es un pequeño agujero que se forma justo delante del baño de fusión. Es un indicador claro de que la soldadura está penetrando correctamente a través de la junta. Su tamaño debe ser controlado cuidadosamente, ya que refleja el tamaño del cordón de raíz que se forma en la parte posterior.

- **Ajustes**

    1. Si no aparece el keyhole. Detén la soldadura después de 2 o 3 cm y verifica que la corriente sea suficiente. Aumenta la tensión si es necesario y vuelve a intentarlo.

    2. Si el keyhole es demasiado grande. Intenta reducir su tamaño moviendo ligeramente la pistola hacia delante y hacia atrás o usando un balanceo lateral. Si aún es incontrolable, disminuye la tensión y la velocidad del hilo.

- **Empalme.** En un examen de homologación, se te puede pedir realizar un empalme. Para ello, elimina con cuidado los dos últimos centímetros del cordón de raíz dentro del chaflán usando un disco de desbaste, dejando los bordes biselados intactos. Esto facilitará la fusión durante el empalme.

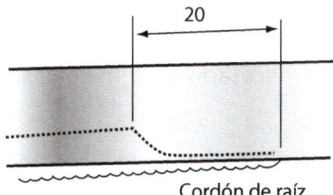

Fig. 3.22.

Soldadura del cordón de relleno

6. Ajustes y configuración

- **Parámetros.** Aumenta la corriente a 18-22 voltios y ajusta la velocidad de alimentación del hilo a 4-9 metros/minuto. Puedes utilizar la transferencia por cortocircuito o probar el arco pulsado.

7. Técnica de soldadura

- **Movimiento.** Utiliza un movimiento lateral suave para distribuir el material uniformemente en ambos lados del bisel. Recuerda que en posición horizontal puedes aplicar los patrones de soldadura aprendidos en la práctica 2.
- **Objetivo.** Cubre parcialmente el bisel, preparando la superficie para el cordón de cierre.

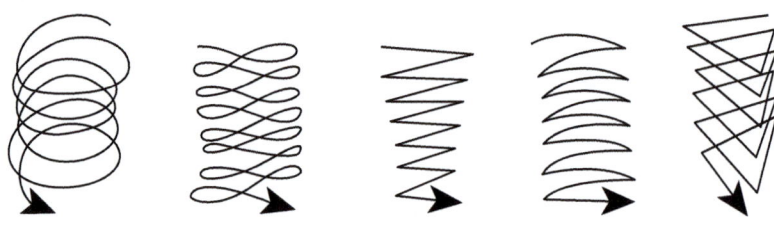

Fig. 3.23.

Soldadura del cordón de cierre o peinado

8. Técnica de soldadura

- **Peinado.** Realiza un movimiento lateral más amplio siguiendo el patrón elegido para asegurar que el bisel quede completamente cubierto y el cordón resulte liso y uniforme.

9. Configuración final

- **Ajustes.** Mantén la configuración utilizada en el cordón de relleno, realizando pequeños ajustes si es necesario para mejorar la apariencia del cordón de cierre.
- **Ancho del cordón.** Asegúrate de que el hilo no supere las líneas del chaflán para mantener la uniformidad en todo el cordón. Evita dar un cordón más ancho de lo necesario, ya que esto solo aumenta la ZAC, consume más hilo y ralentiza el trabajo.

- **Experimento 1.** Prueba soldar con la pistola tanto hacia delante como hacia atrás en los cordones de relleno o cierre para determinar tus preferencias personales.
- **Experimento 2.** Prueba a variar la altura del arco en la soldadura de raíz para encontrar el valor de altura que te facilite el control del keyhole.

Consideraciones finales

A medida que te preparas para realizar este ejercicio de soldadura MAG, ten en cuenta las siguientes recomendaciones que te ayudarán a lograr un resultado de calidad y a desarrollar habilidades esenciales en la soldadura.

1. Posicionamiento del cuerpo y la pistola

- **Posición del cuerpo.** Asegúrate de mantener una postura cómoda y relajada. Esto te permitirá tener un control preciso sobre la pistola. Colócate de manera que puedas soldar sin tensar los brazos ni el cuerpo. La comodidad es clave para un avance suave y controlado.
- **Agarre de la pistola.** Sujeta la pistola con firmeza pero sin rigidez. Un agarre suave facilita movimientos precisos, lo que es fundamental para lograr un cordón uniforme, especialmente durante los movimientos laterales.

2. Control visual y enfoque

- **Visibilidad del baño de fusión.** Mantén siempre el baño de fusión a la vista. Este es el punto crítico donde se produce la soldadura, y verlo claramente te ayudará a ajustar la velocidad de avance y la inclinación de la pistola según sea necesario.
- **Iluminación adecuada.** Si la iluminación en tu área de trabajo no es suficiente, ajusta tu posición o mejora la iluminación para asegurarte de que puedes ver bien el área de soldadura. Una buena visibilidad es fundamental para detectar cualquier problema a tiempo.

3. Práctica previa y simulación

- **Simulación sin arco.** Antes de iniciar la soldadura real, realiza movimientos simulados con la pistola sin encender el arco. Esto te permitirá familiarizarte con el movimiento necesario, ajustar tu postura y asegurarte de que tienes una buena línea de visión y control sobre la pistola.

- **Ensayo en chatarra.** Si es posible, realiza algunas pruebas en una pieza de chatarra para ajustar los parámetros de soldadura antes de comenzar con el trabajo real. Esto es especialmente útil para familiarizarte con el equilibrio entre voltaje, velocidad de alimentación y otros parámetros.

4. Manejo del calor

- **Distribución del calor.** Aprende a manejar la distribución del calor, especialmente durante múltiples pasadas (raíz, relleno, cierre). Si el material se sobrecalienta, puede deformarse o comprometer la calidad de la soldadura. Si notas que el material se está sobrecalentando, considera hacer pausas para permitir que las piezas se enfríen antes de continuar.
- **Pausas estratégicas.** No dudes en hacer pausas si el baño de fusión se vuelve difícil de controlar. Estas pausas permiten que el material se enfríe ligeramente y que tú puedas ajustar tu posición o técnica antes de continuar.

5. Mentalidad de aprendizaje

- **Aceptación de errores.** Recuerda que cometer errores es parte del proceso de aprendizaje. Lo importante es aprender de ellos. Toma nota de cualquier problema que encuentres, como dificultad para controlar el keyhole, y ajusta tus técnicas en consecuencia. La mejora continua es la clave del éxito en la soldadura.

6. Postsoldadura

- **Limpieza del cordón.** Una vez completada la soldadura, limpia el cordón con una escobilla o un cepillo de alambre para eliminar escorias o proyecciones que puedan haberse adherido. Esto no solo mejora la apariencia final, sino que también facilita la inspección del cordón.

Este ejercicio es fundamental para desarrollar habilidades en soldadura de penetración completa en posición horizontal, consolidando técnicas que te permitirán obtener resultados profesionales y de alta calidad.

Práctica 14

 Facultad de Soldadura

Práctica 15	*Soldadura MAG con acero al carbono*		
Pletinas achaflanadas en "V" posición cornisa PC (2G)			
Material base	Pletina de acero al carbono de 150 x 40 x 8 mm		
Diámetro hilo y designación	1,0 mm ER 70S-3 (AWS A5.18-05) G 46 3 M 2Mo (EN ISO 14341-A:2008)		
Velocidad alimentación hilo	Raíz: 3-5 m/min. Resto: 4 a 9 m/min	*Corriente de soldeo*	Raíz: 15 a 18 V. Resto cordones: 18 a 22 V
N.º de cordones	Raíz con movimiento recto, con la pistola orientada hacia atrás (arrastrando). Resto con movimiento recto, la pistola hacia delante o detrás	*Longitud hilo libre*	5-10 mm para arco cortocircuito, 10-15 para arco pulsado
Caudal de gas	10-15 litros/minuto de argón (85 %)/CO_2(15 %), 1 litro por cada mm de diámetro interior de la tobera.		
Modo de transferencia	Cortocircuito o arco pulsado.		
Biselado	35º en V		
Otras consideraciones	Talón: 1 mm. Entrehierro: 2,5 mm		

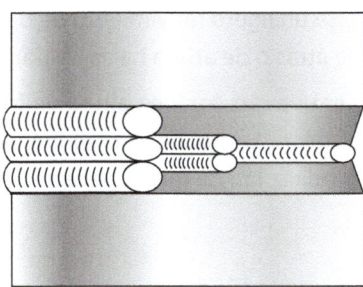

Fig. 3.24.

Preparación inicial

Tras realizar todas las tareas comunes de corte, biselado y punteado, puedes comenzar con la soldadura propiamente dicha. En esta posición, es fundamental aplicar correctamente las técnicas aprendidas en ejercicios anteriores y ajustar los parámetros según las condiciones específicas de la soldadura en cornisa.

Cordón 1. El cordón de raíz

1. Configuración de parámetros

- Usa los mismos parámetros que te hayan dado buenos resultados en la práctica anterior, ajustando la corriente entre 15 y 18 V, y la velocidad de alimentación del hilo entre 3 y 5 m/min.

2. Inclinación y posicionamiento de la pistola

- La pistola debe estar inclinada entre 75° y 80° hacia atrás en el sentido del avance. En cuanto a la inclinación lateral, apunta ligeramente más hacia la pieza inferior. Esto es clave porque, en la posición cornisa, el calor tiende a subir, lo que significa que el "ojo de cerradura" (keyhole) se forma primero en la pieza superior.

- Para evitar que la pieza inferior quede sin fusionar correctamente, ajusta la inclinación lateral para compensar este efecto, y considera aumentar ligeramente el talón de la pieza superior (por ejemplo, 2 mm arriba y 1 mm abajo).

3. Control del ojo de cerradura

- Es esencial controlar el tamaño del keyhole. Si ves que el ojo de cerradura se abre demasiado, aplica un ligero movimiento de balanceo a la pistola (puede ser de adelante hacia atrás o de arriba hacia abajo).

- El objetivo es obtener una raíz con una altura uniforme de unos 2 mm y una fusión completa del talón. La luz del arco iluminando la cara trasera de la unión es una buena indicación de que la penetración está siendo adecuada.

4. Corrección de errores

- Si no logras un buen resultado con el cordón de raíz, deberás eliminarlo con un disco de corte, teniendo cuidado de mantener el bisel original intacto. Esta corrección no solo es necesaria, sino que también te proporciona una valiosa práctica en el manejo de herramientas esenciales.

Cordones 2 y 3. Relleno inicial

1. Configuración de parámetros

- Aumenta la corriente a un rango de 18 a 21 V y ajusta la velocidad del hilo entre 4 y 9 m/min.

2. Técnica de soldadura

- Una vez que el cordón de raíz esté completo, cepilla bien la zona para eliminar cualquier residuo. Procede a rellenar el bisel con los cordones necesarios. En general, se suelen aplicar seis cordones en total, distribuidos en tres capas.

3. Distribución de cordones

- Para una mejor referencia, considera que cada cordón debería ocupar aproximadamente entre 2,5 y 3,5 mm del chaflán. Este grosor es ideal para evitar problemas como porosidad e inclusiones de gas, ya que capas más finas suelen ser más seguras y permiten mantener una temperatura más constante.

- Sigue el orden marcado. el cordón n.º 2 debe colocarse justo debajo del cordón de raíz, apuntando hacia la línea inferior del cordón n.º 1, mientras que el cordón n.º 3 debe colocarse encima, apuntando hacia la línea superior del cordón n.º 1. Puedes optar por avanzar la pistola hacia adelante en estos cordones.

4. Rebaje del cordón de raíz

- Si la cara vista del cordón de raíz no está completamente lisa, puedes rebajarla con un disco de repasar. Esto ayudará a que los cordones n.º 2 y 3 también queden planos y uniformes.

Cordones 4, 5 y 6. Relleno final y cierre

1. Cordón 4

- Este cordón debe rellenar el chaflán hasta la línea que marca su fin. Aquí, es importante avanzar con rapidez, ya que el espacio restante será limitado. Si mantienes un avance constante y cubres la línea inferior, lograrás un cordón liso y plano sin que se desborde o se desplace.

2. Cordones 5 y 6

- Estos cordones se apoyarán sobre el cordón 4, repitiendo la misma operación. En el cordón n.º 5, asegúrate de mantener una anchura constante. En el cordón n.º 6, retén el avance lo suficiente para que el material cubra completamente la línea del borde.

3. Finalización

- El objetivo final es obtener una soldadura uniforme y con la menor cantidad de defectos posibles. Asegúrate de que cada cordón esté bien fundido y que la transición entre ellos sea suave.

Consideraciones finales

- **Prueba y error.** No dudes en ajustar los parámetros si algo no sale bien en los primeros intentos. Eliminar un cordón mal ejecutado y volver a intentarlo es parte del proceso de aprendizaje.

- **Práctica.** La soldadura en posición cornisa es exigente, pero con práctica constante y atención al detalle, puedes dominarla. Tómate el tiempo para analizar cada paso y mejorar en cada intento.

- **Seguridad.** Mantén siempre un enfoque en la seguridad. Revisa constantemente el equipo y utiliza los EPIs adecuados.

Este ejercicio es un paso más en tu camino hacia la maestría en soldadura. Con cada práctica, te acercarás más a la precisión y consistencia que se espera en trabajos profesionales.

El aprendizaje correcto

En una aldea tibetana, vivía un joven llamado Tenzin, ansioso por adquirir sabiduría. Un día, decidió visitar a un anciano sabio que residía en la cima de una montaña cercana. Tras una ardua caminata, Tenzin llegó a la humilde morada del sabio y le expresó su deseo de aprender.

El anciano, con una sonrisa serena, le respondió: "Antes de que te enseñe, necesito que realices una tarea. Toma esta cuchara, llénala de aceite y recorre toda la aldea sin derramar una sola gota. Al finalizar, regresa a mí y te impartiré conocimiento".

Tenzin aceptó el desafío. Con gran cuidado, caminó por la aldea, concentrado en mantener la cuchara equilibrada y el aceite intacto. Al regresar, orgulloso, le mostró al sabio la cuchara llena.

El anciano le preguntó: "Mientras caminabas, ¿notas las flores del campo, escuchas el canto de los pájaros o saludaste a los aldeanos?".

Tenzin, algo avergonzado, respondió: "No, maestro. Estaba tan enfocado en no derramar el aceite que no presté atención a nada más".

El sabio ascendió y dijo: "Vuelve a recorrer la aldea, pero esta vez, observa todo a tu alrededor y disfruta del camino".

El joven obedeció. Caminó por la aldea, admirando la belleza de las flores, escuchando la melodía de los pájaros y conversando con los aldeanos. Al regresar, se dio cuenta de que había derramado parte del aceite.

El anciano lo miró y le enseñó: "La sabiduría reside en encontrar el equilibrio. Debes ser consciente de tus responsabilidades sin perder la capacidad de apreciar el mundo que te rodea. Solo así podrás alcanzar una comprensión plena".

Este cuento nos enseña que, en la búsqueda del conocimiento, es esencial mantener un equilibrio entre nuestras obligaciones y la apreciación de la vida que nos rodea.

Práctica 16	Soldadura MAG con acero al carbono		
Pletinas achaflanadas en "V" vertical ascendente PF (3G)			
Material base	Pletina de acero al carbono de 150 x 40 x 8 mm		
Diámetro hilo y designación	1,0 mm ER 70S-3 (AWS A5.18-05) G 46 3 M 2Mo (EN ISO 14341-A:2008)		
Velocidad alimentación hilo	Raíz: 3-5 m/min. Resto: 4 a 9 m/min	Corriente de soldeo	Raíz: 15 a 18 V. Resto cordones: 18 a 22 V
N.º de cordones	Raíz con la pistola orientada hacia atrás (arrastrando). Resto con la pistola hacia delante o detrás, todos con movimiento lateral	Longitud hilo libre	5-10 mm para arco cortocircuito, 10-15 para arco pulsado
Caudal de gas	10-15 litros/minuto de argón (85 %)/CO_2(15 %), 1 litro por cada mm de diámetro interior de la tobera.		
Modo de transferencia	Cortocircuito o arco pulsado.		
Biselado	35º en V		
Otras consideraciones	Talón: 1 mm. Entrehierro: 2,5 mm		

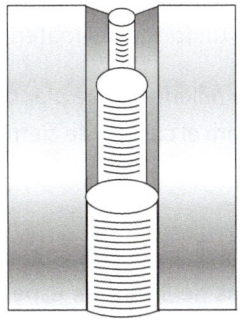

Fig. 3.25.

Proceso de soldadura

Cordón 1. Raíz

Soldar en posición vertical ascendente puede presentar desafíos específicos, especialmente al realizar el cordón de raíz. Un problema común es que el hilo puede introducirse por el entrehierro, lo que podría interrumpir el arco, enfriar el baño de fusión, y reducir la calidad de la penetración. También es posible que sobresalgan trozos de alambre en el cordón de penetración.

Para evitar estos problemas, tienes dos opciones:

1. Soldar con la pistola hacia delante: orienta la pistola en el sentido del avance y realiza un pequeño movimiento lateral mientras te aseguras de que el hilo mantenga un contacto constante con el cordón que se está formando, evitando que se cuelen trozos de alambre por el entrehierro.

2. Soldar con la pistola hacia atrás: esta es la técnica que hemos utilizado en los ejercicios anteriores y puede ser más adecuada aquí, ya que reduce la posibilidad de que el alambre se cuele por el entrehierro. En este caso, el alambre va en contacto continuo con el cordón que se forma según avanzas.

Independientemente de la técnica que elijas, el objetivo principal es formar y controlar el "ojo de cerradura" o keyhole desde el inicio. Usa un balanceo lateral para mantenerlo controlado hasta que puedas reducir el balanceo si el keyhole deja de abrirse con tanta facilidad.

Cordón. Relleno

Una vez que hayas completado la raíz, es momento de cubrirla con el cordón de relleno. Aquí, tu referencia serán los lados del cordón n.º 1. Usa un movimiento lateral simple, ya sea en "U" o en zig-zag, con una pequeña pausa en los extremos para asegurar una distribución uniforme del material.

El objetivo es que el cordón de relleno quede plano, con las aguas poco marcadas, y dejando suficiente espacio para el cordón de cierre que realizarás a continuación.

Cordón 3. Cierre

Finalmente, llega el momento de recargar el poco espacio que queda, especialmente si estás trabajando con pletinas de 8 mm de espesor. Realiza el cordón de cierre cuidando de no salirte de las líneas que marcan el fin del chaflán.

Asegúrate de que el cordón de cierre cubra uniformemente todo el chaflán sin desbordarse, lo que garantizará un acabado limpio y profesional.

Consideraciones finales

En la soldadura, especialmente en posiciones complicadas como la vertical ascendente, es fácil sentirse frustrado o desanimado si los resultados no son perfectos al primer intento. Aunque es normal que suceda, procura mantener tu ánimo si encuentras dificultades, y utiliza cada error como una lección valiosa. Aprende a interpretar lo que el material te dice: si el keyhole no se forma, si el cordón se deforma, si el baño de fusión no fluye como debería, todos estos son mensajes que puedes aprender a descifrar con el tiempo.

> ### Recuerda
>
> **El mejor libro de autoayuda en soldadura son tus propias experiencias. Añade a esta práctica la respuesta a estas preguntas: ¿Qué fue lo más difícil de esta práctica para ti? y ¿Qué hiciste para superarlo? Tus reflexiones te ayudarán a mejorar y a enfrentar con mayor confianza los desafíos futuros.**

Práctica 17	Soldadura MAG con acero al carbono		
Pletinas achaflanadas en "V" vertical ascendente a 45º			
Material base	Pletina de acero al carbono de 150 x 40 x 8 mm		
Diámetro hilo y designación	1,0 mm ER 70S-3 (AWS A5.18-05) G 46 3 M 2Mo (EN ISO 14341-A:2008)		
Velocidad alimentación hilo	Raíz: 3-5 m/min. Resto: 4 a 9 m/min	Corriente de soldeo	Raíz: 15 a 18 V. Resto cordones: 18 a 22 V
N.º de cordones	Raíz con la pistola orientada hacia atrás (arrastrando). Resto con la pistola hacia delante o detrás, todos con movimiento lateral	Longitud hilo libre	5-10 mm para arco cortocircuito, 10-15 para arco pulsado
Caudal de gas	10-15 litros/minuto de argón (85 %)/CO_2(15 %), 1 litro por cada mm de diámetro interior de la tobera.		
Modo de transferencia	Cortocircuito o arco pulsado.		
Biselado	35º en V, con talón de 1 mm y entrehierro de 2,5 mm		
Inclinación del cupón	45º (simulando un 6G)		

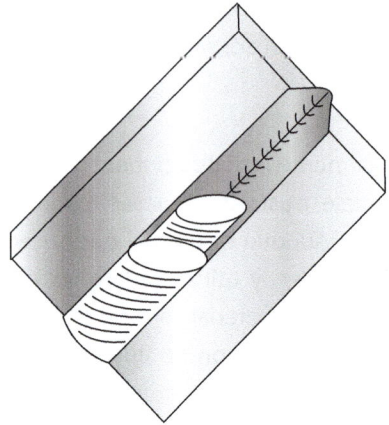

Fig. 3.26.

Cordón 1. Raíz

El primer cordón, al igual que en la posición vertical ascendente, puede presentar desafíos específicos, pero la inclinación de 45° introduce una complicación adicional: el baño de fusión tiende a desplazarse hacia abajo, y es común que el hilo se introduzca por el entrehierro, lo que podría interrumpir el arco y afectar la penetración.

1. Posición de la pistola y control del ángulo: al estar la probeta inclinada, el ángulo de la pistola debe ajustarse para mantener un control visual del baño de fusión. Al subir, sentirás que es necesario torcer ligeramente la pistola hacia la derecha o izquierda (según la inclinación del cupón) mientras avanzas verticalmente. Aunque pueda parecer incómodo al principio, este ajuste es fundamental para mantener un flujo controlado del material.

2. Técnica de avance: es recomendable seguir utilizando la técnica de soldar hacia atrás, como en la práctica anterior, con la pistola orientada en el sentido contrario al avance. Esto ayuda a mantener el baño de fusión estable y evitar que el hilo se cuele por el entrehierro.

3. Movimiento lateral: usa un balanceo lateral controlado, prestando atención a las pausas más prolongadas en los extremos inferiores del bisel, para evitar que el material fluya hacia abajo. Este balanceo te ayudará a controlar el "ojo de cerradura" o keyhole, evitando que se abra demasiado y pierdas el control del baño.

Cordones 2 y 3. Relleno y cierre

A diferencia de la práctica anterior en posición vertical, aquí es clave ejecutar los cordones de relleno y cierre de manera paralela al suelo. Esto significa que, al repartir el material, debes asegurarte de mantener la pistola en una línea recta, no siguiendo únicamente la inclinación de la probeta.

1. Movimiento y distribución del material: cuando haces los cordones de relleno y cierre en esta posición inclinada, es importante que repartas el material uniformemente a ambos lados. Si ejecutas el movimiento como lo harías en una posición vertical pura, el material tenderá a deslizarse hacia abajo, dejando un exceso en la parte baja del bisel y falta de material en la parte alta.

2. Control del material: a medida que avances con los cordones de relleno y cierre, asegúrate de mantener el movimiento uniforme y las pausas en los extremos. Esto te permitirá evitar el exceso de material en la parte inferior y lograr un acabado más uniforme en toda la unión.

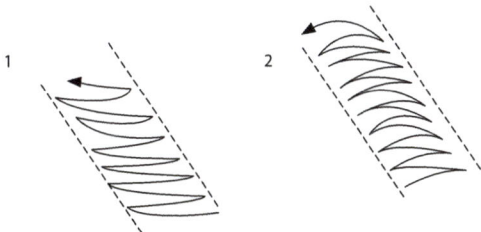

Fig. 3.27.

Consideraciones finales

La principal diferencia en esta práctica es el ajuste en la técnica debido a la inclinación del cupón. La inclinación puede parecer confusa al principio, especialmente porque el movimiento de subida y balanceo debe complementarse con una torsión ligera hacia un lado u otro, dependiendo de la inclinación.

Sin embargo, una vez que te acostumbras a estos ajustes, notarás que puedes lograr cordones tan buenos como en las posiciones verticales. Lo importante es probarlo y familiarizarte con el comportamiento del material en esta inclinación, ya que la soldadura en posición inclinada requiere mayor control del baño de fusión.

Práctica 18	Soldadura MAG con acero al carbono

Pletinas achaflanadas en "V" bajo techo PE (4G)

Material base	Pletina de acero al carbono de 150 x 40 x 8 mm		
Diámetro hilo y designación	1,0 mm ER 70S-3 (AWS A5.18-05) G 46 3 M 2Mo (EN ISO 14341-A:2008)		
Velocidad alimentación hilo	Raíz: 3-5 m/min. Resto: 4 a 9 m/min	*Corriente de soldeo*	Raíz: 16 a 18 V. Resto cordones: 18 a 22 V
N.º de cordones	Raíz con la pistola orientada hacia atrás (arrastrando). Resto con la pistola hacia delante o detrás, todos con movimiento lateral	*Longitud hilo libre*	5-10 mm para arco cortocircuito, 10-15 para arco pulsado
Caudal de gas	10-15 litros/minuto de argón (85 %)/CO_2(15 %), 1 litro por cada mm de diámetro interior de la tobera.		
Modo de transferencia	Cortocircuito o arco pulsado.		
Biselado	35º en V, con talón de 1 mm y entrehierro de 2,5 mm		

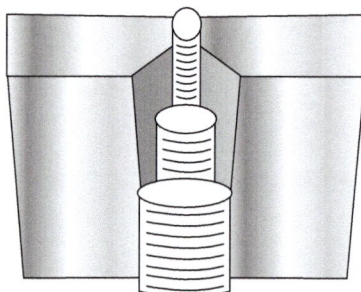

Fig. 3.28.

La soldadura en posición bajo techo (PE/4G) es una de las posiciones más complicadas en soldadura. En este caso, la gravedad juega en tu contra, ya que el material fundido tiende a caerse antes de poder enfriarse correctamente. Aunque es una técnica difícil, puede lograrse con una combinación de práctica, precisión y control del baño de fusión (recuerda usar los EPIS).

Cordón 1. Raíz

1. Ajustes iniciales: utiliza los mismos parámetros de voltaje y velocidad de hilo que funcionaron bien en las prácticas de soldadura vertical ascendente.

Ajusta ligeramente estos valores para adecuarlos al talón y entrehierro de esta unión.

2. Objetivo principal: en la raíz, el objetivo es romper el talón y crear un "ojo de cerradura" (keyhole) sin calentar en exceso la zona. Si la zona se sobrecalienta, el material de penetración puede hundirse, un defecto que invalida la soldadura.

3. Técnica de avance: mantén un ángulo de inclinación de la pistola de aproximadamente 60°. Esto permitirá que el material no se caiga y se acumule correctamente en el cordón de penetración. Al principio, el objetivo es que el cordón quede plano en la parte superior, pero si consigues un poco de sobreespesor, mejor.

4. Entrehierro y talón: comienza con un entrehierro de 2,5 mm y un talón de 1 mm. A medida que ganes experiencia, podrás eliminar el talón para avanzar más rápido y conseguir una mejor fusión. El truco aquí está en controlar el calor y el material de aporte, evitando que este se hunda demasiado rápido.

Cordones 2 y 3. Relleno y cierre

1. Visibilidad y posición: un detalle crítico en esta posición es tener buena visibilidad. Colócate en una posición donde puedas ver todo el proceso de soldadura de principio a fin. Para un soldador diestro, la esquina izquierda del cupón es un buen punto de observación. Desde allí, podrás controlar mejor el avance del hilo y la velocidad de soldadura.

2. Control del avance: practica previamente soldando en seco, es decir, paseando la pistola sobre el recorrido que debes seguir en cada cordón sin abrir arco. Asegúrate de que no haya ningún punto donde pierdas visibilidad o se dificulte el avance. Si es así, ajusta tu posición o eleva la pieza ligeramente. El objetivo es avanzar con seguridad, sin precipitación, manteniendo la misma anchura y espesor en todo el cordón.

3. Técnica: al igual que en la práctica en posición horizontal podemos optar por dos cordones con movimiento recto (solapados entre s) para reducir el riesgo de descuelgues. También es posible realizar un único cordón con movimiento lateral.

Cordón 4. Peinado final

1. Movimiento en U o zig-zag: para el cordón de acabado o peinado, puedes utilizar un movimiento en "U" o zig-zag. Este movimiento debe ser firme y controlado. Comienza fuera del área de soldadura, en una chapa auxiliar punteada a las piezas a unir, y ve avanzando con un ligero movimiento de muñeca.

2. Visión constante: durante todo el proceso, asegúrate de tener una visión clara del área de soldadura. Esto es esencial para evitar dejar huecos o zonas sin material. Coloca la cabeza a una distancia suficiente para que no interfieras con la pistola o la pantalla de soldadura, pero lo suficientemente cerca como para ver lo que estás haciendo.

3. Acabado limpio: el cordón debe quedar uniforme y sin descuelgues. Si has seguido los pasos correctamente y controlado el avance, el peinado debería cerrar la soldadura de manera limpia y profesional.

Consideraciones finales

Soldar en posición bajo techo puede parecer una tarea difícil al principio, pero con paciencia y práctica, cualquier soldador puede dominar esta técnica. Lo más importante es controlar el baño de fusión y mantener un movimiento preciso y constante, evitando que el material se caiga. Aunque es una posición compleja y se suele evitar siempre que sea posible, enfrentar este desafío te ayudará a desarrollar habilidades que te convertirán en un soldador más completo.

Recuerda

Si bien la soldadura puede ponerte a prueba constantemente, la perseverancia es clave. Nadie sabe lo que puede lograr hasta que se enfrenta a una situación crítica. Con práctica y una mentalidad positiva, puedes superar cualquier obstáculo en el camino. ¡Mucho ánimo y buena suerte!

Protocolo de inspección del ICS para uniones a tope en "V" con MAG en acero al carbono (8 mm)

Aquí tienes el protocolo de inspección del ICS adaptado específicamente para un examen de homologación de soldadores en el caso de cupones de acero al carbono biselados en "V" a 35° con el proceso MAG. Me centraré en lo que es específico para este tipo de unión, siguiendo las normativas europeas correspondientes.

1. Inspección previa a la soldadura

Antes de comenzar, el ICS debe verificar las condiciones iniciales del cupón y del equipo de soldadura para asegurar que todo cumpla con los requisitos.

- **Superficies de soldadura.** Se inspeccionan las superficies para asegurarse de que estén limpias, libres de óxidos, aceites y otros contaminantes que podrían afectar la calidad del cordón.

- **Preparación de los bordes.** Se verificará que los bordes estén correctamente biselados a 35° y que el entrehierro sea de 2,5 mm, tal como se especifica. Además, el talón debe tener una altura de 1 mm.

- **Configuración del equipo de soldadura.** El ICS comprobará que los parámetros del equipo estén ajustados correctamente según el procedimiento de soldadura (WPS), asegurando que los valores de tensión, velocidad del hilo, caudal de gas, y modo de transferencia sean los apropiados.

2. Inspección durante el proceso de soldadura

El ICS supervisará los diferentes aspectos de la soldadura para garantizar que se cumplen los criterios de calidad:

- **Cordón de raíz.** Durante la realización del cordón de raíz, se prestará especial atención al control del "ojo de cerradura" (keyhole) para garantizar una penetración adecuada, ya que este es un aspecto crítico en uniones a tope en "V". Se observará la técnica empleada para evitar hundimientos del cordón de raíz y asegurar la correcta fusión de los materiales.

- **Estabilidad del arco.** El ICS observará el comportamiento del arco y la regularidad del cordón, buscando evitar defectos superficiales como socavados, porosidad o inclusiones de material no fundido. En la soldadura MAG, la estabilidad del arco es fundamental para lograr una buena calidad del cordón.

- **Control de la penetración.** Aunque la penetración no se puede ver directamente durante el proceso, los parámetros de soldadura utilizados deben estar alineados con los requisitos para lograr una penetración adecuada en la raíz. Este aspecto será verificado posteriormente con inspecciones destructivas o no destructivas.

3. Inspección final y pruebas no destructivas

Una vez completada la soldadura, se procederá a la inspección visual y, si es necesario, a pruebas adicionales para evaluar la calidad interna del cordón.

- **Inspección visual.** El ICS realizará una inspección visual para detectar defectos externos visibles como grietas, porosidad, socavados, o falta de alineación entre los bordes. El cordón debe ser uniforme en cuanto a tamaño y acabado superficial, sin convexidades o concavidades excesivas.

- **Pruebas con líquidos penetrantes o partículas magnéticas.** En algunos casos, se puede aplicar una prueba con líquidos penetrantes o partículas magnéticas para detectar defectos superficiales que no son visibles a simple vista. Esto es importante para asegurar que no hay grietas o discontinuidades superficiales en el cordón.

- **Pruebas radiográficas o ultrasónicas.** Dependiendo del nivel de homologación que se busque y de las normativas aplicables, se pueden realizar pruebas radiográficas o ultrasónicas para verificar la penetración interna del cordón y detectar posibles defectos como poros internos, falta de fusión o inclusiones.

4. Pruebas destructivas (si aplica)

En algunos exámenes de homologación, se requieren pruebas destructivas para verificar la calidad interna de la soldadura.

- **Macrografía.** Para evaluar la estructura interna del cordón, el ICS puede realizar una prueba de macrografía, donde se corta una sección de la soldadura y se somete a un ataque químico para revelar la estructura interna del material. Esto permite evaluar el tamaño de los granos, la penetración, y la presencia de posibles inclusiones.

5. Evaluación final y reporte

Al concluir las inspecciones visuales y las pruebas adicionales, el ICS elaborará un informe detallado del examen de homologación del soldador.

- **Informe de inspección.** El informe debe incluir todos los parámetros controlados, desde la configuración del equipo hasta los resultados de las pruebas destructivas o no destructivas. Además, se harán observaciones sobre la ejecución del ejercicio y se dictaminará si el soldador ha superado o no la prueba de homologación.

Resumen

El protocolo de inspección para uniones a tope con bisel en "V" con MAG sigue pasos similares a otros procesos, como TIG o electrodo revestido, pero con especial atención a la estabilidad del arco y la penetración, aspectos críticos en soldadura MAG. Los parámetros del equipo y las condiciones de la raíz son esenciales para obtener una soldadura de calidad. Las pruebas finales, tanto destructivas como no destructivas, asegurarán que la soldadura cumpla con los requisitos de las normativas europeas aplicables.

Si el soldador pasa todas las pruebas satisfactoriamente, obtendrá su certificación de homologación en el proceso de soldadura MAG para uniones a tope en "V", lo que lo califica para realizar trabajos con este tipo de uniones bajo las especificaciones de calidad requeridas por la industria.

Si quieres practicar este ejercicio en un cupón tamaño homologación, las medidas mínimas (en milímetros) según UNE EN ISO 9606-1 son estas:

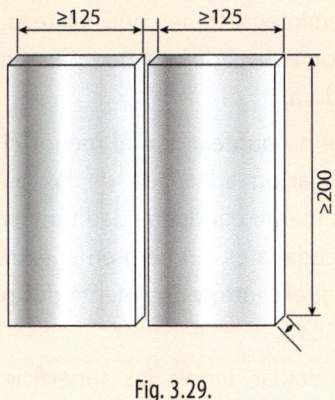

Fig. 3.29.

20. Prácticas de soldadura MIG de acero inoxidable AISI 304-L con hilo AWS 308-L

El acero inoxidable AISI 304-L es uno de los materiales más utilizados debido a sus propiedades, que lo hacen adecuado para una amplia gama de aplicaciones. Este tipo de acero es una aleación de hierro con un contenido significativo de cromo (entre 12 % y 30 %), que le confiere su característica principal. la resistencia a la oxidación. Además, otros elementos como el molibdeno, el titanio y el níquel mejoran su resistencia a la tracción y la soldabilidad.

La técnica de soldadura para el acero inoxidable es muy similar a la que se emplea con acero al carbono; sin embargo, existen algunas consideraciones adicionales importantes debido a las particularidades del acero inoxidable y el tipo de electrodo utilizado.

Precauciones en la manipulación y soldadura del acero inoxidable

-   **Corte y preparación.** Utiliza discos de corte y herramientas específicamente diseñados para acero inoxidable (discos etiquetados como "inox"). Esto evita la contaminación cruzada con otros materiales, especialmente el acero al carbono.

-   **Almacenamiento.** Almacena el acero inoxidable separado del acero al carbono y otras aleaciones que puedan contaminarlo. Dedica herramientas exclusivamente al trabajo con inoxidable para evitar la transferencia de partículas de otros materiales.

-   **Cepillado.** Para limpiar el acero inoxidable, usa cepillos de púas de acero inoxidable, que generalmente tienen púas plateadas. Los cepillos de púas de hierro (dorado) no son adecuados, ya que pueden transferir contaminantes que afecten la soldadura.

-   **Punteado.** Asegúrate de puntear con al menos cinco puntos de soldadura para asegurar una fijación adecuada de las piezas, dado que el acero inoxidable tiene una menor conductividad térmica que el acero al carbono. La secuencia recomendada es. primero en el extremo derecho, luego en el izquierdo, seguido por el centro y finalmente dos puntos equidistantes entre el centro y los extremos.

-   **Limpieza.** Antes de soldar, limpia las superficies con un desengrasante adecuado, como acetona, para evitar contaminantes que puedan afectar la calidad de la soldadura.

-   **Protección de la cara trasera.** Durante la soldadura, especialmente en procesos como TIG y MAG, protege la cara trasera del acero inoxidable para evitar la formación de óxidos. Esto se puede hacer utilizando respaldos de cobre o respaldos cerámicos. Si no se protege adecuadamente, el cromo puede oxidarse, formando "cristales negros" que indican contaminación.

Purga de gas en la soldadura de tubos de acero inoxidable

La purga de gas es esencial cuando se sueldan tubos de acero inoxidable, ya que protege la cara interna de la soldadura del contacto con el oxígeno, evitando así la oxidación y otros defectos.

-   **Aplicación de la purga de gas.** La purga se realiza introduciendo gas inerte (generalmente argón) en el interior del tubo antes y durante la soldadura. Es fundamental perforar los extremos del tubo para mantener el flujo de gas dentro y sacar el aire.

- **Tiempo y caudal de gas.** El tiempo necesario para purgar depende del diámetro y la longitud del tubo, así como del caudal de gas. Un caudal típico podría ser desde 4-5 litros por minuto, y se debe mantener hasta que el interior del tubo esté completamente inertizado.

- **Detección de presencia de aire.** Para asegurar que el interior del tubo está purgado adecuadamente, se utilizan detectores de oxígeno que miden la concentración en partes por millón (ppm). Un nivel de oxígeno de 20 ppm o menos es generalmente aceptable para iniciar la soldadura, ya que minimiza el riesgo de oxidación.

Formación de óxidos de cromo y carburos de cromo

Durante la soldadura de aceros inoxidables, es necesario evitar la formación de óxidos de cromo y carburos de cromo, ya que ambos pueden comprometer la resistencia a la corrosión del material.

- **Óxidos de cromo**
  - **Formación.** Los óxidos de cromo se forman cuando el acero inoxidable se expone al oxígeno en altas temperaturas, como durante la soldadura. Este fenómeno es visible como una decoloración o una pequeña "coliflor negra" en la superficie soldada.
  - **Efecto.** Aunque una capa fina de óxido de cromo es protectora (forma parte de la capa pasiva del acero inoxidable), una oxidación excesiva debilita esta capa, reduciendo la resistencia a la corrosión.
  - **Prevención.** Para evitar la formación de óxidos de cromo, es fundamental utilizar una purga de gas adecuada para proteger tanto la cara delantera como la trasera de la soldadura. Además, reducir el tiempo de exposición a altas temperaturas y utilizar técnicas de soldadura adecuadas, como mantener un arco corto y un avance rápido, ayudará a minimizar la oxidación.

- **Carburos de cromo**
  - **Formación.** Los carburos de cromo se forman cuando el cromo reacciona con el carbono en el acero inoxidable a temperaturas entre 450 °C y 850 °C. Esta precipitación de carburos reduce la cantidad de cromo disponible para formar la capa pasiva, disminuyendo así la resistencia a la corrosión.

- **Efecto.** La formación de carburos de cromo puede llevar a la corrosión intergranular, un tipo de corrosión que afecta los límites de grano del material, debilitando la estructura del acero inoxidable.

- **Prevención.** Para evitar la formación de carburos de cromo, es recomendable utilizar aceros inoxidables de bajo contenido en carbono, como el 304L o el 316L, que están específicamente diseñados para minimizar esta precipitación. Además, es importante controlar la temperatura durante el proceso de soldadura y enfriar rápidamente el material después de soldar.

Práctica 19	*Soldadura MIG con acero inoxidable*		
Ángulo en horizontal PB (2F)			
Material base	Chapa de acero inoxidable 304L, dimensiones: 150 x 40 x 3 mm		
Diámetro hilo y designación	Hilo de 0,8 mm ER 308L (AWS A5.9), adecuado para acero inoxidable austenítico		
Velocidad alimentación hilo	Raíz: 3-5 m/min	*Corriente de soldeo*	16 a 20 V
N.º de cordones	Tres cordones con movimiento recto, con la pistola orientada hacia delante (empujando) para lograr una mejor protección del gas y evitar oxidaciones en la soldadura	*Longitud hilo libre*	5-10 mm para arco cortocircuito, 10-15 para arco pulsado
Caudal de gas	10-15 litros/minuto de argón (95 %)/CO_2(5 %), 1 litro por cada mm de diámetro interior de la tobera.		
Modo de transferencia	Cortocircuito o arco pulsado.		

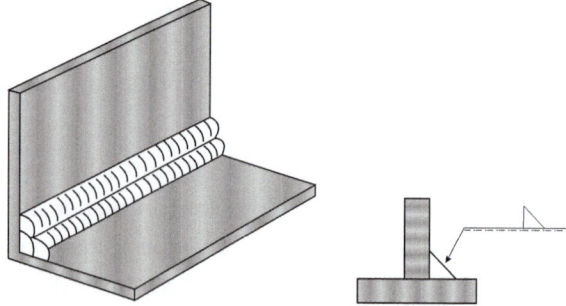

Fig. 3.30

Aplicación del arco pulsado en esta práctica

El arco pulsado es una técnica avanzada en la soldadura MIG, donde la corriente alterna entre picos altos y bajos, lo que permite que el metal fundido se transfiera en gotas controladas durante los picos, mientras los periodos de baja corriente mantienen el baño de fusión sin sobrecalentar el material.

¿Por qué usar arco pulsado en esta práctica?

Al soldar materiales delgados menores de 3 mm, el control del calor es clave para evitar perforaciones o deformaciones. El arco pulsado te ayudará a:

- **Controlar mejor la temperatura.** Reduciendo el riesgo de sobrecalentar el acero inoxidable, lo que disminuye el riesgo de perforar la chapa.

- **Mejorar la penetración.** Te permite obtener una penetración constante sin que el material base se funda demasiado.

- **Reducir las salpicaduras.** En la soldadura MIG convencional, el exceso de calor y el uso de mezclas de gases inadecuadas pueden generar salpicaduras. Con el arco pulsado, este problema disminuye considerablemente, lo que da como resultado un acabado más limpio.

Ejemplo práctico. Si aplicas el arco pulsado, notarás que puedes avanzar de manera más constante, evitando que se acumulen puntos con exceso de calor y logrando cordones más regulares en este tipo de chapas finas.

Uso del gas protector: argón con un máximo del 5 % de CO_2

En esta práctica, estamos utilizando una mezcla de argón con hasta un 5 % de CO_2. Esta mezcla es ideal para soldar acero inoxidable porque.

- **Minimiza la oxidación.** Al limitar la cantidad de CO_2, evitamos el exceso de carbono en la soldadura, que puede llevar a la oxidación del acero inoxidable y afectar su resistencia a la corrosión.

- **Mejora la estabilidad del arco.** El Argón puro (o con muy bajo CO_2) proporciona un arco más estable y controlado, lo que es fundamental al trabajar con chapas delgadas, ya que permite una fusión más suave y sin tanto sobrecalentamiento.

¿Qué pasaría si usáramos una mezcla Ar80/CO_2 al 20 %?

Si usaras una mezcla con 80 % argón y 20 % CO_2, que es más común en soldaduras de acero al carbono, tendrías los siguientes problemas al trabajar con acero inoxidable:

- **Mayor oxidación y pérdida de resistencia a la corrosión.** El alto contenido de CO_2 promovería la oxidación del material durante la soldadura, lo que afectaría negativamente la capacidad del acero inoxidable para resistir la corrosión, especialmente en aplicaciones expuestas a ambientes corrosivos.

- **Acabado deficiente.** El cordón de soldadura tendría un aspecto más áspero, con más salpicaduras y coloraciones térmicas, lo que también afectaría la calidad superficial del acero inoxidable.

- **Mayor riesgo de socavado.** La mezcla con mayor cantidad de CO_2 tiende a generar un arco más caliente y menos controlado, lo que incrementa el riesgo de perforaciones y socavados en materiales tan finos como las chapas de 1,5 mm.

Por eso, es fundamental que uses una mezcla de **argón con un máximo del 5 % de CO_2** para obtener un cordón limpio, estable y que mantenga las propiedades de resistencia a la corrosión del acero inoxidable.

Paso a paso. Corte, preparación, punteado y soldadura

1. Corte y preparación de las piezas

- **Corte de las chapas.** El acero inoxidable se puede cortar con una sierra de cinta, una radial con disco de corte o una guillotina. Asegúrate de realizar cortes limpios y precisos para evitar desalineaciones que puedan afectar la soldadura.

- **Limpieza de las piezas.** Es fundamental eliminar cualquier residuo de óxido, grasa, polvo o marcas del corte. Usa un desengrasante y pasa un cepillo de acero inoxidable (¡no uses cepillos de acero al carbono, ya que pueden contaminar el material!). Esto es especialmente importante en el acero inoxidable para evitar contaminación por óxido.

2. Punteado de las piezas

- **Alineación.** Coloca ambas chapas en un ángulo de 90°. Usa una escuadra metálica para asegurarte de que el ángulo es exacto. Las chapas deben estar completamente alineadas para evitar distorsiones durante la soldadura.

- **Realización de los puntos de soldadura.** Coloca tres o cuatro puntos a lo largo del ángulo. Para evitar deformaciones debido a la alta conductividad térmica del acero inoxidable, realiza los puntos de forma alterna, es decir, empieza en un extremo, luego el opuesto, y luego en el centro.

- **Verificación de la alineación.** Una vez punteadas, asegúrate de que las piezas se mantienen en un ángulo de 90º.

3. Proceso de soldadura

- **Configuración del equipo.** Ajusta la corriente y el caudal de gas de acuerdo con los parámetros indicados.
- **Orientación de la pistola.** Soldaremos con la pistola empujando (hacia adelante). Esta técnica ayuda a mejorar la protección del gas y minimiza las oxidaciones superficiales, un factor crítico cuando se trabaja con acero inoxidable.
- **Movimiento del cordón.** Un cordón continuo con movimiento recto. Mantén una inclinación lateral de aproximadamente 45º para asegurar una buena fusión de ambos lados de la unión en ángulo.
- **Control de la distancia del arco.** Mantén una distancia constante entre la boquilla y el material base. Un arco demasiado largo puede hacer que la soldadura tenga falta de fusión o porosidad, y un arco demasiado corto podría provocar quemaduras.
- **Velocidad de avance.** El acero inoxidable tiende a calentarse rápidamente, por lo que es importante mantener una velocidad de avance constante para evitar que el material se sobrecaliente y se deforme.

4. Parámetros sugeridos para el arco pulsado

- **Voltaje.** 16-20 V (para un arco estable y buena penetración sin sobrecalentar el material).
- **Velocidad de alimentación del hilo.** 4-6 metros/minuto (para asegurar un avance constante sin excesos de material).
- **Inductancia.** Media-alta (esto ayuda a suavizar las transiciones entre el pico y la base del arco, generando menos salpicaduras).
- **Altura de arco.** Mantén una distancia de 8-10 mm entre el electrodo y la pieza. Esto te permitirá controlar mejor el baño de fusión y evitar que el arco se vuelva inestable.
- **Frecuencia de pulso.** Frecuencia media-alta, lo que proporcionará un ciclo de pulso rápido y estable, ideal para el control en materiales delgados.

5. Evaluación y acabados

- **Inspección visual.** Una vez realizada la soldadura, inspecciona el cordón. Debe ser uniforme, sin socavados ni excesos de material. En acero inoxidable, la calidad visual del cordón es especialmente importante debido a su uso en aplicaciones estéticas o que requieren resistencia a la corrosión.

– **Limpieza final.** En el acero inoxidable, es necesario limpiar la soldadura para eliminar la posible **coloración térmica** que se forma debido al calor. Utiliza un ácido decapante adecuado para inoxidables o una máquina de limpieza electroquímica. Esto devolverá al acero su resistencia a la corrosión.

Práctica 20	Soldadura MIG con acero inoxidable		
Chapas a tope en horizontal PA (1G)			
Material base	Chapa de acero inoxidable 304L, dimensiones: 150 x 40 x 1,5 mm		
Diámetro hilo y designación	Hilo de 0,8 mm ER 308L (AWS A5.9), adecuado para acero inoxidable austenítico		
Velocidad alimentación hilo	Raíz: 3-5 m/min	*Corriente de soldeo*	14,5-17 V para corriente de pico y base
N.º de cordones	Un cordón con movimiento recto, con la pistola orientada hacia delante (empujando) para lograr una mejor protección del gas y evitar oxidaciones en la soldadura	*Longitud hilo libre*	10-15 mm para arco pulsado
Caudal de gas	10-15 litros/minuto de argón (95 %)/CO$_2$(5 %), 1 litro por cada mm de diámetro interior de la tobera.		
Modo de transferencia	Arco pulsado.		

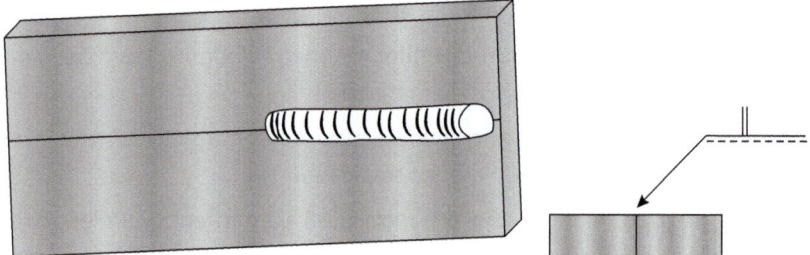

Fig. 3.31.

Paso a paso: preparación, punteado y soldadura de una unión a tope

1. Preparación de las chapas

– **Corte preciso.** El corte de chapas delgadas como las de 1,5 mm debe ser más cuidadoso para evitar deformaciones en los bordes. Puedes utilizar una guillotina o radial con disco fino, siempre asegurándote de que los bordes estén alineados correctamente.

- **Limpieza del material.** Aunque las chapas de 1,5 mm tienen menor capacidad de acumular residuos, es igualmente vital limpiar bien las superficies con un cepillo de acero inoxidable o un trapo limpio con desengrasante (como la acetona) para eliminar cualquier rastro de suciedad, grasa o contaminación que pueda afectar la calidad del cordón.

- **Alineación y ajuste.** Coloca las dos chapas enfrentadas de forma que los bordes queden perfectamente alineados. Dado que el espesor es de solo 1,5 mm, no es necesario un biselado, pero es fundamental que las piezas estén bien alineadas para evitar distorsiones. Si los bordes no están alineados correctamente, podrías acabar con un cordón inconsistente y deformaciones en la pieza final.

2. Punteado de las chapas

- **Realización de los puntos de soldadura.** Para evitar que las chapas de 1,5 mm se deformen, realiza puntos de soldadura cortos y espaciados (aproximadamente cada 40 mm) a lo largo de la unión. Es importante alternar los puntos de soldadura entre un extremo y otro para distribuir el calor de manera uniforme y evitar que las piezas se doblen por el calor concentrado.

- **Espaciado adecuado de los punteos.** En piezas delgadas, la tendencia es que los puntos de soldadura puedan crear distorsiones si están demasiado cercanos. Distribuirlos uniformemente evitará que la chapa se arquee.

3. Proceso de soldadura

Soldadura en materiales delgados. La mayor diferencia en este tipo de soldadura es que el acero inoxidable de 1,5 mm tiende a sobrecalentarse rápidamente, lo que puede generar deformaciones, perforaciones o excesos de material. Por ello, es fundamental ajustar los parámetros para un control preciso del calor.

- **Parámetros de corriente.** Ajusta la corriente, como referencia un pico de 17 y una base de 14,5 V con una frecuencia alta.

- **Técnica de soldadura.** Mantén la pistola en una posición recta, con un ángulo de inclinación mínimo (entre 5 y 10 grados) para garantizar una buena fusión en el centro de la unión. La técnica de empuje es más apropiada para este tipo de soldaduras, ya que mejora la cobertura del gas y reduce la posibilidad de oxidación.

- **Movimiento de la pistola.** En chapas de 1,5 mm, es importante usar un movimiento suave y controlado, sin balanceos exagerados. A diferencia de los espesores mayores, donde se puede permitir un movimiento más amplio, aquí es clave mantener un control preciso para evitar perforaciones o desbordamientos.

- **Control del arco y la distancia del hilo.** Mantén una longitud de hilo libre corta, unos 10 mm, para obtener una fusión adecuada sin sobrecalentar el material. Un arco demasiado largo podría generar falta de fusión o quemaduras.

- **Secuencia de soldadura.** Al trabajar con chapas delgadas, lo mejor es soldar en tramos cortos, dejando que la pieza se enfríe entre cada pasada para evitar que se deforme o que el calor acumulado provoque grietas o perforaciones.

4. Enfriamiento y acabados

- **Enfriamiento controlado.** A diferencia del acero al carbono o espesores mayores, el acero inoxidable delgado tiende a deformarse si se enfría de manera descontrolada. Puedes utilizar aire comprimido o simplemente dejar que se enfríe al aire, pero evita enfriamientos bruscos como agua o líquidos, ya que podrían generar tensiones internas.

- **Limpieza final.** Como en el caso de la unión en ángulo, el acero inoxidable tiende a cambiar de color debido al calor. Después de soldar, limpia bien la unión con una solución decapante o una máquina de limpieza electroquímica para restaurar la apariencia del acero inoxidable y evitar que la coloración térmica afecte la resistencia a la corrosión.

Consejos adicionales para chapas de 1,5 mm

- **Evita el sobrecalentamiento.** Como mencionamos antes, el acero inoxidable se calienta rápidamente, lo que genera distorsiones. Si notas que el material se deforma o empieza a mostrar signos de sobrecalentamiento, detente y deja que la pieza se enfríe antes de continuar soldando.

- **Uso de herramientas de sujeción.** Dado que las chapas delgadas tienden a deformarse, es recomendable utilizar herramientas de sujeción como pinzas o abrazaderas que mantengan las piezas en su lugar mientras se sueldan.

- **Técnica de avance rápido.** En este tipo de uniones, puede ser útil adoptar una técnica de avance rápido pero controlado. Esto permite depositar la cantidad justa de material sin generar acumulaciones innecesarias que podrían distorsionar o perforar la chapa.

- **Mantén la soldadura controlada con el arco pulsado.** Esta técnica será especialmente útil en este caso para controlar el calor y la transferencia de material sin deformar las chapas delgadas.
- **Usa la mezcla de gas correcta.** Asegúrate de utilizar Argón con bajo contenido de CO_2 para evitar problemas de oxidación y conseguir una soldadura de alta calidad.
- **Control de la temperatura.** Recuerda que el acero inoxidable es muy sensible al calor. Si notas que la pieza empieza a deformarse, es mejor hacer pausas y dejar que el material se enfríe naturalmente antes de continuar.

Conclusiones

Trabajar con chapas de 1,5 mm de acero inoxidable implica ser preciso y controlar el calor de manera cuidadosa. La principal diferencia con las chapas de mayor espesor es que no se puede acumular tanto calor en la zona de trabajo, por lo que el ritmo debe ser más pausado y controlado. Practica manteniendo el arco corto y el avance constante, y verás cómo mejoran tus resultados.

Si quieres practicar este ejercicio en un cupón tamaño homologación, las medidas mínimas (en milímetros) según UNE EN ISO 9606-1 son estas:

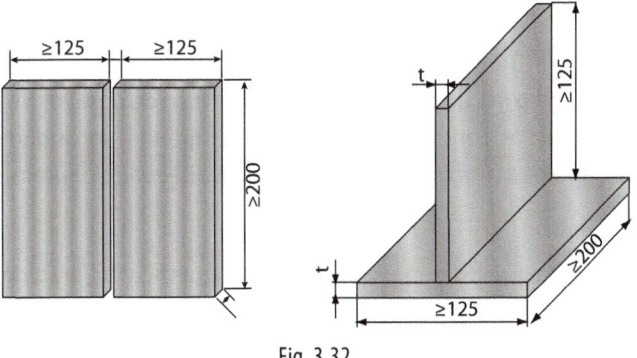

Fig. 3.32.

Protocolo de inspección del ICS para uniones a tope y ángulo con MIG MAG en acero inoxidable 304L

Para evaluar los dos cupones de soldadura realizados en acero inoxidable 304L (uno en ángulo con chapas de 3 mm y el otro a tope con chapas de 1,5 mm, ambos en posición horizontal), el Inspector de Construcciones Soldadas (ICS) debe seguir el protocolo basado en la normativa ISO 9606-1. Esta norma establece los requisitos para la calificación de soldadores y detalla los procedimientos de inspección y evaluación de las soldaduras. A continuación te detallo las inspecciones y ensayos que deberían aplicarse:

1. Inspección visual

El primer paso es una inspección visual del cordón de soldadura para verificar que no existen defectos superficiales. Esta inspección es aplicable tanto al cupón en ángulo como al de unión a tope.

- **Aspectos a verificar**
    - **Dimensiones del cordón.** En ambos casos, el cordón debe cumplir con las dimensiones especificadas en la norma (anchura y altura).
    - **Regularidad del cordón.** Se debe verificar que el cordón de soldadura sea continuo, uniforme y sin interrupciones.
    - **Defectos superficiales.** No deben existir grietas, porosidad, socavado, inclusiones de escoria ni exceso de refuerzo en el cordón.
    - **Fusión y penetración.** En el caso de la soldadura a tope, se observará la fusión completa de los bordes de las chapas. En la soldadura en ángulo, se observará la correcta fusión en la raíz de la unión.

2. Ensayo de líquidos penetrantes

En soldaduras de acero inoxidable, se recomienda el uso de ensayos no destructivos (END) como los líquidos penetrantes para detectar grietas, porosidad superficial o inclusiones no visibles a simple vista. Este ensayo es adecuado para ambos cupones.

- **Procedimiento**
    - Se aplica un líquido penetrante sobre la superficie de la soldadura.
    - Tras el tiempo de penetración, se limpia el exceso y se aplica un revelador que resaltará los posibles defectos.
    - El ICS observará si aparecen discontinuidades en la superficie soldada.

3. Medición dimensional

Para cumplir con la norma ISO 9606-1, se deben realizar mediciones precisas del cordón de soldadura:

- **Chapas de 3 mm soldadas en ángulo**
    - El inspector verificará la longitud, altura y anchura del cordón, así como la presencia de posibles socavados o refuerzos excesivos.

- La inspección dimensional también comprobará que el ángulo de 90° se ha mantenido correctamente durante el proceso de soldadura.
- **Chapas de 1,5 mm soldadas a tope**
  - La inspección se centrará en el espesor del cordón y en que no haya exceso de penetración o falta de fusión.
  - Se evaluará si la soldadura ha logrado una penetración completa en la raíz y si las dimensiones del cordón son uniformes.

4. Ensayo destructivo. Prueba de doblado (si es aplicable)

Para verificar la ductilidad y la calidad interna de la soldadura, podría requerirse una prueba de doblado. Esto es especialmente relevante para el cupón de soldadura a tope, donde la penetración y la fusión son críticas.

- **Procedimiento**
  - Se corta una muestra del cupón soldado (llamada "probeta") y se somete a una prueba de doblado.
  - El ICS puede realizar una prueba de doblado lateral o de raíz para verificar la ductilidad de la soldadura y la ausencia de defectos internos, como grietas o inclusiones de escoria.

5. Ensayo de macrografía

Este ensayo consiste en cortar una sección transversal de la soldadura y examinar la estructura interna de la unión. La macrografía permite observar la penetración, la distribución del material de aporte y posibles defectos internos.

- **Chapas de 3 mm soldadas en ángulo:**
  - Se examinará la continuidad del cordón y la correcta fusión en la raíz.
- **Chapas de 1,5 mm soldadas a tope:**
  - Se analizará la penetración completa en la raíz y la homogeneidad del cordón.

6. Inspección final y evaluación según ISO 9606-1

El ICS finalizará el proceso de inspección evaluando los resultados de todos los ensayos mencionados. Se compararán los defectos (si los hubiera) con los límites de aceptación especificados en la ISO 9606-1.

- **Aceptación del cupón de soldadura:**
  - Para que una soldadura sea aceptada, debe cumplir con los criterios de calidad del nivel B o C (dependiendo de los requisitos del cliente) de la norma ISO 5817, que es la norma de referencia para la calidad de las uniones soldadas.
  - Los defectos como grietas, porosidad, inclusiones o falta de penetración no serán aceptables en una soldadura certificada bajo ISO 9606-1.

Conclusión

El protocolo de inspección del ICS para los cupones de acero inoxidable soldado incluirá una inspección visual exhaustiva, ensayos no destructivos como los líquidos penetrantes, y eventualmente ensayos destructivos como el doblado o la macrografía, en función de los requisitos específicos del cliente.

"La fuerza no proviene de la capacidad física sino de la voluntad indomable".
Mahatma Gandhi

21. Prácticas de soldadura MIG en aluminio 5086

En los ejercicios que abordaremos a continuación, nos enfocaremos en la soldadura MIG de aluminio, utilizando la serie 5086, una aleación con magnesio que destaca por su ligereza y resistencia, siendo común en la industria naval, aeronáutica y automotriz.

Particularidades del aluminio y su soldadura con MIG

El aluminio presenta varios desafíos comparados con otros materiales. Al igual que con el TIG, el óxido de aluminio (alúmina) es un problema recurrente. Esta capa protectora tiene un punto de fusión mucho más alto que el aluminio, y su eliminación es crítica para evitar defectos en la soldadura.

Corriente y arco pulsado en la soldadura MIG de aluminio

El uso del arco pulsado en el proceso MIG ofrece varias ventajas, especialmente en aleaciones de aluminio. Esta técnica permite una mejor transferencia del material fundido, reduciendo el riesgo de porosidad y permitiendo un mayor control del calor. Este control es vital para evitar la distorsión térmica en el aluminio, que tiende a calentarse rápidamente y puede provocar deformaciones. Además, el arco pulsado es ideal para trabajar en posiciones fuera de plano, ya que evita el descuelgue del material fundido, mejorando la calidad de la soldadura en todos los ángulos.

Conductividad térmica del aluminio y control del calor

La conductividad térmica del aluminio es muy alta, lo que disipa rápidamente el calor. A diferencia de otros materiales, necesitarás una intensidad más alta para mantener el baño de fusión adecuado. Sin embargo, el riesgo de sobrecalentamiento sigue siendo un problema. Aquí es donde el arco pulsado ofrece una ventaja significativa al permitir ciclos de calor más controlados.

Importancia de la limpieza y el uso de gases nobles

La preparación del material es clave. Limpia las piezas con un desengrasante o acetona, seguido de un cepillo de acero inoxidable para eliminar la alúmina. Es fundamental utilizar argón puro o mezclado con un pequeño porcentaje de helio (si se requiere mayor penetración). No es posible usar mezclas con CO_2, ya que pueden provocar oxidación y porosidad en el aluminio, lo que afectará la calidad de la soldadura.

Comparación de mezclas de gas

- **Argón 100 %.** La opción estándar para aluminio, ofrece buena penetración y protección contra la oxidación.
- **Argón/helio.** Mejora la penetración en soldaduras más gruesas, pero requiere un ajuste en los parámetros de soldadura debido a la mayor conductividad térmica del helio.

Seguridad en la soldadura de aluminio

Trabajar con aluminio requiere que mantengas tu entorno de trabajo libre de polvo de alúmina, que es inflamable y tóxico. Usa ropa protectora y mascarilla adecuada, y asegúrate de que las piezas estén bien ventiladas durante la soldadura.

Material de aporte: 5356 vs. 4043, ¿qué esperar de uno u otro?

Cuando se suelda aluminio, elegir el material de aporte adecuado es esencial para lograr una buena soldadura. Los dos tipos de material de aporte más comunes son el 5356 y el 4043. A continuación, te explico de manera sencilla qué puedes esperar al usar cada uno y cómo elegir el adecuado para evitar problemas como poros y grietas:

1. Aleación 5356

- **¿Qué es?**

  El 5356 es un material de aporte que contiene magnesio. Es conocido por ser fuerte y resistir bien la corrosión, especialmente en ambientes húmedos o marinos.

- **Cuándo usarlo**

  - Si estás soldando aleaciones de aluminio que también contienen magnesio (como las series 5xxx), el 5356 es una buena opción.

  - Es ideal si la pieza que estás soldando necesita ser anodizada (un proceso que protege la superficie del metal y le da color), porque mantiene mejor el color.

- **Ventajas y desventajas**

  - Ventaja: menos porosidad en la soldadura.

  - Desventaja: puede ser un poco más difícil de trabajar que el 4043 en algunos casos.

2. Aleación 4043

- **¿Qué es?**

  El 4043 es un material de aporte que contiene silicio. Tiene un punto de fusión más bajo, lo que significa que se derrite más fácilmente y fluye mejor en la soldadura.

- **Cuándo usarlo**

  - Es bueno para soldar aleaciones de aluminio que contienen silicio (como las series 6xxx) y cuando necesitas que el material de aporte fluya bien para llenar espacios.

  - Es menos adecuado si piensas anodizar la pieza, porque puede cambiar el color del acabado.

- **Ventajas y desventajas:**

  - Ventaja: menos probabilidades de grietas, especialmente si estás soldando aleaciones que suelen agrietarse.

- Desventaja: puede ser más propenso a formar porosidad si no se controla bien el proceso.

3. Cómo elegir entre 5356 y 4043

- **Para evitar poros**
  - Si la resistencia a la corrosión y un buen acabado tras anodizar son importantes, elige el 5356. Pero asegúrate de limpiar bien las superficies y usar el gas de protección adecuado.
  - Si no necesitas anodizar y quieres que la soldadura fluya mejor, puedes usar el 4043, pero asegúrate de que todo esté limpio para evitar poros.

- **Para evitar grietas**
  - El 4043 es mejor para evitar grietas, especialmente en aleaciones que se agrietan fácilmente durante la soldadura.
  - El 5356 es más probable que cause problemas de grietas en general, no es tan fluido y dúctil como el 4043.

En resumen, si estás buscando resistencia y durabilidad en ambientes duros, el 5356 es tu mejor opción. Si lo que necesitas es una soldadura que fluya bien y que sea menos propensa a agrietarse, entonces el 4043 es el material adecuado. Recuerda, la elección depende del tipo de aleación que estés soldando y del resultado que quieras obtener.

Práctica 21	*Soldadura MIG en aluminio 5086*		
Ángulo en horizontal PB (2F)			
Material base	Chapa de aluminio 5086, dimensiones: 150 x 40 x 3 mm		
Diámetro hilo y designación	Hilo de 1,2 mm ER 5356 o 4043 (AWS A5.10)		
Velocidad alimentación hilo	Raíz: 3-5 m/min	*Corriente de soldeo*	16-18 V
N.º de cordones	Un cordón con movimiento recto, con la pistola orientada hacia delante (empujando) para lograr una mejor protección del gas y evitar oxidaciones en la soldadura	*Longitud hilo libre*	5-10 mm para arco cortocircuito, 10-15 mm para arco pulsado
Caudal de gas	10-15 litros/minuto de argón puro, 1 litro por cada mm de diámetro interior de la tobera.		
Modo de transferencia	Cortocircuito o arco pulsado.		

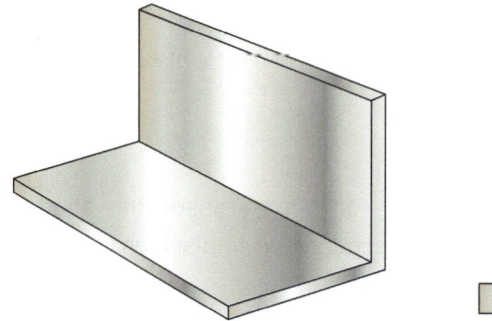
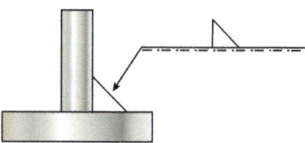

Fig. 3.33.

1. Preparación del material

El aluminio 5086, que contiene magnesio, es conocido por su buena resistencia a la corrosión y alta soldabilidad. El proceso de preparación es clave para evitar contaminaciones y defectos en la soldadura.

- **Corte de las piezas.** Puedes cortar el aluminio con una sierra de cinta o una guillotina. Asegúrate de que los cortes sean precisos y uniformes para obtener una buena alineación durante la soldadura.

- **Limpieza de las piezas.** Utiliza un desengrasante adecuado o acetona para eliminar cualquier rastro de grasa o aceite. Además, pasa un cepillo de acero inoxidable para eliminar el óxido de aluminio justo antes de soldar (alúmina), asegurándote de que no quede ninguna capa aislante en la superficie.

2. Punteado de las piezas

El punteado del aluminio es un paso esencial para evitar deformaciones debido a la alta conductividad térmica del material.

- **Alineación.** Coloca las piezas en un ángulo de 90° y utiliza una escuadra metálica para verificar que el ángulo es preciso. Es importante que las piezas estén perfectamente alineadas antes de puntear.

- **Puntos de soldadura.** Coloca tres o cuatro puntos en los extremos y el centro de la unión (por la cara trasera). Esto ayuda a evitar que el material se deforme debido al calor durante la soldadura. El aluminio tiende a expandirse y deformarse, por lo que los puntos deben ser pequeños pero firmes.

- **Verificación.** Después de puntear, vuelve a verificar la alineación de las piezas.

Manual de prácticas de soldadura y homologación de soldadores

3. Soldadura del ángulo

Una vez que el punteado está hecho, puedes proceder con la soldadura del ángulo. Aquí es donde se aplican las rampas de corriente y los parámetros específicos para arco pulsado.

Parámetros de soldadura (arco pulsado)

- **Voltaje.** 16-18 voltios para asegurar una buena fusión sin sobrecalentar el material.
- **Frecuencia de pulso.** La frecuencia más alta permite un control más preciso del baño de fusión, ideal para evitar la sobrecarga térmica en el aluminio.
- **Inductancia.** Un valor de + 1 o 2 (dependiendo del equipo) será adecuado para mantener el arco estable.
- **Altura de arco.** Mantén una distancia de 5-10 mm entre la boquilla y el material para asegurar una protección constante del gas y evitar inclusiones de oxígeno o porosidad.

Aplicación de rampas de corriente

1. Rampa inicial

- Ajusta el equipo para que aplique una rampa de corriente un 50 % mayor que la corriente de pico durante 2 segundos. Esto permite que el material se precaliente suavemente antes de entrar la corriente pulsada, lo cual es crucial para evitar grietas o deformaciones iniciales en el aluminio.

2. Soldadura

- Soldaremos en modo pulsado para mejorar el control del calor. El aluminio tiene una alta conductividad térmica, por lo que el arco pulsado ayuda a controlar la entrada de calor y minimizar las deformaciones.
- En MIG para aluminio utiliza siempre la técnica de empuje (la pistola orientada hacia adelante) para obtener una mejor protección del gas y minimizar la oxidación en la zona de soldadura.

3. Rampa final

- Al terminar el cordón, aplica una rampa que descienda hasta el 30 % de la corriente de pico durante unos 3 segundos. Esto permitirá que el material se enfríe gradualmente, evitando posibles fisuras por enfriamiento brusco y asegurando una solidificación uniforme del cordón.

Movimiento de la pistola.

- **Movimiento recto.** Mantén un movimiento recto y constante o un ligero vaivén delante y detrás, con un ángulo de inclinación lateral de unos 45°. Asegúrate de que el arco permanezca en el borde de la unión para asegurar una buena fusión en ambas piezas.

- **Control de avance.** El avance debe ser uniforme, evitando la sobrecalentamiento de la pieza y, al mismo tiempo, asegurando una fusión suficiente para que el cordón sea homogéneo y libre de porosidad.

Práctica 22	Soldadura MIG en aluminio 5086		
Chapas a tope en horizontal PA (1G)			
Material base	Chapa de aluminio 5086, dimensiones: 150 x 40 x 3 mm		
Diámetro hilo y designación	Hilo de 1,2 mm ER 5356 o 4043 (AWS A5.10)		
Velocidad alimentación hilo	Raíz: 3-5 m/min	*Corriente de soldeo*	15-17 V
N.º de cordones	Un cordón con movimiento recto, con la pistola orientada hacia delante (empujando) para lograr una mejor protección del gas y evitar oxidaciones en la soldadura	*Longitud hilo libre*	5-10 mm para arco cortocircuito, 10-15 mm para arco pulsado
Caudal de gas	10-15 litros/minuto de argón puro, 1 litro por cada mm de diámetro interior de la tobera.		
Modo de transferencia	Cortocircuito o arco pulsado.		

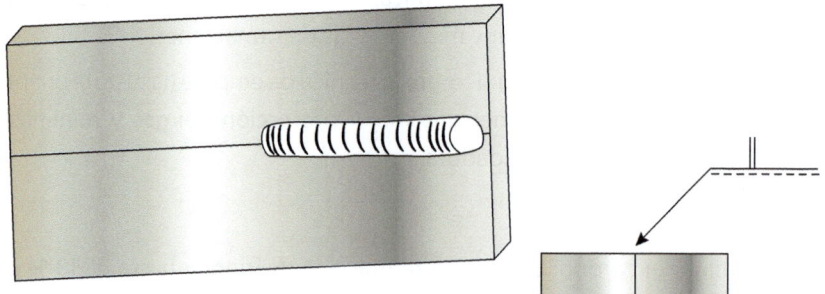

Fig. 3.34.

1. Preparación del material

- **Limpieza.** Dado que la chapa de aluminio se ensucia fácilmente y tiende a oxidarse con rapidez, es crucial limpiar ambas caras de la chapa utilizando un desengrasante adecuado o acetona. Además, debes cepillar con un cepillo de cerdas de acero inoxidable exclusivo para este material, eliminando cualquier óxido de aluminio (alúmina).

- **Sin separación.** En este caso, dado que la unión es a tope sin separación, no será necesario dejar entrehierro. El aluminio, al ser un material altamente conductor del calor, puede fundirse de manera uniforme sin separación si se controla adecuadamente la entrada de calor.

2. Punteado de las piezas

- **Alineación.** Asegúrate de que las chapas estén perfectamente alineadas y sin desalineación en el borde. El material puede deformarse rápidamente si no se maneja bien el calor, por lo que la alineación debe ser exacta.

- **Puntos de soldadura.** Realiza punteos alternos en ambos extremos y en el centro para evitar que las chapas se deformen durante la soldadura. Dado que el aluminio se expande considerablemente con el calor, los puntos de soldadura pequeños ayudarán a mantener la forma del material.

3. Parámetros de soldadura

Parámetros recomendados para arco pulsado (hilo de 1,2 mm ER 5356)

- **Voltaje.** 15-17 voltios. Mantener este voltaje ayuda a estabilizar el arco sin generar un exceso de calor que podría deformar la chapa fina.

- **Frecuencia del pulso.** Un rango alto de frecuencia en el arco pulsado permite un control más preciso del baño de fusión, especialmente en materiales tan delgados como los 2 mm. Esto también ayuda a evitar la deformación térmica.

- **Inductancia.** Un valor medio de + 1 o 2 es suficiente para mantener un arco suave y evitar que la soldadura se enfríe demasiado rápido, lo cual podría generar porosidad o falta de fusión.

- **Altura de arco.** Mantén una altura de arco de entre 8 y 12 mm para asegurar una correcta protección del gas y una fusión estable. Una distancia mayor podría generar falta de fusión, y una menor distancia podría causar quemaduras en los bordes.

Rampa de corriente

1. Rampa inicial. Al 50 % de la corriente base durante 1-2 segundos. Esto es útil para precalentar suavemente el material y reducir el riesgo de distorsión inicial o grietas. Este ajuste permite un calentamiento progresivo que ayuda a evitar la entrada de calor abrupta que podría dañar la chapa fina.

2. Rampa final. Al 50 % de la corriente base durante 2-3 segundos. Esto permite que el material se enfríe de forma gradual, evitando fisuras por enfriamiento rápido o contracción, lo que es esencial en materiales delgados.

4. Proceso de soldadura

- **Técnica de empuje.** En este caso, se recomienda soldar empujando la pistola, lo que mejorará la cobertura del gas protector y evitará la oxidación en la soldadura. El aluminio es especialmente sensible a la contaminación atmosférica, por lo que el gas debe proteger adecuadamente la zona de fusión.

- **Velocidad de avance.** Mantén una velocidad de avance constante y rápida para evitar que el material se sobrecaliente. Si te detienes demasiado tiempo en una zona, la chapa podría deformarse o perforarse.

- **Movimiento recto.** Realiza un movimiento recto y constante o un ligero vaivén delante y detrás con la pistola, asegurando que el arco se mantenga en el borde de la unión para garantizar una buena penetración sin quemaduras.

5. Apariencia del cordón de raíz

El cordón de raíz en la cara posterior debe tener las siguientes características:

- **Apariencia.** La raíz debe tener un aspecto liso, sin poros ni inclusiones visibles. En aluminio, la soldadura presenta un color brillante o mate, dependiendo del gas utilizado, pero no debe haber cambios de color que indiquen oxidación (típicamente un color negro o gris oscuro).

- **Altura de la raíz.** La altura de la raíz en la cara posterior debe ser de aproximadamente 1 a 2 mm por encima de la superficie. Esto indica que ha habido una buena penetración sin que se haya producido un exceso de material que podría provocar irregularidades.

- **Anchura de la raíz.** La anchura del cordón de raíz debería coincidir con el ancho de la unión, siendo uniforme a lo largo de toda la soldadura. Si el cordón es demasiado estrecho, esto podría ser un indicador de falta de fusión, mientras que si es demasiado ancho podría indicar un exceso de calor o una inadecuada protección del gas.

6. Posibles defectos o indicadores de contaminación

- **Porosidad.** La presencia de poros es uno de los defectos más comunes en la soldadura de aluminio. Estos poros se manifiestan como pequeñas burbujas en la raíz y son causados principalmente por la contaminación del baño de fusión con humedad, aceites o gases atmosféricos.

- **Oxidación.** Un cordón de raíz que presente un color oscuro o ennegrecido puede indicar la presencia de oxidación debido a una protección inadecuada del gas. Este defecto compromete la resistencia a la corrosión del aluminio y puede generar fisuras o grietas en el futuro.

- **Falta de penetración.** Si la raíz no es visible o apenas tiene elevación, esto sugiere que la soldadura no ha alcanzado la cara posterior, lo que puede resultar en una unión débil y poco fiable. La falta de penetración también puede ser causada por una corriente insuficiente o una velocidad de avance demasiado alta.

7. Alúmina: una barrera protectora natural

El aluminio forma naturalmente una capa de óxido de aluminio (alúmina) en su superficie, que actúa como una barrera protectora frente a la atmósfera. Esta capa es muy resistente, con un punto de fusión cercano a los 2.000 °C, mucho más alto que el punto de fusión del propio aluminio (660 °C).

La alúmina puede ser visualizada como una "barrera hermética" que encapsula el aluminio fundido, evitando que entre en contacto con el oxígeno y otros gases atmosféricos, que podrían contaminar el baño de fusión. Es como una "bolsa de plástico llena de agua", en la que el agua (el aluminio fundido) no se escapa debido a la barrera física de la bolsa (la alúmina).

Sin embargo, durante la soldadura, es necesario romper esta barrera para que el material subyacente pueda fusionarse correctamente. En procesos como el TIG y MIG, el gas inerte (argón o argón/helio) actúa como un escudo para evitar que se forme una nueva capa de óxido en el baño de fusión mientras la soldadura se está realizando. Si el gas no protege adecuadamente la zona, el oxígeno reaccionará inmediatamente con el aluminio fundido, creando óxidos y defectos en la soldadura.

Conclusión

Soldar chapas delgadas de aluminio sin separación requiere precisión en la aplicación de los parámetros y el control del calor. El uso del arco pulsado, junto con las rampas de corriente, ayuda a distribuir el calor de manera uniforme y minimizar los riesgos de deformación o grietas.

> *"Solo el metal que acepta el calor del fuego puede transformarse en una obra maestra; así también, solo quien abraza el cambio puede descubrir su verdadera fuerza".*
>
> **Los desafíos y el esfuerzo no solo moldean nuestras habilidades, sino también nuestra identidad, llevándonos a un nivel superior de comprensión y maestría.**

Protocolo de inspección del ICS para uniones a tope y ángulo con MIG en aluminio 5086

Para inspeccionar y verificar que las soldaduras en los cupones de aluminio 5086 con hilo 5356 (3 mm en ángulo y 2 mm a tope) se han realizado de manera adecuada conforme a la norma ISO 9606-2, el Inspector de Construcciones Soldadas (ICS) debe seguir un protocolo de inspección riguroso que involucra varios pasos. Este protocolo incluye tanto inspecciones visuales como ensayos destructivos y no destructivos para garantizar que las soldaduras cumplan con los requisitos de calidad esperados.

1. Inspección visual inicial

Ángulo de 3 mm y a tope de 2 mm

- **Aspecto general del cordón.** El cordón debe ser uniforme, sin salpicaduras, mordeduras, socavados ni quemaduras. La soldadura no debe presentar indicios de porosidad visible ni grietas.

- **Dimensiones del cordón.** El ancho y altura del cordón deben estar dentro de las especificaciones del WPS (Especificación del Procedimiento de Soldadura), y ser consistentes a lo largo de la unión.

- **Raíz de soldadura (en la unión a tope).** El cordón de raíz en la cara posterior debe mostrar una penetración adecuada, sin sobreespesor ni socavado. Se busca una raíz con una elevación y anchura uniformes, indicativas de buena fusión.

- **Oxidación y coloración térmica.** Debido a la naturaleza del aluminio, la protección del gas debe ser suficiente para evitar la oxidación o la coloración térmica anómala, lo que indicaría exposición a contaminantes atmosféricos.

2. Pruebas no destructivas (NDT)

Para complementar la inspección visual, se aplican los siguientes ensayos.

- **Líquidos penetrantes (PT).** En ambos cupones, especialmente en la unión a tope, se debe aplicar un ensayo de líquidos penetrantes para detectar grietas, porosidad superficial o defectos no visibles a simple vista. Este método es eficaz para identificar defectos que puedan comprometer la resistencia de la soldadura.
- **Radiografía industrial (RT).** En los cupones, y especialmente en la soldadura a tope, se puede realizar un ensayo radiográfico para detectar posibles porosidades internas, inclusiones o falta de fusión en la raíz que no sean visibles externamente. Este método es muy útil en aluminio para asegurar que no existan defectos internos que afecten la integridad de la soldadura.

3. Pruebas destructivas

Ensayo de fractura guiada (bend test)

Este ensayo es fundamental en soldaduras de cualificación según la ISO 9606-2. Se aplican en ambos tipos de cupones para evaluar la ductilidad y la resistencia de la soldadura bajo deformación.

- **Cupones de soldadura en ángulo de 3 mm.** Se selecciona una sección del cordón de soldadura y se realiza un **ensayo de flexión** para comprobar la ductilidad. La muestra se somete a una flexión sobre un mandril hasta un ángulo determinado. Si la soldadura presenta grietas, porosidad excesiva o defectos en el cordón o la raíz, se observarán durante la fractura.
- **Cupones de soldadura a tope de 2 mm.** Se realiza un ensayo de **flexión por raíz y cara**, donde el cupón es doblado tanto en la cara como en la raíz para verificar que no existan defectos como grietas o falta de fusión en la parte interna de la soldadura. Este ensayo es especialmente crítico en uniones a tope, ya que la fusión completa de la raíz es fundamental para la resistencia de la unión.

4. Medición de la penetración

En el caso de la soldadura a tope, es importante medir la profundidad de la penetración del cordón de raíz. Esto se puede hacer con un calibre (pie de rey) o un micrómetro para asegurarse de que cumple con los requisitos especificados en el WPS. Para una soldadura de 2 mm, se busca una penetración completa con un sobreespesor mínimo.

5. Pruebas adicionales (si se requiere)

Dependiendo de los requerimientos del cliente o del proyecto, se podrían realizar pruebas adicionales como.

- **Ultrasonidos (UT).** Aunque menos común en espesores finos, en algunas ocasiones se puede utilizar para verificar la integridad de la soldadura sin necesidad de destruir el cupón.
- **Micrografía.** En ciertos casos, se puede realizar un análisis metalográfico para evaluar la microestructura de la soldadura y la zona afectada térmicamente (ZAT). Esto puede ser útil para verificar si se ha mantenido una correcta temperatura de soldadura y enfriamiento en el aluminio.

6. Evaluación final y reporte

Tras completar todas las inspecciones y ensayos, el ICS redacta un informe detallado que incluye:

- Resultados de la inspección visual y no destructiva.
- Descripción de los defectos encontrados, si los hubiera.
- Resultados de los ensayos destructivos (como la flexión).
- Conclusiones sobre la conformidad de los cupones según los requisitos de la norma ISO 9606-2.

Este protocolo garantiza que las soldaduras han sido realizadas de manera correcta y cumplen con los requisitos establecidos, tanto en términos de calidad como de seguridad.

Si quieres practicar este ejercicio en un cupón tamaño homologación, las medidas mínimas (en milímetros) según UNE EN ISO 9606-2 son estas:

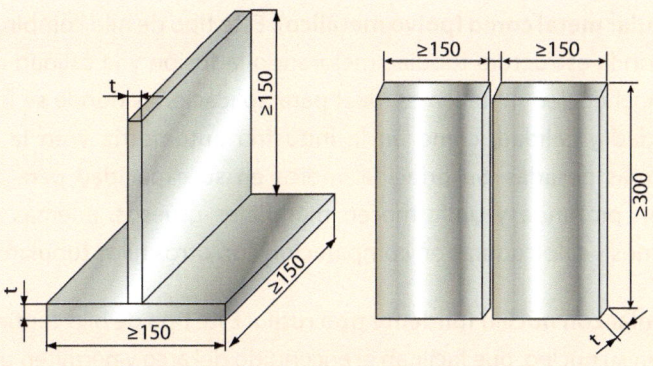

Fig.3 .35.

22. Prácticas de soldadura con alambre tubular

Historia

La soldadura con hilos tubulares ha evolucionado significativamente desde su introducción en la industria en la década de 1950. Su desarrollo respondió a la necesidad de métodos de soldadura más eficientes y versátiles que permitieran mayor rapidez y mejor calidad en condiciones variadas. En comparación con los hilos macizos, los hilos tubulares presentan una estructura interna hueca, lo que les permite contener agentes desoxidantes, escorificantes y otros componentes en su interior. Esto proporciona ventajas específicas en distintos entornos de trabajo, ampliando así sus aplicaciones.

Inicialmente, los hilos tubulares se emplearon para soldar materiales gruesos y de alta resistencia mecánica en la industria pesada, como construcción naval, petroquímica y estructuras de acero. Su capacidad para manejar espesores mayores y su facilidad de uso en posiciones difíciles los convirtieron en una opción preferida en proyectos donde la eficiencia y la calidad del cordón de soldadura eran factores críticos. Hoy en día, los avances en su diseño y composición han diversificado sus aplicaciones, haciéndolos adecuados para una amplia gama de sectores.

Tipos de hilos tubulares

Existen varios tipos de hilos tubulares, cada uno adaptado a necesidades específicas. A continuación, se presentan los principales tipos y sus características:

1. Hilo tubular metal cored (polvo metálico). Este tipo de hilo combina un núcleo metálico con la estructura tubular, mejorando la fusión y la calidad metalúrgica del cordón. El núcleo metálico es ideal para aplicaciones donde se necesita alta productividad y calidad, como en la industria automotriz y en la fabricación de estructuras pesadas. Su principal radica en su capacidad para ofrecer una penetración profunda y uniforme en materiales gruesos, además de generar menos humos y salpicaduras en comparación con otros hilos tubulares.

2. Hilo tubular con núcleo fundente tipo rutilo. Este tipo de hilo contiene agentes rutiloides en su núcleo, que facilitan el encendido del arco y permiten un charco de soldadura estable. Es popular en aplicaciones que requieren soldaduras de buena apariencia estética y una escoria de fácil remoción. Sin embargo, su penetración es menos profunda que otros tipos, lo que lo hace más adecuado para soldaduras en espesores medios o finos, así como para aplicaciones donde se requiere rapidez en la limpieza y facilidad de uso.

3. Hilo tubular con núcleo fundente tipo básico. Los hilos básicos contienen agentes desoxidantes que otorgan una mayor resistencia mecánica al cordón, siendo apropiados para aplicaciones de alta exigencia estructural. Ofrecen una mayor tolerancia a condiciones atmosféricas y de limpieza menos controladas, lo cual es ventajoso en trabajos de campo. Sin embargo, este tipo de hilo genera más escoria y requiere una mayor habilidad técnica para su uso, por lo que suele ser preferido en aplicaciones industriales donde la resistencia y la integridad del cordón son esenciales.

4. Hilo tubular autoprotegido. Como su nombre indica, estos hilos no requieren gas de protección, ya que los componentes de su núcleo generan una atmósfera protectora al quemarse. Su independencia del gas externo los hace ideales para aplicaciones en exteriores y en entornos de difícil acceso, como en la industria de la construcción y la reparación de estructuras al aire libre. Aunque ofrecen ventajas de portabilidad y facilidad de uso en el campo, el cordón tiende a ser menos estético, y la generación de humos y escoria es mayor que en otros tipos de hilos tubulares.

Características generales de los hilos tubulares

La principal característica de los hilos tubulares es su versatilidad. La estructura hueca de estos hilos permite incorporar agentes que mejoran el proceso de soldadura, adaptándose a distintas necesidades según el tipo de hilo. Algunos factores importantes a considerar son.

- **Capacidad de penetración y control del baño.** Los hilos tubulares, especialmente los de tipo metal cored y básicos, ofrecen una penetración superior y un control más estable del charco de soldadura, lo cual es esencial en uniones gruesas y en posiciones complejas.

- **Reducción de defectos y estabilidad del arco.** Los componentes internos de estos hilos ayudan a reducir la porosidad y otros defectos típicos de la soldadura, además de estabilizar el arco, lo que facilita su uso en distintas posiciones.

- **Generación de humos y escoria.** Los hilos fundentes (rutilo y básico) y los autoprotegidos producen escoria como parte del proceso, lo cual requiere limpieza entre pasadas. Además, la generación de humos puede ser alta, especialmente en el caso de los hilos autoprotegidos, lo que requiere medidas de ventilación adecuadas.

Aplicaciones generales de los hilos tubulares

Gracias a su diversidad de tipos, los hilos tubulares encuentran aplicaciones en una gran variedad de industrias:

- **Construcción naval e infraestructura pesada.** La capacidad de penetración y la resistencia de los hilos básicos y metálicos con núcleo los hace ideales para estructuras grandes y de alto esfuerzo, donde la resistencia es crucial.

- **Industria automotriz y fabricación de maquinaria.** El hilo metálico con núcleo, con su alta productividad y baja generación de escoria, es ideal para soldaduras en serie y para estructuras que requieren precisión y velocidad.

- **Construcción y reparación en exteriores.** Los hilos autoprotegidos se utilizan ampliamente en trabajos de campo, en la construcción de edificios y en la reparación de infraestructuras, donde el acceso a equipos de gas es limitado.

- **Aplicaciones de fabricación general.** Los hilos con núcleo fundente rutilo son preferidos en talleres y aplicaciones de fabricación general, donde se requiere facilidad de uso, limpieza rápida y buena apariencia del cordón.

Conclusión

La elección del tipo de hilo tubular depende de las características específicas de la aplicación y las condiciones de trabajo. Cada tipo de hilo tiene fortalezas y limitaciones que lo hacen adecuado para ciertos entornos y objetivos. A través de su evolución, los hilos tubulares han demostrado ser una herramienta fundamental en la soldadura moderna, permitiendo abordar desde trabajos delicados en talleres hasta grandes proyectos estructurales en campo. Con el conocimiento adecuado de sus propiedades, se puede maximizar el rendimiento de cada tipo de hilo para obtener un cordón de soldadura de alta calidad, adaptado a los requisitos específicos de cada proyecto.

Práctica 23	Soldadura con alambre tubular		
Ángulo en horizontal con metal cored PB (2F)			
Material base	Chapa de acero al carbono 150 x 40 x 8 mm		
Diámetro hilo y designación	1,2 mm Böhler Diamondspark 54 MC		
Velocidad alimentación hilo	6-12 m/min	Corriente de soldeo	23-25 V (consultar ficha técnica del alambre)
N.º de cordones	Tres cordones, todos con movimiento recto	Longitud hilo libre	5-10 mm
Caudal de gas	15 litros/minuto de mezcla de argón (85 %) y CO_2 (20 %).		
Modo de transferencia	Spray.		

Aunque la técnica a emplear para este caso es muy similar a la de la práctica 7 (ángulo soldado en posición horizontal con MAG e hilo macizo), a continuación se describen las ventajas e inconvenientes de la soldadura con hilo tubular tipo metal cored en comparación con dicho hilo macizo.

Ventajas

1. Mejor estabilidad del arco. El arco tiende a ser más estable y controlado en comparación con los hilos macizos, lo que permite una soldadura más uniforme y controlada.

2. Mayor penetración y uniformidad. El metal cored proporciona una penetración más regular en el acero al carbono, ideal para uniones en espesores de 8 mm.

3. Aumento en la productividad. Permite una velocidad de soldadura más rápida en comparación con hilos sólidos, lo que resulta en menos tiempo de trabajo y mayor eficiencia.

4. Reducción de las proyecciones. Menor cantidad de proyecciones en el proceso de soldadura, lo que reduce el tiempo necesario para limpieza posterior.

5 Buena limpieza metalúrgica. La escoria es mínima y se retira fácilmente, lo cual deja el cordón de soldadura limpio.

6. Menor sensibilidad a la contaminación superficial. El metal cored es menos sensible a aceites o contaminantes ligeros en la superficie, lo que facilita el trabajo en situaciones donde la preparación de la superficie no es ideal.

7. Versatilidad en posiciones. Este tipo de hilo tubular puede utilizarse en distintas posiciones de soldadura, aunque es particularmente eficaz en horizontal y plana.

Inconvenientes

1. Mayor emisión de humos. Genera más humos que los hilos macizos, lo cual requiere una ventilación adecuada o sistemas de extracción de humos para proteger al soldador.

2 Coste elevado del consumible. Los hilos metal cored suelen ser más caros que los hilos macizos, lo que incrementa el coste total del proceso de soldadura.

3. Requiere equipo adecuado. Es necesario un equipo de soldadura capaz de operar en modo de transferencia spray y, preferiblemente, con opciones de programas sinérgicos para optimizar los parámetros.

4. Mayor gasto de gas protector. El consumo de gas es mayor que en algunos procesos con hilos sólidos debido al tipo de transferencia (spray) y al tipo de hilo.

5. Técnica más exigente. Aunque se permite tanto empujar como arrastrar, la técnica de arrastre suele ser más efectiva en este caso, pero puede requerir una habilidad mayor en manos menos experimentadas.

6. Posible acumulación de escoria en posiciones no ideales. Aunque la escoria es mínima, en posiciones no ideales podría acumularse y requerir limpieza entre pasadas.

7. Riesgo de porosidad si no se ajustan bien los parámetros. La sensibilidad a la porosidad puede ser un problema si el equipo no proporciona velocidad de alimentación del hilo o corriente constante (ambos producen arco inestable). Igualmente, falta de limpieza, caudal de gas escaso o excesivo y una longitud de hilo libre excesiva pueden provocar porosidad.

Práctica 24	Soldadura con alambre tubular		
Ángulo en horizontal con flux cored tipo rutilo PB (2F)			
Material base	Chapa de acero al carbono 150 x 40 x 8 mm		
Diámetro hilo y designación	1,2 mm Böhler Diamondspark 53 RC		
Velocidad alimentación hilo	6-12 m/min	*Corriente de soldeo*	23-28 V (consultar ficha técnica del alambre)
N.º de cordones	Tres cordones, todos con movimiento recto	*Longitud hilo libre*	5-10 mm
Caudal de gas	15 litros/minuto de mezcla de argón (85 %) y CO_2 (20 %).		
Modo de transferencia	Spray.		

A continuación se describen las ventajas e inconvenientes de la soldadura con hilo tubular flux cored tipo rutilo en comparación con soldar el mismo tipo de unión con hilo macizo, metal cored o flux cored tipo básico.

Ventajas

1. Fácil de usar y controlar. El hilo flux cored rutilo proporciona una operación más suave y fácil de controlar, especialmente en posición horizontal, en comparación con los hilos macizos y los flux cored básicos. Su arco estable y suave hace que sea más amigable para soldadores con menor experiencia.

2. Buena apariencia del cordón. Genera cordones de soldadura de apariencia limpia y suave, lo que reduce el trabajo de acabado posterior en comparación con los hilos básicos, que tienden a producir más salpicaduras y escoria.

3. Mayor tolerancia a superficies contaminadas. Este tipo de hilo tiene buena tolerancia a superficies con ligeros contaminantes, como aceites o pequeñas cantidades de óxidos, en comparación con el hilo macizo, que es más sensible a las impurezas de la superficie.

4. Escoria fácil de retirar. La escoria formada es de tipo rutilo y es más fácil de retirar en comparación con la del hilo flux cored básico, lo que simplifica la limpieza y aumenta la eficiencia en la producción.

5. Menor coste de gas. Aunque requiere gas protector, su consumo de gas es menos crítico y en algunos casos puede trabajarse con mezcla estándar de CO_2/Argón, lo cual reduce los costes en comparación con los requisitos de gases más específicos de los hilos metal cored.

6. Aplicable en equipos convencionales. Este hilo puede utilizarse en equipos de soldadura que no disponen de programas sinérgicos avanzados, lo que lo hace compatible con una mayor variedad de máquinas y facilita su implementación en diferentes entornos.

Inconvenientes

1. Mayor emisión de humos. Al igual que otros hilos flux cored, produce una mayor cantidad de humos en comparación con el hilo macizo y el metal cored, lo que hace imprescindible una ventilación adecuada o sistemas de extracción para proteger la salud del operario.

2. Penetración moderada. La penetración del flux cored rutilo es menos profunda y uniforme en comparación con el hilo metal cored o el flux cored básico, lo cual puede no ser ideal para aplicaciones donde se requiere una penetración total en espesores mayores.

3. Velocidad de soldadura moderada. Aunque el flux cored rutilo permite una velocidad aceptable, no alcanza la productividad del metal cored en términos de velocidad de avance, lo cual puede ser una desventaja en proyectos donde la productividad es crítica.

4. Mayor sensibilidad a la posición de soldadura. El flux cored rutilo funciona muy bien en posiciones horizontales y planas, pero es menos eficaz en posiciones verticales y sobrecabeza en comparación con el flux cored básico, que tiene mejor rendimiento en posiciones más complicadas.

5. Coste de consumible. Aunque puede ser más económico que el metal cored, sigue siendo más caro que el hilo macizo, lo que puede elevar los costes de operación en comparación con el uso de hilo sólido en aplicaciones de soldadura donde es viable.

6. Propensión a la porosidad en condiciones adversas. Aunque tolera ciertos contaminantes superficiales, este hilo puede desarrollar porosidad si la limpieza no es adecuada o si las condiciones de gas y longitud de hilo libre no se controlan correctamente, especialmente en atmósferas con alta humedad.

7. Uso recomendado de técnica de arrastre. La técnica de arrastre (orientación de la pistola hacia atrás) es la más recomendable para este tipo de hilo en esta posición, ya que mejora el control de la escoria y la estabilidad del cordón. Sin embargo, esta técnica puede no ser la más intuitiva para soldadores menos experimentados y requiere una habilidad adicional.

Práctica 25	Soldadura con alambre tubular		
Ángulo en horizontal con flux cored tipo básico PB (2F)			
Material base	Chapa de acero al carbono 150 x 40 x 8 mm		
Diámetro hilo y designación	1,2 mm Böhler Diamondspark 52 BC		
Velocidad alimentación hilo	6-12 m/min	*Corriente de soldeo*	23-28 V (consultar ficha técnica del alambre)
N.º de cordones	Tres cordones, todos con movimiento recto	*Longitud hilo libre*	5-10 mm
Caudal de gas	15 litros/minuto de mezcla de argón (85 %) y CO_2 (20 %).		
Modo de transferencia	Spray.		

A continuación se describen las ventajas e inconvenientes de la soldadura con hilo tubular flux cored tipo básico en comparación con soldar el mismo tipo de unión con hilo macizo, metal cored o flux cored tipo rutilo.

Ventajas

1. Excelente penetración y resistencia. El flux cored básico ofrece una penetración profunda y consistente en el acero al carbono, lo cual es ideal para uniones de mayor grosor, como en este caso con la chapa de 8 mm. La soldadura resultante es altamente resistente y confiable en aplicaciones estructurales.

2. Alta limpieza metalúrgica. Este tipo de hilo produce un cordón de soldadura con una limpieza metalúrgica superior debido a la reducción de impurezas y a la menor cantidad de oxígeno atrapado. Esto resulta en una soldadura de mayor calidad en comparación con el flux cored rutilo y el metal cored.

3. Buena estabilidad del arco en condiciones difíciles. El arco es estable incluso en situaciones en las que otros hilos pueden fallar, como en posiciones de soldadura más complicadas. Aunque este caso es una posición horizontal, el hilo básico muestra esta ventaja en una variedad de posiciones.

4. Mejor rendimiento en aplicaciones de alta resistencia. Debido a sus propiedades de depósito y limpieza, el flux cored básico es preferido en aplicaciones donde la resistencia es esencial, como en construcción y soldadura estructural. Es una opción ideal en comparación con el rutilo, que es menos adecuado para exigencias de alta resistencia.

5. Escoria protectora en soldaduras exigentes. La escoria generada por el flux cored básico protege el charco de soldadura de la contaminación, y su formación es más controlada en comparación con el rutilo. La escoria puede ser un aliado en situaciones de soldadura de exigencia, proporcionando una capa de protección durante el proceso.

Inconvenientes

1. Generación de mayor escoria y dificultad para retirarla. La escoria generada por el flux cored básico es más densa y difícil de retirar en comparación con la del rutilo y el metal cored. Esto implica un mayor tiempo de limpieza, lo que puede afectar la productividad.

2. Mayor emisión de humos. El flux cored básico produce una cantidad significativa de humos y gases, más que el hilo macizo y el metal cored. Esto requiere una ventilación adecuada y puede ser un inconveniente en áreas de trabajo cerradas sin sistemas de extracción.

3. Mayor sensibilidad a la contaminación superficial. A diferencia del rutilo y el metal cored, el flux cored básico es más sensible a la presencia de contaminantes superficiales como aceites y óxidos. Es esencial preparar adecuadamente la superficie para evitar defectos de soldadura, lo cual añade un paso adicional de preparación.

4. Requiere técnica de arrastre (pistola orientada hacia atrás). Para un mejor control de la escoria y del cordón de soldadura, se recomienda usar la técnica de arrastre (orientando la pistola hacia atrás). Esto puede requerir una mayor habilidad en el operador, especialmente en posiciones de soldadura más desafiantes.

5. Coste de consumible más elevado que el rutilo y el hilo macizo. El flux cored básico suele ser más costoso que los hilos rutilo y macizo, lo que incrementa los costes de producción en comparación con estos otros hilos.

6. Requiere mayor habilidad del soldador. La soldadura con flux cored básico puede ser más compleja debido al control adicional necesario para manejar la escoria y mantener la estabilidad del cordón. Esto lo hace menos amigable para soldadores principiantes y puede requerir una capacitación adicional.

7. Velocidad de soldadura moderada. Aunque permite una buena penetración y estabilidad, el flux cored básico no ofrece la misma velocidad de soldadura que el metal cored, lo cual puede ser un inconveniente en aplicaciones donde la productividad es clave.

Práctica 26	Soldadura con alambre tubular		
Ángulo en horizontal con hilo tubular autoprotegido PB (2F)			
Material base	Chapa de acero al carbono 150 x 40 x 8 mm		
Diámetro hilo y designación	1,2 mm Böhler Diamondspark 31 NG		
Velocidad alimentación hilo	6-12 m/min	*Corriente de soldeo*	23-28 V (consultar ficha técnica del alambre)
N.º de cordones	Tres cordones, todos con movimiento recto	*Longitud hilo libre*	5-10 mm
Caudal de gas	No requiere gas protector (autoprotegido)		
Modo de transferencia	Transferencia típica de arco abierto (no aplica spray).		

Por último, se describen las ventajas e inconvenientes de la soldadura con hilo tubular autoprotegido en comparación con soldar el mismo tipo de unión con hilo macizo, con metal cored o conflux cored tipo rutilo o básico.

Ventajas

1. No requiere gas protector. Al ser autoprotegido, este hilo no necesita gas de protección externo, lo cual es ideal para trabajos en exteriores o en entornos con viento, donde el gas podría dispersarse fácilmente. Esto representa una ventaja importante frente al hilo macizo, metal cored y los flux cored que requieren gas.

2. Versatilidad en ambientes exteriores. El hilo autoprotegido es especialmente útil en entornos de trabajo donde no se pueden controlar bien las condiciones ambientales, como en exteriores o áreas de difícil acceso. Esto hace que sea preferido en aplicaciones de campo y en trabajos de mantenimiento estructural.

3. Fácil portabilidad del equipo. Al no depender de una fuente de gas, el equipo necesario es más ligero y fácil de transportar, lo cual es una ventaja en comparación con los consumibles que requieren botellas de gas, como el metal cored, los hilos flux cored o los alambres macizos convencionales.

4. Buena penetración en espesores medios. El hilo autoprotegido proporciona una penetración adecuada en espesores de hasta 8 mm, como en este caso, lo cual es comparable a la del flux cored rutilo, aunque generalmente menor que la del flux cored básico.

5. Coste operativo reducido. Al no requerir gas protector, se reducen los costos asociados al uso de cilindros de gas. Esto hace que el proceso sea más económico en comparación con el hilo macizo, metal cored y flux cored que necesitan gases de protección.

6. Aceptable tolerancia a superficies ligeramente oxidadas. El hilo autoprotegido tiene una cierta tolerancia a superficies con ligeras oxidaciones, lo que permite trabajar sin una preparación exhaustiva del material, aunque no es tan tolerante como el flux cored rutilo.

Inconvenientes

1. Mayor generación de humos y gases tóxicos. La soldadura con hilo autoprotegido genera una gran cantidad de humos y gases, mucho más que el hilo macizo y el metal cored. Esto hace que sea necesario contar con una ventilación adecuada o equipos de protección respiratoria, especialmente en espacios cerrados.

2. Calidad de cordón y apariencia menos atractiva. En comparación con el flux cored rutilo y el hilo macizo, el cordón de soldadura tiende a tener una apariencia más irregular y rugosa, lo que puede requerir un mayor trabajo de acabado y limpieza en aplicaciones donde la estética es importante.

3. Propenso a defectos por escoria. La escoria formada por el hilo autoprotegido es más difícil de manejar y retirar, en comparación con los hilos flux cored tipo rutilo. Esto puede incrementar el tiempo de limpieza y retrabajo, lo cual afecta la productividad en comparación con el rutilo y el metal cored.

4. Menor penetración que el flux cored básico. Aunque tiene una penetración aceptable, es menor en comparación con el flux cored básico, lo que lo hace menos adecuado para aplicaciones donde se requiere una soldadura de alta resistencia y penetración en materiales gruesos.

5. Limitado en posiciones de soldadura. Aunque es posible utilizarlo en posiciones planas y horizontales, el hilo autoprotegido puede ser más difícil de controlar en posiciones verticales y sobrecabeza en comparación con el flux cored básico y rutilo, lo cual lo limita en aplicaciones fuera de posición.

6. Menor velocidad de soldadura. La velocidad de soldadura es generalmente más lenta en comparación con el metal cored, lo cual puede reducir la productividad. Esto es especialmente relevante en proyectos donde la velocidad de trabajo es prioritaria.

7. Necesita técnica de arrastre para mejor control. Similar al flux cored básico, el hilo autoprotegido se maneja mejor con la técnica de arrastre para evitar defectos y controlar el cordón, lo cual puede requerir una mayor habilidad en el operador.

Práctica 27	Soldadura con alambre tubular		
Pletinas achaflanadas en "V" posición horizontal con metal cored PA (1G)			
Material base	Chapa de acero al carbono 150 x 40 x 8 mm		
Diámetro hilo y designación	1,2 mm Böhler HL 51 T MC		
Velocidad alimentación hilo	Raíz: 3-5 m/min Resto: 4-9 m/min	*Corriente de soldeo*	Raíz: 16-20 V. Resto de cordones: 18-22 V (consultar ficha técnica del alambre)
N.º de cordones	Raíz con movimiento recto, pistola orientada hacia atrás (arrastrando). Relleno y cierre con movimiento lateral	*Longitud hilo libre*	5-10 mm para arco en cortocircuito
Caudal de gas	15 litros/minuto de mezcla de argón (80 %) y CO_2 (20 %)		
Modo de transferencia	Cortocircuito.		
Biselado	35º en "V"		
Otras consideraciones	Talón de 1-2 mm, entrehierro de 2,5 mm		

A continuación, vamos a realizar la misma comparativa en el contexto de la soldadura de chapas a tope con bisel a 35º

1. Ventajas sobre el hilo macizo

–   **Menor necesidad de pasadas.** Debido a su penetración y control de arco, el hilo metal cored puede requerir menos pasadas que el hilo macizo para alcanzar la misma profundidad en uniones a tope de mayor espesor, reduciendo tiempo y esfuerzo.

- **Mayor robustez en condiciones variables.** El metal cored se adapta mejor a cambios en parámetros de alimentación y voltaje, permitiendo trabajar en condiciones menos estables sin afectar tanto la calidad del cordón, mientras que el hilo macizo es más sensible a estos cambios.

2. Ventajas sobre el hilo flux cored rutilo

- **Mejor comportamiento en soldadura de raíz.** El metal cored tiende a fusionarse mejor en la raíz en comparación con el rutilo, lo cual es esencial para uniones a tope en acero grueso, ya que permite una penetración uniforme desde el primer cordón.
- **Cordón final con menos inclusiones.** Al tener una escoria mínima, el metal cored reduce el riesgo de inclusiones de escoria en el cordón de soldadura en comparación con el flux cored rutilo, favoreciendo una mayor integridad en la unión.

3. Ventajas sobre el hilo flux cored básico

- **Menor dureza en el cordón.** El metal cored produce un cordón de soldadura con menor dureza que el flux cored básico, lo cual es beneficioso en aplicaciones que requieren cierta ductilidad en la unión, reduciendo el riesgo de fracturas por fragilidad.
- **Adecuado para soldadura sin precalentamiento.** A diferencia del flux cored básico, que puede requerir precalentamiento para evitar fisuras en ciertos aceros al carbono, el metal cored permite trabajar en condiciones estándar, ahorrando tiempo y recursos.

4. Ventajas sobre el hilo autoprotegido

- **Mayor versatilidad en aplicaciones de taller.** Aunque el hilo autoprotegido es ideal para exteriores, el metal cored es superior en un entorno controlado de taller, ofreciendo un arco más estable y una apariencia de cordón más uniforme, lo cual facilita inspecciones y control de calidad en uniones a tope.
- **Menor nivel de porosidad.** La soldadura con hilo metal cored presenta menos riesgo de porosidad en comparación con el hilo autoprotegido, especialmente en aplicaciones de alta exigencia, donde se requiere un cordón denso y libre de poros.

Inconvenientes.

1. Inconvenientes frente al hilo macizo

- **Requiere mayor ajuste de parámetros.** El metal cored, al ser un consumible más especializado, exige un ajuste más preciso de los parámetros para evitar defectos. En cambio, el hilo macizo es más tolerante a variaciones en la configuración del equipo, lo que lo hace más fácil de utilizar para operadores menos experimentados.

- **Mayor sensibilidad a los cambios en velocidad de avance.** En uniones a tope, cualquier cambio en la velocidad de avance del soldador puede afectar la fusión del metal cored más que la del hilo macizo, lo cual requiere una habilidad técnica adicional.

2. Inconvenientes frente al hilo flux cored rutilo

- **Mayor complejidad para soldar fuera de posición horizontal.** Aunque el metal cored es excelente en posición horizontal y plana, el flux cored rutilo ofrece mejor rendimiento en posiciones verticales u overhead (sobrecabeza). Esto limita el uso del metal cored en proyectos que demandan múltiples posiciones.

- **Coste-beneficio menos favorable en soldaduras de menor espesor.** Para aplicaciones de menor espesor, el flux cored rutilo puede resultar más económico y ofrecer un rendimiento adecuado sin el coste adicional de los consumibles metal cored.

3. Inconvenientes frente al hilo flux cored básico

- **Menor resistencia a la tracción.** El metal cored, si bien adecuado para muchas aplicaciones, no alcanza la resistencia a la tracción y propiedades mecánicas superiores del flux cored básico, que es más adecuado para aplicaciones estructurales críticas en uniones a tope.

- **Requiere mejor preparación de la superficie.** Mientras que el flux cored básico puede tolerar superficies menos preparadas, el metal cored necesita una superficie bien limpia y libre de contaminantes para evitar defectos, lo cual implica más tiempo de preparación.

4. Inconvenientes frente al hilo autoprotegido

- **Dependencia de gas protector en todas las aplicaciones.** A diferencia del hilo autoprotegido, el metal cored siempre necesita gas, lo cual limita su uso en exteriores o en condiciones de viento, y representa un coste adicional en entornos donde el autoprotegido puede rendir bien.

- **Menor adaptabilidad a condiciones de viento o exteriores.** El metal cored es menos versátil que el autoprotegido en trabajos al aire libre, donde la estabilidad del gas protector puede verse comprometida, mientras que el autoprotegido ofrece un rendimiento consistente en exteriores.

Práctica 28	Soldadura con alambre tubular		
Pletinas achaflanadas en "V" posición horizontal con flux cored tipo rutilo PA (1G)			
Material base	Chapa de acero al carbono 150 x 40 x 8 mm		
Diámetro hilo y designación	1,2 mm Böhler Ti 52 T FD (HP)		
Velocidad alimentación hilo	Raíz: 3-5 m/min. Resto: 4-9 m/min	Corriente de soldeo	Raíz: 16-20 V. Resto de cordones: 18-22 V (consultar ficha técnica del alambre)
N.º de cordones	Raíz con movimiento recto (arrastrando). Relleno y cierre con movimiento lateral	Longitud hilo libre	5-10 mm para arco en cortocircuito
Caudal de gas	15 litros/minuto de mezcla de argón (80 %) y CO_2 (20 %)		
Modo de transferencia	Cortocircuito.		
Biselado	35º en "V"		
Otras consideraciones	Talón de 1-2 mm, entrehierro de 2,5 mm		

Ventajas del hilo flux cored tipo rutilo aplicadas a este tipo de unión en comparación con otros tipos de hilo.

1. Ventajas sobre el hilo macizo

- **Mejor retención del charco de soldadura en espesores gruesos.** El flux cored rutilo ofrece mayor control y retención del charco en uniones a tope de mayor espesor, como en este caso de 8 mm, permitiendo que el operador tenga mejor visibilidad y control en comparación con el hilo macizo.

- **Reducción de salpicaduras en condiciones de cortocircuito.** Este tipo de hilo genera menos salpicaduras al soldar en modo de transferencia por cortocircuito, lo cual contribuye a un ambiente de trabajo más limpio y eficiente en comparación con el hilo macizo.

2. Ventajas sobre el hilo metal cored

- **Mayor facilidad para rectificar defectos en la raíz.** Si se presentan defectos en la raíz en uniones a tope, el flux cored rutilo permite una corrección más sencilla debido a su capacidad para fundirse bien en cordones de reparación. Esto lo hace ideal para trabajos de ajuste donde el metal cored puede ser menos flexible.

- **Mejor adaptabilidad para soldaduras intermitentes.** El flux cored rutilo es más adecuado para aplicaciones que requieren soldaduras intermitentes en la misma unión a tope, ya que ofrece una reiniciación del arco más estable, mientras que el metal cored puede ser más inestable al reiniciar en modo de cortocircuito.

3. Ventajas sobre el hilo flux cored básico

- **Mayor rapidez de encendido del arco.** El flux cored rutilo enciende el arco de manera rápida y estable, lo que facilita el trabajo en uniones a tope con múltiples puntos de inicio y parada, en comparación con el flux cored básico, que puede ser más difícil de encender de manera constante.

- **Mejor tolerancia a variaciones en la velocidad de avance.** El flux cored rutilo es menos sensible a cambios en la velocidad de avance del soldador, lo que permite realizar pasadas más uniformes sin defectos, incluso si el operador no mantiene una velocidad constante, a diferencia del flux cored básico, que requiere una técnica más precisa.

4. Ventajas sobre el hilo autoprotegido

- **Mayor calidad estética en el cordón.** En uniones a tope, el flux cored rutilo produce un cordón de soldadura con mejor acabado y apariencia estética en comparación con el autoprotegido, lo cual es beneficioso en aplicaciones donde la apariencia de la soldadura es importante.

- **Menor sensibilidad a condiciones de temperatura.** Este tipo de hilo es más resistente a variaciones de temperatura durante el proceso de soldadura, permitiendo un control más estable del arco en uniones a tope largas o en condiciones ambientales fluctuantes, lo cual es menos manejable con el autoprotegido.

Inconvenientes

1. Inconvenientes frente al hilo macizo

- **Mayor consumo de gas protector.** El flux cored rutilo requiere una cantidad de gas protector estable y constante para mantener la calidad del cordón en uniones a tope, lo que incrementa el consumo de gas en comparación con el hilo macizo, que puede funcionar bien con un flujo de gas más reducido.

- **Mayor riesgo de defectos por humedad ambiental.** Este hilo es más sensible a la humedad en el ambiente, lo que puede afectar la calidad del cordón en condiciones de alta humedad, generando porosidad en el cordón. En cambio, el hilo macizo es menos sensible a estas condiciones.

2. Inconvenientes frente al hilo metal cored

Menor eficiencia en la fusión de bordes biselados. Aunque el flux cored rutilo permite un buen control del charco, el metal cored se fusiona mejor en bordes biselados, logrando una soldadura más uniforme y completa en uniones a tope con preparación en "V" que requieren alta penetración.

- **Limitada capacidad para aplicaciones de alta resistencia estructural.** En uniones que deben soportar cargas estructurales elevadas, el flux cored rutilo no alcanza la resistencia mecánica del metal cored, lo cual puede ser una limitación en proyectos estructurales.

3. Inconvenientes frente al hilo flux cored básico

- **Menor capacidad para tolerar contaminantes metálicos.** A diferencia del flux cored básico, que tolera mejor los óxidos y contaminantes en el metal base, el flux cored rutilo necesita una superficie más limpia para evitar defectos en la unión a tope, lo cual implica un paso adicional de preparación.

- **Menor adaptabilidad en soldadura fuera de posición.** Aunque el flux cored rutilo es adecuado en posición horizontal, su rendimiento disminuye en posiciones de soldadura fuera de posición, especialmente en uniones a tope, donde el flux cored básico ofrece mayor estabilidad y control en posiciones verticales o bajo techo.

4. Inconvenientes frente al hilo autoprotegido

- **Mayor tiempo de configuración debido al uso de gas protector.** Al necesitar gas protector, el flux cored rutilo requiere una configuración y ajuste del flujo de gas, lo cual incrementa el tiempo de preparación en comparación con el autoprotegido, que puede usarse inmediatamente en entornos sin acceso a gas.

- **Dependencia de un entorno controlado para evitar defectos.** El flux cored rutilo es más adecuado para ambientes de taller controlados, donde el viento y otros factores externos no afectan la protección del arco, mientras que el autoprotegido es mucho más flexible para ambientes exteriores.

Práctica 29	Soldadura con alambre tubular		
Pletinas achaflanadas en "V" posición horizontal con flux cored tipo básico PA (1G)			
Material base	Chapa de acero al carbono 150 x 40 x 8 mm		
Diámetro hilo y designación	1,2 mm Böhler KB 46 T FD		
Velocidad alimentación hilo	Raíz: 3-5 m/min. Resto: 4-9 m/min	Corriente de soldeo	Raíz: 16-20 V. Resto de cordones: 18-22 V (consultar ficha técnica del alambre)
N.º de cordones	Raíz con movimiento recto (arrastrando). Relleno y cierre con movimiento lateral	Longitud hilo libre	5-10 mm para arco en cortocircuito
Caudal de gas	15 litros/minuto de mezcla de argón (80 %) y CO_2 (20 %)		
Modo de transferencia	Cortocircuito.		
Biselado	35º en "V"		
Otras consideraciones	Talón de 1-2 mm, entrehierro de 2,5 mm		

Ventajas

1. Ventajas sobre el hilo macizo

- **Alta resistencia mecánica.** El flux cored básico proporciona mayor resistencia a la tracción y dureza en el cordón de soldadura en comparación con el hilo macizo. Esto lo hace ideal para aplicaciones estructurales críticas en uniones a tope, donde se requiere una mayor capacidad de carga.

- **Excelente fusión en metales gruesos.** En espesores de 8 mm o superiores, el flux cored básico asegura una fusión completa en las uniones a tope, especialmente en la raíz, donde el hilo macizo podría tener dificultades para penetrar de manera uniforme.

2. Ventajas sobre el hilo metal cored

- **Mayor tolerancia a la contaminación del metal base.** El flux cored básico es menos sensible a la presencia de óxidos o contaminantes en la superficie del metal base, lo cual facilita la preparación de la pieza, especialmente en proyectos donde el tiempo es limitado y no se puede realizar una limpieza exhaustiva.

- **Capacidad para soldar en múltiples posiciones.** Aunque estamos en una posición horizontal (PA/1G), el flux cored básico ofrece un mejor rendimiento en otras posiciones (verticales o sobrecabeza) en comparación con el metal cored, lo que lo hace versátil para proyectos que incluyen múltiples configuraciones.

3. Ventajas sobre el hilo flux cored rutilo

- **Menor susceptibilidad a defectos por alta temperatura.** El flux cored básico tiene un mejor comportamiento en condiciones de alta temperatura y reduce la posibilidad de fisuras en la soldadura, lo cual es una ventaja en uniones a tope que deben soportar cargas térmicas o mecánicas importantes.

- **Cordón de soldadura con mejor comportamiento ante el impacto.** Este tipo de hilo produce un cordón de mayor dureza y resistencia al impacto, ideal para aplicaciones que requieren resistencia mecánica adicional, mientras que el flux cored rutilo tiende a ser más frágil en comparación.

4. Ventajas sobre el hilo autoprotegido

- **Mejor calidad en el acabado del cordón.** En un entorno controlado con gas de protección, el flux cored básico genera un cordón de soldadura más uniforme y con menor porosidad en comparación con el autoprotegido, lo cual mejora la integridad de la unión a tope.

- **Menor dependencia de la técnica de soldadura.** El flux cored básico tolera variaciones menores en la técnica del soldador sin afectar la calidad del cordón, mientras que el autoprotegido requiere un control más preciso para evitar defectos en uniones críticas.

Inconvenientes

1. Inconvenientes frente al hilo macizo

- **Mayor generación de escoria y necesidad de limpieza entre pasadas.** El flux cored básico produce más escoria que el hilo macizo, lo cual requiere una limpieza adicional entre las pasadas para evitar inclusiones en la soldadura, aumentando el tiempo de trabajo.

- **Menor facilidad para trabajos de soldadura de acabado estético.** Este hilo tiende a dejar un acabado menos estético que el hilo macizo, lo cual puede ser una desventaja en aplicaciones donde la apariencia es importante y se busca un cordón limpio y liso.

2. Inconvenientes frente al hilo metal cored

- **Mayor generación de humos y partículas.** El flux cored básico produce más humos en comparación con el metal cored, lo cual puede requerir medidas de ventilación adicionales y protección para el soldador, especialmente en espacios cerrados.

- **Mayor sensibilidad a la variación en parámetros.** Aunque ofrece buena tolerancia en cuanto a contaminantes en la superficie, el flux cored básico requiere un ajuste preciso de voltaje y velocidad para evitar defectos, a diferencia del metal cored que es más estable ante variaciones menores.

3. Inconvenientes frente al hilo flux cored rutilo

- **Menor control del charco de soldadura en posiciones horizontales.** Aunque es adecuado para aplicaciones estructurales, el flux cored básico puede resultar más difícil de controlar en posición horizontal en comparación con el rutilo, lo cual puede requerir un nivel de habilidad mayor para evitar defectos.

- **Mayor susceptibilidad a las proyecciones.** En condiciones de transferencia por cortocircuito, el flux cored básico tiende a generar más proyecciones que el flux cored rutilo, lo que incrementa el tiempo de limpieza y puede afectar el acabado final del cordón.

4. Inconvenientes frente al hilo autoprotegido

- **Requiere gas protector.** A diferencia del autoprotegido, el flux cored básico necesita un gas protector, lo cual incrementa los costos operativos y limita su uso en exteriores donde el viento puede afectar la estabilidad del gas.

— **Menor portabilidad del equipo.** Al requerir gas, el equipo necesario para el flux cored básico es menos portátil y más difícil de manejar en entornos de difícil acceso, en comparación con el autoprotegido que no depende de gas.

Práctica 30	Soldadura con alambre tubular		
Pletinas achaflanadas en "V" posición horizontal con alambre tubular autoprotegido PA (1G)			
Material base	Chapa de acero al carbono 150 x 40 x 8 mm		
Diámetro hilo y designación	1,2 mm Böhler TI 52 NG T FD		
Velocidad alimentación hilo	Raíz: 3-5 m/min. Resto: 4-9 m/min	Corriente de soldeo	Raíz: 16-20 V. Resto de cordones: 18-22 V (consultar ficha técnica del alambre)
N.º de cordones	Raíz con movimiento recto (arrastrando). Relleno y cierre con movimiento lateral	Longitud hilo libre	5-10 mm para arco en cortocircuito
Caudal de gas	15 litros/minuto de mezcla de argón (80 %) y CO_2 (20 %)		
Modo de transferencia	Cortocircuito.		
Biselado	35° en "V"		
Otras consideraciones	Talón de 1-2 mm, entrehierro de 2,5 mm		

Aquí tienes las ventajas e inconvenientes del hilo tubular autoprotegido en la soldadura de uniones a tope en comparación con otros tipos de hilo.

Ventajas

1. Independencia del gas protector (frente al hilo macizo, metal cored, flux cored rutilo y flux cored básico). No necesita gas de protección, lo cual facilita su uso en exteriores, en condiciones de viento o en áreas remotas sin acceso fácil a gas, siendo ideal para trabajos de campo.

2. Portabilidad y simplicidad del equipo (frente al hilo macizo, metal cored, flux cored rutilo y flux cored básico). Al no requerir equipo de gas, es más liviano y fácil de transportar. Esto lo hace más conveniente para aplicaciones en obra o en ubicaciones de difícil acceso.

3. Mayor tolerancia a condiciones de preparación menos rigurosas (frente al fundente rutilo y el hilo macizo). Tolera mejor las superficies que no están perfectamente limpias, lo cual facilita la preparación de piezas en ambientes industriales o en obra donde la limpieza de superficies puede ser limitada.

4. Mayor adaptabilidad a condiciones ambientales difíciles (frente al flux cored básico). Es menos sensible a la humedad y corrientes de aire, permitiendo mayor estabilidad en entornos exteriores. Esto es beneficioso en ambientes donde las condiciones no son controlables.

Inconvenientes

1. Mayor generación de humos y proyecciones (frente al hilo macizo y metal cored). Genera más humos y proyecciones, lo cual requiere ventilación adecuada en espacios cerrados y puede dificultar la visibilidad del charco de soldadura, aumentando los riesgos de trabajo.

2. Menor calidad estética del cordón (frente al hilo macizo). Deja un cordón más áspero y menos estético, lo cual puede no ser ideal en aplicaciones donde la apariencia es importante, como en uniones visibles.

3. Menor penetración en la raíz (frente al metal cored y flux cored básico). Tiene menor capacidad de penetración y fusión completa en la raíz, lo cual puede ser una desventaja en uniones a tope en espesores mayores o aplicaciones estructurales críticas que requieren resistencia mecánica.

4. Escoria más densa y mayor esfuerzo de limpieza (frente al flux cored rutilo). La escoria generada es más densa y difícil de remover, lo cual aumenta el tiempo y esfuerzo de limpieza entre pasadas en uniones a tope, afectando la velocidad de producción.

5. Limitada penetración y control en aplicaciones críticas (frente al flux cored básico). Aunque es adecuado para aplicaciones menos exigentes, el autoprotegido no es ideal para uniones que requieren alta resistencia estructural, donde el núcleo de flujo básico proporciona mayor seguridad.

23. Defectos comunes en la soldadura MIG/MAG

La soldadura MIG/MAG es un proceso muy útil, pero a veces pueden aparecer defectos en los cordones de soldadura que afecten la calidad del trabajo. Estos problemas pueden surgir por una variedad de razones, como una configuración incorrecta del equipo, una técnica de soldadura inadecuada o condiciones ambientales que no son ideales. A continuación, te explicamos algunos de los defectos más comunes que podrías encontrar al soldar con MIG/MAG, junto con consejos para identificarlos y solucionarlos.

1. Porosidad

– **¿Qué es?**

La porosidad aparece cuando hay pequeñas burbujas atrapadas dentro del cordón de soldadura. Estas burbujas se forman cuando los gases no tienen tiempo de escapar antes de que el metal se solidifique.

– **¿Por qué ocurre?**

- La superficie del material o el alambre de soldadura están sucios.
- El flujo de gas protector no es el adecuado.
- Hay corrientes de aire que desplazan el gas protector.
- Las piezas están húmedas o tienen óxido.

– **¿Cómo evitarla?**

- Limpia bien el material base y el alambre antes de comenzar a soldar.
- Ajusta el flujo de gas protector según el diámetro de la tobera y las condiciones en las que estés trabajando.
- Evita soldar en áreas con viento; si es necesario, usa pantallas para proteger la zona de soldadura.
- Utiliza hilos que ayuden a reducir la oxidación si estás soldando aceros al carbono.

2. Socavados o mordeduras

– **¿Qué es?**

Las mordeduras son depresiones o huecos en el borde del cordón de soldadura, donde el metal base ha sido erosionado o no se ha llenado bien.

– **¿Por qué ocurre?**

- La corriente de soldadura es demasiado alta.
- La velocidad con la que avanzas el alambre o la antorcha es inadecuada.
- Estás utilizando un ángulo incorrecto de la antorcha.

– **¿Cómo evitarlos?**

- Reduce la corriente de soldadura para evitar que se derrita demasiado el metal base.
- Ajusta la velocidad de avance para asegurarte de que el cordón se llene correctamente.

- Mantén la antorcha en un ángulo adecuado (generalmente entre 10° y 15°) para que el metal de aporte se distribuya de manera uniforme.

3. Inclusiones de escoria

- ¿Qué es?

  Las inclusiones de escoria son partículas no metálicas que quedan atrapadas en el cordón de soldadura. Este problema es más común cuando se usan hilos tubulares que generan escoria.

- ¿Por qué ocurre?
  - No limpiaste bien entre las pasadas de soldadura.
  - Avanzas muy despacio, permitiendo que la escoria se mezcle con el metal fundido.
  - Estás utilizando un ángulo incorrecto de la antorcha.

- ¿Cómo evitarlas?
  - Limpia bien cada pasada de soldadura antes de continuar con la siguiente.
  - Aumenta la velocidad de avance para evitar que la escoria se mezcle con el baño de fusión.
  - Mantén la antorcha en un ángulo que dirija la escoria lejos del cordón.

4. Falta de fusión

- ¿Qué es?

La falta de fusión sucede cuando el metal de aporte no se fusiona correctamente con el material base o con las pasadas anteriores, lo que da como resultado un cordón débil.

- ¿Por qué ocurre?
  - La corriente es demasiado baja.
  - Avanzas demasiado rápido con la antorcha.
  - El ángulo de la antorcha no es el adecuado.

- ¿Cómo evitarla?
  - Aumenta la corriente para asegurarte de que el metal se funda bien.
  - Reduce la velocidad de avance para darle al arco el tiempo suficiente para fusionar los metales.
  - Asegúrate de que la antorcha esté en el ángulo correcto, ajustándola según la posición de la soldadura.

Soluciones prácticas para prevenir y corregir defectos

1. Ajuste de parámetros de soldadura

- **Corriente.** Asegúrate de que la corriente esté bien ajustada según el espesor del material y el tipo de soldadura que estés realizando. Una corriente demasiado alta puede causar socavados, mientras que una corriente baja puede provocar falta de fusión.

- **Velocidad de avance.** La velocidad con la que mueves la antorcha y el alambre debe estar en equilibrio con la corriente para asegurar que el cordón se llene correctamente y no se produzcan defectos. Avanza siempre por delante del baño de fusión.

- **Caudal de gas.** Ajusta el flujo de gas según el diámetro de la tobera y las condiciones en las que estés trabajando para asegurar que el baño de fusión esté bien protegido.

2. Técnica de soldadura

- **Ángulo de la antorcha.** Mantén la antorcha en el ángulo adecuado, generalmente entre 10° y 15°, para asegurar que el metal de aporte se distribuya uniformemente en el cordón.

- **Movimiento de la antorcha.** Usa un movimiento constante y controlado para evitar fluctuaciones en el baño de fusión que puedan causar defectos.

- **Limpieza entre pasadas.** Limpia bien cualquier escoria o contaminante entre las pasadas de soldadura para evitar inclusiones y asegurar una buena fusión entre las capas de metal.

3. Control ambiental

- **Pantallas de viento.** Si estás soldando en un lugar con corrientes de aire, utiliza pantallas para proteger la zona de soldadura y evitar que el gas protector se disperse.

- **Precalentamiento.** Si estás trabajando con materiales gruesos o en un entorno frío, precalentar la pieza puede ayudar a evitar grietas y problemas de fusión.

4. Mantenimiento del equipo

- **Puntas de contacto y tobera.** Mantén las puntas de contacto y la tobera limpias y en buen estado para asegurar un flujo constante de corriente y gas.

- **Rodillos y alimentador de hilo.** Verifica que los rodillos estén ajustados correctamente para evitar problemas en la alimentación del hilo que puedan afectar la soldadura.

Conclusión

Identificar y corregir los defectos en la soldadura MIG/MAG es esencial para cualquier soldador. Comprender las causas de cada defecto y cómo ajustar los parámetros y la técnica para corregirlos no solo mejora la calidad de la soldadura, sino que también ahorra tiempo y reduce la necesidad de hacer correcciones. Con práctica y atención a los detalles, puedes minimizar estos problemas y obtener cordones de soldadura fuertes, duraderos y de alta calidad.

> *"Experto es quien ha cometido todos los errores posibles en un campo determinado".* **Niels Bohr.**
>
> *"A veces la persona que nadie imagina capaz de nada es la que hace cosas que nadie imagina".* **Alan Turing**

 Facultad de Soldadura

Capítulo 4
Soldadura oxigás

Crecimiento personal. "El bambú y el roble"

En una tormenta, un gran roble se rompió por el viento, pero el bambú permaneció en pie, inclinándose con cada ráfaga. Al día siguiente, el bambú susurró al roble caído: "La fuerza no siempre está en resistir, sino en saber adaptarse y crecer con lo que nos ofrece la vida".

Como el bambú, crece en flexibilidad, y encontrarás fortaleza en cada paso del camino.

Introducción a la soldadura oxigás

La soldadura oxigás consiste en la unión permanente de dos piezas metálicas mediante la fusión total provocada por el calor generado por una llama, producto de la combustión de un gas con oxígeno. Puede realizarse con o sin varilla de aportación.

1. Origen histórico de la soldadura oxigás

La soldadura oxigás, aunque es un proceso veterano, sigue siendo ampliamente utilizada en trabajos como:

- Chapa fina.
- Soldadura de tuberías para instalaciones de baja presión.
- Cerrajería artística.

Este método requiere habilidad, paciencia y sensibilidad para dominarlo, ya que no es compatible con la prisa.

El soldeo por llama fue el primero en ser incorporado a la industria, cuando la tecnología permitió almacenar los gases necesarios de manera segura. En 1901 se presentaron los primeros sopletes oxiacetilénicos y, para 1916, este proceso ya se utilizaba en la soldadura de acero, aluminio, latón, fundición y cobre (previamente desoxidado).

2. Fundamentos de la soldadura oxigás

El equipo necesario será:

- Botellas de gas carburante y oxígeno.
- Mangueras específicas para oxígeno y gas carburante.
- Manorreductores para cada gas.
- Válvulas antirretroceso de seguridad.
- Encendedor de cazoleta (sin llama).
- Escariadores para limpieza de boquillas.
- Soplete para soldadura (o para corte).
- Boquillas de distintos caudales.
- Varillas de aportación.
- Pantalla de soldadura o gafas oscuras específicas para autógena.

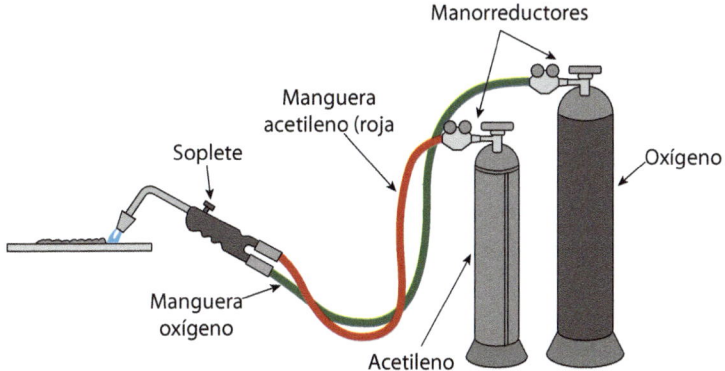

Fig. 4.1.

3. Gases utilizados

- **Oxígeno.** Gas comburente que alimenta la combustión, aumentando la temperatura de la llama.
- **Gas combustible (principalmente acetileno).**
  - Obtenido del carburo de calcio mezclado con agua, generando acetileno y cal como residuo.
  - Un kilo de carburo produce aproximadamente 300 litros de acetileno.
  - Otros gases como propano, butano o propileno pueden usarse, aunque generan llamas con características diferentes.

4. Mangueras y válvulas antirretroceso

Mangueras

- **Oxígeno.** Azul o verde, con rosca a derechas.
- **Acetileno.** Roja, con rosca a izquierdas.
- Fabricadas en caucho resistente al calor y corte.

Válvulas antirretroceso

- Evitan que la llama retroceda hacia las botellas.
- Se instalan en la salida del manorreductor y en la unión con la antorcha.

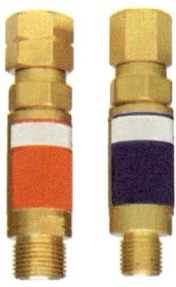

Fig. 4.2.

5. Manorreductores

Específicos para cada gas, con roscas diferentes para evitar confusiones.

> **Importante**
>
> **¡Nunca engrases un manorreductor ni la rosca de la botella! El contacto del lubricante con oxígeno o acetileno puede ser extremadamente peligroso.**

6. Encendedor de cazoleta

Usar encendedores de chispas en lugar de mecheros para evitar accidentes.

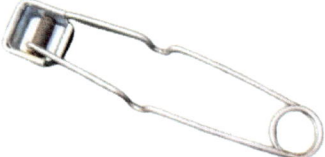

Fig. 4.3.

7. Soplete, boquillas y escariadores

- **Soplete.** Dos grifos. rojo para acetileno, azul o verde para oxígeno.
- **Boquillas.** Desmontables, de diferentes tamaños (40 a 400 l/h). Mantener siempre limpias con escariadores, usándolos únicamente con las boquillas frías.

Fig. 4.4.

8. Varillas de aportación

Diámetros: 1,6 mm a 6 mm.

Longitud estándar: 1 metro.

Pueden contener desoxidantes y aleantes para mejorar las propiedades de la soldadura.

9. Pantalla de soldadura / gafas oscuras

Grado de oscuridad recomendado: DIN 5-6.

Se recomienda una pantalla que cubra todo el rostro.

10. Regulación de la llama del soplete

Procedimiento paso a paso

1. **Inspección:**

   - Verifica el estado de las mangueras (sin cortes ni quemaduras).

   - Abre las botellas y ajusta la presión indicada en el manorreductor.

2. **Encendido:**

   - Abre ligeramente el grifo de acetileno y enciende con el encendedor de chispas.

   - Ajusta el flujo de acetileno hasta obtener una llama uniforme.

3. **Regulación:**

   - Abre el oxígeno lentamente hasta que la llama forme un dardo brillante y un penacho uniforme: llama neutra.

   - La llama neutra es ideal para soldar acero y emite CO_2 como gas protector.

4. **Correcciones:**

   - **Llama carburante.** Exceso de acetileno, útil para soldar fundición de hierro.

   - **Llama oxidante.** Exceso de oxígeno, adecuada para soldar latón.

5. **Enfriamiento y limpieza:**

   - Si la boquilla se calienta o se obstruye, refrigérala en un cubo metálico con agua.

   - Usa el escariador adecuado para eliminar atascos.

6. **Apagado:**

   - Cierra primero el grifo del acetileno y luego el del oxígeno.

7. Seguridad:

– Durante el uso, asegúrate de que el soplete esté en un lugar seguro, lejos de materiales inflamables.

> **Importante**
>
> **La llama neutra alcanza temperaturas superiores a 3.000 ºC y su brillo puede dañar la vista. Nunca subestimes sus riesgos y utiliza siempre la protección adecuada.**

11. Prácticas

Práctica 1	Soldadura oxiacetilénica		
Primeros cordones en posición horizontal PA (1G)			
Material base	Dos chapas de acero al carbono 100 x 30 x 1,5 mm		
Varilla de aportación	1,6 mm para acero al carbono		
Boquilla	160 litros/hora	*Presión de oxígeno*	Según indicaciones del fabricante de la boquilla
N.º de cordones	Uno, con movimiento recto	*Presión de acetileno*	Según indicaciones del fabricante de la boquilla
Sentido del avance	El soplete hacia delante o detrás		
Grado de oscuridad del cristal de las gafas o la pantalla de protección		N.º 5	

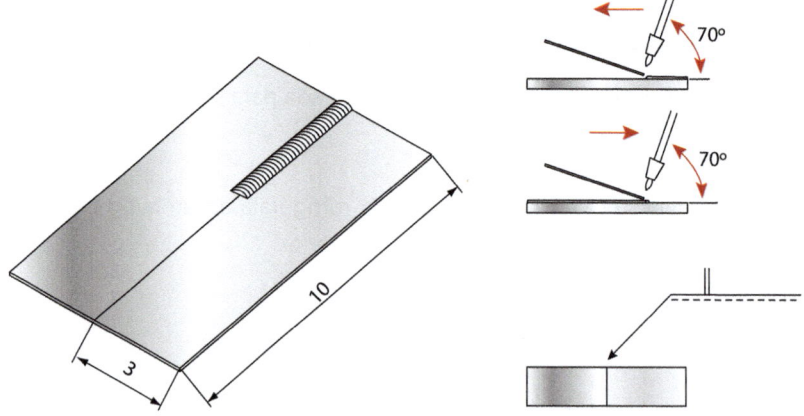

Fig. 4.5.

1. Preparación del material y el equipo

- **Corta las chapas** con las dimensiones indicadas y **lima las rebabas** que puedan quedar tras el corte.

- Limpia bien las chapas con un paño para eliminar cualquier resto de grasa o suciedad.

- Verifica que la **boquilla del soplete** es la adecuada para el ejercicio y revisa que las **mangueras** no tengan cortes, grietas ni daños.

- Abre las botellas de gas y ajusta las presiones en los manorreductores según las indicaciones.

2. Encendido y regulación de la llama

- Abre ligeramente el grifo del acetileno y enciende la llama con el **encendedor de cazoleta**.

- Gradualmente, abre el oxígeno hasta obtener una **llama neutra**, que se caracteriza por la unión del dardo y el penacho.

- Asegúrate de mantener siempre la llama regulada; si se pierde la neutralidad (aparece exceso de penacho), ajusta nuevamente el oxígeno y el acetileno.

3. Punteado de la unión

- Limpia las varillas de aportación con un paño antes de comenzar.

- Coloca las chapas a tope (sin separación) y alinéalas perfectamente.

- Realiza **cinco puntos de soldadura** equidistantes a lo largo de la junta para mantener las chapas en su lugar.

4. Técnica de soldadura

- Sostén el soplete con un ángulo de inclinación de **20° a 40°** respecto a la chapa, dependiendo de la penetración deseada.

- Dirige el calor del **dardo** a la junta de las chapas, manteniendo una distancia de 0,5 a 1 cm entre el dardo y la superficie (acercarlo más puede apagar la llama).

- Cuando se forme un pequeño baño de fusión, introduce suavemente el extremo de la varilla en el baño. La punta de la varilla debe fundirse dentro del baño, y al retirarla, evita que quede fuera de la protección de la llama.

5. Movimiento del cordón

- Avanza lentamente, fundiendo bien el baño antes de moverte unos milímetros.

- Aporta varilla de forma constante para evitar que el calor consuma la chapa y la perfore. Espera hasta ver como salen chispas del baño para empezar a aportar.

- Si aparecen agujeros por dilatación, añade varilla para rellenarlos y fúndelos adecuadamente.

6. Ajustes durante la práctica

- Si la **boquilla se calienta** en exceso y la llama se apaga con una pequeña explosión, cierra el grifo del acetileno, deja abierto el oxígeno y sumerge la boquilla en un cubo metálico con agua para enfriarla. Una vez fría, vuelve a regular la llama.

- Si las chapas están muy calientes al avanzar, reduce los caudales de acetileno y oxígeno para poder trabajar más despacio.

- Al final de la junta, inclina el soplete progresivamente hacia atrás para reducir el calor y evitar que el baño de fusión rompa el borde del ejercicio.

7. Verificación del resultado

- Observa la parte trasera de la práctica con unas tenazas para no quemarte.

- La fusión debe haber penetrado completamente, formando un pequeño cordón uniforme en el reverso. Si no hay penetración o la junta no está completamente cerrada, revisa tu técnica.

8. Empalmes en soldadura oxiacetilénica

- Para unir el final de un cordón con el inicio de otro, **refunde los últimos 5 mm** del cordón anterior para lograr una continuidad perfecta.

Consejos importantes

1. **Mantén la punta de la varilla cerca del dardo**, dentro de la protección del CO_2 generado por la llama neutra, para evitar contaminación.

2. Si la llama pierde su neutralidad, **ajusta los caudales** de gas inmediatamente antes de continuar.

3. **Dobla los últimos cm de la varilla** para evitar accidentes; si golpeas accidentalmente a alguien, el impacto no causará daño.

4. Ten paciencia. Al principio puede resultar complicado, pero la práctica te ayudará a ganar confianza y control.

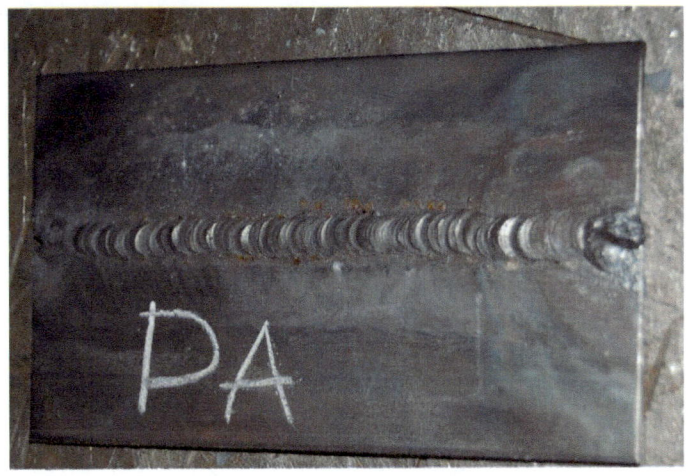

Fig. 4.6.

El elefante encadenado

Había una vez un elefante que, desde pequeño, vivía atado a una estaca con una cadena. Aunque intentaba liberarse, la cadena era demasiado fuerte para él. Con el tiempo, dejó de intentarlo, convencido de que nunca podría romperla. Años después, convertido en un elefante adulto y poderoso, seguía atado a la misma estaca con la misma cadena. Aunque ahora tenía la fuerza suficiente para liberarse, nunca lo intentaba, pues creía que era imposible.

A menudo, las limitaciones que creemos tener son solo producto de experiencias pasadas. No permitas que las creencias limitantes te impidan alcanzar tu verdadero potencial.

Práctica 2	Soldadura oxiacetilénica

Unión de tubos en horizontal rotando PA (1G)

Material base	Dos tubos de acero al carbono: 2″ (50,8 mm) x 30 mm de largo x 3 mm de espesor		
Varilla de aportación	Varilla de acero al carbono de 2 o 2,4 mm		
Equipo de soldadura	Boquilla de 300 litros/hora	Presión de oxígeno	Según indicaciones del fabricante de la boquilla
N.º de cordones	Uno, con movimiento recto	Presión de acetileno	Según indicaciones del fabricante de la boquilla
Sentido del avance	El soplete hacia delante		
Grado de oscuridad del cristal de las gafas o la pantalla de protección		N.º 6	

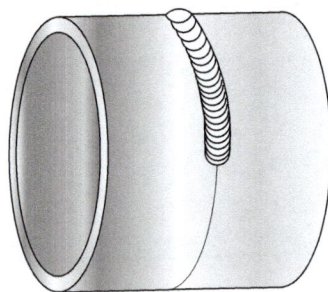

Fig. 4.7.

Procedimiento paso a paso

1. Preparación de los tubos

- Corta, elimina las rebabas y limpia bien los extremos de los tubos.

- Junta los tubos sin separación entre ellos y fija la unión con **cuatro puntos de soldadura** (uno en cada cuadrante).

2. Colocación

- Tumba los tubos en posición horizontal. Usa un soporte que los estabilice y evite que rueden durante la soldadura.

3. Técnica de soldadura

- Comienza en la posición "3 en punto" y avanza hacia las "12 en punto" en sentido contrario a las agujas del reloj.

- Inclina el soplete entre 20º y 45º, manteniendo el dardo a 0,5-1 cm de la unión.

- Aporta varilla únicamente en los lados, alternando de forma continua y asegurándote de que el baño esté bien caliente antes de cada aporte (reconocerás el punto adecuado cuando salgan chispas del baño de fusión).

4. Secuencia

- Divide el cordón en cuatro tramos, alternando los lados para minimizar las deformaciones. Suelda los siguientes tramos desde "las 3 a las 12".

- Refunde los últimos 5 mm de cada cordón para garantizar una unión uniforme en los empalmes.

5. Prueba final

- Tras soldar, deja enfriar completamente. Este ejercicio se evalúa en el examen de instalador de gas con una prueba de presión para detectar posibles porosidades.

Consejo práctico

Lleva la llama con un ritmo fluido y constante, ajustando la velocidad según tu habilidad para mantener la calidad del cordón. La clave está en coordinar bien la fusión de los bordes y el aporte en los laterales para lograr una soldadura con buena penetración.

12. Defectos comunes en la soldadura oxigás

1. Porosidad

- **¿Qué es?**

La porosidad se manifiesta como pequeñas burbujas de gas atrapadas dentro o en la superficie del cordón de soldadura. Estas burbujas debilitan la unión y afectan la apariencia del cordón.

- **¿Por qué ocurre?**

  • Material base o varilla de aporte contaminados (óxido, grasa o humedad).

  • Exceso de gases no controlados en la mezcla de oxígeno y combustible.

  • Mala técnica de soldadura que permite la entrada de aire en el baño de fusión.

– **¿Cómo evitarla?**

- Limpia cuidadosamente las superficies del material base y de la varilla de aporte antes de soldar.

- Ajusta correctamente la mezcla de gases para evitar el exceso de oxígeno o combustible.

- Mantén una técnica uniforme que no permita la entrada de aire al baño.

2. Falta de fusión

– **¿Qué es?**

La falta de fusión ocurre cuando el metal de aporte no se une adecuadamente con el material base o las pasadas anteriores, creando una unión débil.

– **¿Por qué ocurre?**

- Llama con baja temperatura debido a una mala regulación de gases.

- Avance demasiado rápido con la varilla de aporte o el soplete.

- Mala posición de la llama respecto al material base.

– **¿Cómo evitarla?**

- Ajusta la mezcla de gases para obtener una llama neutra con temperatura adecuada.

- Reduce la velocidad de avance para darle tiempo a la llama de fundir correctamente los materiales.

- Mantén la llama enfocada en la zona de trabajo y en el ángulo adecuado para favorecer la fusión.

3. Inclusiones de óxido

– **¿Qué es?**

Las inclusiones de óxido son partículas atrapadas en el cordón de soldadura que provienen de superficies oxidadas o de una combustión incorrecta en la llama.

– **¿Por qué ocurre?**

- Material base o varilla de aporte oxidados o contaminados.

- Uso de una llama oxidante (con exceso de oxígeno).

- Exposición prolongada del baño de fusión al aire.

– **¿Cómo evitarlas?**

- Limpia meticulosamente el material base y la varilla antes de soldar.

- Ajusta la mezcla de gases para obtener una llama neutra, evitando el exceso de oxígeno.

- Trabaja rápidamente para minimizar la exposición del baño de fusión al aire.

4. Sobrefusión

– **¿Qué es?**

La sobrefusión ocurre cuando el material base se derrite en exceso, creando zonas débiles o incluso perforaciones en el material.

– **¿Por qué ocurre?**

- Uso de una llama demasiado caliente por exceso de oxígeno o combustible.

- Permanencia prolongada de la llama sobre una misma zona.

- Baja velocidad de avance del soplete.

– **¿Cómo evitarla?**

- Ajusta la mezcla de gases para obtener una llama neutra con temperatura adecuada.

- Mantén la llama en movimiento constante para evitar concentrar demasiado calor en un punto.

- Aumenta ligeramente la velocidad de avance del soplete cuando trabajes con materiales delgados.

5. Cordón irregular

– **¿Qué es?**

Un cordón irregular presenta variaciones en el ancho, altura o forma, lo que afecta tanto la estética como la resistencia de la soldadura.

– **¿Por qué ocurre?**

- Mala técnica de soldadura con movimientos inconstantes del soplete o la varilla de aporte.

- Velocidad de avance inadecuada.

- Variaciones en la mezcla de gases durante el proceso.

- ¿Cómo evitarlo?

  - Practica movimientos constantes y uniformes con el soplete y la varilla de aporte.

  - Ajusta la velocidad de avance según el espesor del material base.

  - Revisa el equipo para garantizar un suministro constante de gases.

Soluciones prácticas para prevenir y corregir defectos

1. **Ajuste de parámetros de soldadura**

- **Mezcla de gases.** Configura la proporción adecuada de oxígeno y gas combustible (generalmente acetileno o propano) para obtener una llama neutra que no cause oxidación ni exceso de calor.

- **Temperatura.** Ajusta la intensidad de la llama según el espesor del material base.

2. **Técnica de soldadura**

- **Posición del soplete.** Mantén la llama en un ángulo adecuado (generalmente entre 45° y 60°) para dirigir el calor hacia la junta de soldadura.

- **Movimiento constante.** Usa movimientos controlados para mantener un baño de fusión uniforme y evitar variaciones en el cordón.

- **Limpieza.** Retira cualquier contaminante o residuo del material base y la varilla antes de soldar.

3. **Control ambiental**

- Trabaja en un entorno limpio y protegido de corrientes de aire que puedan afectar la llama o contaminar el baño de fusión.

- Precalienta las piezas si trabajas en un entorno frío o con materiales gruesos para mejorar la fluidez del baño de fusión.

4. **Mantenimiento del equipo**

- Inspecciona regularmente las boquillas del soplete para asegurarte de que estén limpias y en buen estado.

- Revisa las mangueras y conexiones para evitar fugas de gas o variaciones en la presión.

Conclusión

La soldadura oxigás es un proceso versátil y efectivo que requiere precisión y cuidado para evitar defectos comunes. Ajustar los parámetros, mantener una técnica adecuada y trabajar en un entorno controlado son pasos fundamentales para garantizar cordones de alta calidad. Con práctica y atención a los detalles, es posible dominar este proceso y lograr soldaduras consistentes y confiables.

Parábola del colibrí

Había bosque en llamas y, mientras todos los animales huían para salvar su pellejo, un colibrí recogía una y otra vez agua del río para verterla sobre el fuego.

- ¿Es que acaso crees que con ese pico tan pequeño vas a apagar el incendio?- le preguntó el león.

- Ya sé que no puedo solo -respondió el pajarito-, pero estoy haciendo mi parte.

- Lo entiendo, pero cuando actúo como tú me siento impotente, como si no sirviera de nada. A veces me gustaría que los demás actuaran de otra manera y que las cosas fueran distintas. No puedo evitar criticar ciertos comportamientos o personas y sufro al hacerlo.

- Pues, ¡vive como las flores!

- ¿Y cómo es vivir como las flores?

- Pon atención. ¿Ves esas flores que crecen en el jardín? Ellas nacen en el estiércol, sin embargo, son puras y perfumadas. Extraen del abono maloliente todo aquello que les es útil y saludable, pero no permiten que lo agrio de la tierra manche la frescura de sus pétalos. Es justo angustiarse con las propias culpas, pero no es sabio permitir que los vicios de los demás te incomoden. Los defectos de ellos son suyos y no tuyos. Y si no son tuyos, no hay motivo para molestarse... Ejercita, entonces, la virtud de rechazar todo el mal que viene de afuera y perfuma la vida de los demás haciendo el bien. Esto es vivir como las flores.

Yoga. El silencio es mi alimento. Autor: Vicente Moreno

Bibliografía

Libros

Alonso Marcos, C. (2011). *Manual de prácticas de soldadura*. Editorial Cano Pina.

American Welding Society. (2015). *Welding Handbook: Welding Processes*, Part 1 (Vol. 2). Miami, FL: AWS.

Blunt, J., & Balchin, N. (2002). *Welding: Principles and Applications* (6th ed.). Albany, NY: Delmar Cengage Learning.

Cary, H. B., & Helzer, S. C. (2005). *Modern Welding Technology* (6th ed.). Upper Saddle River, NJ: Pearson Education.

Hicks, J. (2014). *Welded Joint Design*. Woodhead Publishing.

Instituto Internacional de Soldadura. (2018). *Guía para la aplicación de la ISO 3834: Control de calidad en la soldadura por fusión*. Ginebra: IIW.

Kalpakjian, S., & Schmid, S. (2020). *Manufacturing Processes for Engineering Materials* (7th ed.). Pearson Education.

Rampaul, H. (2003). Pipe *Welding Procedures* (3rd ed.). Industrial Press.

Artículos científicos

Almeida, A., & Quintino, L. (2010). "Welding Defects and Their Control". *International Journal of Advanced Manufacturing Technology*, 50(1), 29-41.

Shi, Y., & Song, G. (2012). "Effect of Welding Parameters on Porosity Formation in TIG Welding". *Journal of Materials Processing Technology*, 212(9), 2041-2047.

Normas y publicaciones técnicas

American Welding Society (AWS). (2017). *AWS D1.1/D1.1M: Structural Welding Code – Steel*. Miami, FL: AWS.

International Organization for Standardization. (2018). *ISO 3834-2: Quality Requirements for Fusion Welding of Metallic Materials*. Ginebra: ISO.

European Committee for Standardization (CEN). (2019). *EN 1011-1: Recommendations for Welding of Metallic Materials*. Bruselas: CEN.

Páginas web

Miller Electric. (n.d.). *Resources and Articles on Welding Processes*. Recuperado de https://www.millerwelds.com/resources

Lincoln Electric. (n.d.). *Welding Knowledge Center*. Recuperado de https://www.lincolnelectric.com/en-us/support/welding-how-to

Welding Tips and Tricks. (n.d.). *Educational Videos and Tutorials*. Recuperado de https://www.weldingtipsandtricks.com/

Vídeos y contenidos multimedia

Facultad de Soldadura. https://www.youtube.com/@Facultaddesoldadura

cano‖pina es una editorial
dedicada al
libro técnico y formativo

www.canonopina.com

ediciones@canopina.com

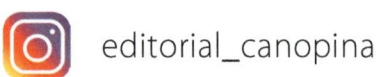 editorial_canopina

 canopina